土木工程专业专升本系列教材

新型建筑材料

本系列教材编委会　组织编写

王福川　主编

中国建筑工业出版社

图书在版编目（CIP）数据

新型建筑材料/王福川主编 . —北京：中国建筑
工业出版社，2003
（土木工程专业专升本系列教材）
ISBN 978-7-112-05445-9

Ⅰ.新... Ⅱ.王... Ⅲ.建筑材料-高等学
校-教材 Ⅳ. TU5

中国版本图书馆CIP数据核字（2003）第026279号

土木工程专业专升本系列教材

新型建筑材料

本系列教材编委会 组织编写

王福川 主编

*

中国建筑工业出版社出版、发行(北京西郊百万庄)
各地新华书店、建筑书店经销
北京盈盛恒通印刷有限公司印刷

*

开本:787×960毫米 1/16 印张:17 字数:340千字
2003 年 7 月第一版 2012 年 4 月第十一次印刷
定价:24.00元
ISBN 978-7-112-05445-9
(11059)

本社网址:http://www.cabp.com.cn
网上书店:http://www.china-building.com.cn

本书以土木工程类专科毕业生为对象，在简要复习通用水泥、普通混凝土、建筑钢材等常用结构材料基本理论知识的基础上，系统介绍了新型结构材料（轻骨料混凝土、砌块、蒸压灰砂砖、复合墙体等）、生态建筑材料（高性能混凝土、再生骨料混凝土、加气混凝土、生态烧结制品）、化学建筑材料以及建筑装饰材料等新型建筑材料的组成、生产工艺、技术性能及其在建筑工程中的应用知识。为了方便自学，章名下列出了学习要点，每章末给出了适量思考题。

本书具有内容新颖、方便自学、加强应用、体现国家最新技术规范的特点，除作为土木工程类专业专升本的教材外，也可供土建施工、设计、科研及管理人员学习参考。

*　　　*　　　*

责任编辑：陈　桦

土木工程专业专升本系列教材编委会

前　言

本教材适用于土木工程类专业专科毕业生升入本科后学习之用。这类专业包括全日制高等学校、继续教育学院以及职业技术学院所开办的"工业与民用建筑"、"建筑工程管理"、"土木工程"、"概预算"以及"建筑装饰"等专业。

教材以国家最新技术规范为依据，在内容上推陈出新，全面介绍了各类新型建筑材料的最新科技发展。在文字上力求通俗易懂、层次清晰。为方便自学，每章章名下给出了学习要点，每章末给出了适量思考题。

本教材由西安建筑科技大学王福川主编并负责统稿，耿维恕教授主审。河北建工学院元敬顺为副主编。编写分工如下：第一章、第三章、第四章第一节和第三节——王福川；第二章第一节、第二节、第四章第四节、第五节、第六节——元敬顺；第二章第三节、第四节、第四章第二节——孙南屏（广东工业大学）；第五章——缪汉良（南京工业大学）。

由于编者水平所限，不妥之处谨请批评指正。

编者

2003 年 4 月

目　　录

第一章 常用结构材料

学 习 要 点

　　本章就建筑工程常用的传统结构材料——通用水泥、普通混凝土和建筑钢材的主要内容加以简述，以帮助同学们温故而知新。

第一节 通 用 水 泥

　　水泥有很多品种。通常按其性质和用途可分为通用水泥、专用水泥和特种水泥。通用水泥是工业与民用建筑等土木工程中应用最为广泛的水泥，它包括六大品种：硅酸盐水泥、普通硅酸盐水泥、矿渣硅酸盐水泥、火山灰质硅酸盐水泥、粉煤灰硅酸盐水泥和复合硅酸盐水泥。专用水泥是以所用于工程的名称来命名的，如道路硅酸盐水泥、砌筑水泥等。特种水泥是具有某种突出特性的水泥，如低热矿渣硅酸盐水泥、快硬硫铝酸盐水泥等。按水泥的矿物组成则可分为：硅酸盐水泥、铝酸盐水泥、硫铝酸盐水泥、铁铝酸盐水泥等。

一、硅酸盐水泥

　　凡由硅酸盐水泥熟料、0～5%石灰石或粒化高炉矿渣、适量石膏磨细制成的水硬性胶凝材料，称为硅酸盐水泥。不掺加混合材料的称Ⅰ型硅酸盐水泥；在硅酸盐水泥熟料粉磨时掺加不超过水泥质量5%的石灰石或粒化高炉矿渣混合材料的称Ⅱ型硅酸盐水泥，代号分别为P. Ⅰ和P. Ⅱ。硅酸盐水泥即国外通称的波特兰水泥。

　　所谓硅酸盐水泥熟料，是指以适当成分的生料烧至部分熔融，所得以硅酸钙为主要成分的产物，简称熟料。

　　1. 矿物组成

　　硅酸盐水泥熟料由四种主要矿物成分所构成，其名称及含量范围如下：

　　硅酸三钙 $3CaO \cdot SiO_2$，简写为 C_3S，含量 37%～60%；

　　硅酸二钙 $2CaO \cdot SiO_2$，简写为 C_2S，含量 15%～37%；

　　铝酸三钙 $3CaO \cdot Al_2O_3$，简写为 C_3A，含量 7%～15%；

　　铁铝酸四钙 $4CaO \cdot Al_2O_3 \cdot Fe_2O_3$，简写为 C_4AF，含量 10%～18%。

其中硅酸钙含量为 75% ~ 82%，而 C_3A 和 C_4AF 仅占 18% ~ 25%。

除四种主要矿物成分外，水泥中尚含有少量游离 CaO、MgO、SO_3 及碱（K_2O、Na_2O）。这些成分均为有害成分，国家标准中有严格限制。

2. 矿物成分的水化反应

工程中使用水泥时，首先要用水拌合。水泥颗粒与水接触，其表面的熟料矿物立即与水产生水化反应并放出一定热量。

$$2(3CaO \cdot SiO_2) + 6H_2O = 3CaO \cdot 2SiO_2 \cdot 3H_2O + 3Ca(OH)_2$$
　　　硅酸三钙　　　　　　　　　水化硅酸钙　　　氢氧化钙

$$2(2CaO \cdot SiO_2) + 4H_2O = 3CaO \cdot 2SiO_2 \cdot 3H_2O + Ca(OH)_2$$
　　　硅酸二钙

$$3CaO \cdot Al_2O_3 + 6H_2O = 3CaO \cdot Al_2O_3 \cdot 6H_2O$$
　　　铝酸三钙　　　　　　　水化铝酸三钙

$$4CaO \cdot Al_2O_3 \cdot Fe_2O_3 + 7H_2O = 3CaO \cdot Al_2O_3 \cdot 6H_2O + CaO \cdot Fe_2O_3 \cdot H_2O$$
　　　铁铝酸四钙　　　　　　　　　　　　　　　　　水化铁酸钙

在上述水化反应进行的同时，水泥熟料磨细时掺入的石膏也参与了化学反应：

$$3(CaSO_4 \cdot 2H_2O) + 3CaO \cdot Al_2O_3 \cdot 6H_2O + 19H_2O = 3CaO \cdot Al_2O_3 \cdot 3CaSO_4 \cdot 31H_2O$$
　　　二水石膏　　　　　　　　　　　　　　　　　水化硫铝酸钙

不同矿物成分的水化特点是不同的。

硅酸三钙的水化反应速度很快，水化放热量较高。生成的水化硅酸钙几乎不溶解于水，而立即以胶体微粒析出，并逐渐凝聚而成凝胶体，称为托勃莫来石凝胶。生成的氢氧化钙在溶液中很快达到饱和，呈六方晶体析出。硅酸三钙的迅速水化，使得水泥的强度很快增长。它是决定水泥强度高低（尤其是早期强度）最重要的矿物。硅酸三钙在 28d 内通常可水化 70% 左右。

硅酸二钙与水反应的速度慢得多，约为 C_3S 的 1/20，水化放热量很少，早期强度很低，但在后期稳定增长，大约一年左右可接近 C_3S 的强度。

铝酸三钙与水反应的速度最快，水化放热量最多，但强度值不高，增长也甚微。

铁铝酸四钙与水反应的速度较快，水化放热量少，强度值高于 C_3A，但后期增长甚少。

3. 硅酸盐水泥的技术性质

（1）细度

水泥颗粒的粗细程度对水泥的使用有重要影响。水泥颗粒粒径一般在 7 ~ 200μm 范围内，颗粒愈细，与水起反应的表面积就愈大，水化反应进行愈快、愈充分，早期强度和后期强度都较高。一般认为，水泥粒径在 40μm 以下的颗粒才具有较高的活性，大于 $100\mu m$ 的活性就很小了。但水泥颗粒过细，将使研磨水泥的能耗大量增加，储存时活性下降过快，若在空气中硬化时，收缩值也会增大。

水泥的细度可用比表面积或 0.080mm 方孔筛的筛余量（未通过部分占试样总量的百分率）表示。所谓比表面积是指单位质量水泥颗粒表面积的总和（m^2/kg或 cm^2/g）。硅酸盐水泥的比表面积应大于 300 m^2/kg，一般常为 317～350 m^2/kg。

一般出厂水泥如符合国家标准的要求，使用单位可不检验水泥的细度。

（2）标准稠度用水量

国家标准规定检验水泥的凝结时间和体积安定性时需用"标准稠度"的水泥净浆。"标准稠度"是人为规定的稠度，其用水量用水泥标准稠度测定仪测定。硅酸盐水泥的标准稠度用水量一般为水泥重量的 21%～28%。

影响标准稠度用水量的因素有矿物成分、细度、混合材料种类及掺量等。熟料矿物中 C_3A 需水性最大，C_2S 需水性最小。水泥越细，比表面积愈大，需水量越大。生产水泥时掺入需水性大的粉煤灰、沸石粉等混合材料，将使需水量明显增大。

（3）凝结时间

凝结时间分初凝时间和终凝时间。初凝时间为水泥加水拌合至标准稠度的净浆开始失去可塑性所需的时间；终凝时间为水泥加水拌合至标准稠度的净浆完全失去可塑性并开始产生强度所需的时间。为使混凝土或砂浆有充分的时间进行搅拌、运输、浇捣和砌筑，水泥的初凝时间不能过短。当施工完毕，则要求尽快硬化，增长强度，故终凝时间不能太长。

国家标准规定，水泥的凝结时间是以标准稠度的水泥净浆，在规定温度及湿度环境下用水泥净浆凝结时间测定仪测定。硅酸盐水泥的初凝时间不得少于45min，终凝时间不得超过 6h30min。实际上，国产硅酸盐水泥的初凝时间多为 1～3h，终凝时间多为 3～4h。

影响水泥凝结时间的因素主要有：①熟料中 C_3A 含量高，石膏掺量不足，使水泥快凝；②水泥的细度越细，凝结愈快；③水灰比愈小，凝结时的温度愈高，凝结愈快；④混合材料掺量大，将延迟凝结时间。

（4）体积安定性

水泥体积安定性是水泥浆硬化后因体积膨胀而产生变形的性质。它是评定水泥质量的重要指标之一，也是保证混凝土工程质量的必备条件。体积安定性不良的水泥应作废品处理，不得应用于工程中，否则将导致严重后果。

造成水泥体积安定性不良的原因，主要是由于熟料中所含游离氧化钙（f-CaO）过多。当熟料中所含氧化镁过多或掺入石膏过量时，也会导致安定性不良。熟料中所含游离氧化钙或氧化镁都是过烧的，结构致密，水化很慢，加之被熟料中其他成分所包裹，故在水泥已经硬化后才进行熟化：

$$CaO + H_2O == Ca（OH）_2$$

$$MgO + H_2O == Mg（OH）_2$$

这时体积膨胀 97% 以上，从而引起不均匀体积膨胀，使水泥石开裂。当石膏掺量过多时，在水泥硬化后，残余石膏与固态水化铝酸钙继续反应生成高硫型水化硫铝酸钙（钙矾石），体积增大约 1.5 倍，从而导致水泥石开裂。

国家标准规定，水泥的体积安定性用雷氏法或试饼沸煮法检验。当用雷氏法检验时，标准稠度水泥净浆试件沸煮 3h 后膨胀值不超过 5mm 为体积安定性合格；当用试饼沸煮法检验时，标准稠度水泥净浆试饼沸煮 4h 后，经肉眼观察未发现裂纹，用直尺检查没有弯曲为体积安定性合格，反之为不合格。当用这两种方法检验结果相矛盾时，以雷氏法结论为准。

上述两种方法均是通过沸煮加速游离氧化钙水化而检验安定性的，所以只能检查游离氧化钙所引起的水泥安定性不良问题。水泥中的氧化镁只有在压蒸条件下才能加速熟化，石膏的危害则需长期浸在常温水中才能发现，所以检查氧化镁、石膏导致安定性不良问题应分别采取压蒸法和长期浸水法。国家标准规定，水泥中氧化镁含量不宜超过 5.0%，若水泥经压蒸安定性试验合格，允许放宽到 6.0%。水泥中三氧化硫含量不得超过 3.5%，以保证出厂水泥安定性合格，使用水泥单位一般不必检验。

（5）强度

强度是评价硅酸盐水泥质量的又一个重要指标。强度除受到水泥矿物组成、细度、石膏掺量、龄期、环境温度和湿度的影响外，还与加水量、试验条件（搅拌时间、振捣程度等）、试验方法有关。

我国采用以水泥胶砂强度评定水泥强度的方法，所用砂子的规格和品质也将直接影响评定结果。国家标准《硅酸盐水泥、普通硅酸盐水泥》（GB 175—1999）和《水泥胶砂强度检验方法（ISO 法）》（GB/T 17671—1999）规定，检验水泥强度所用胶砂的水泥和标准砂按 1:3 混合，加入规定数量的水，按规定方法制成标准试件，在 20±1℃的水中养护，测定其 3d 和 28d 的强度。按照测定结果，将硅酸盐水泥分为 42.5、42.5R、52.5、52.5R、62.5、62.5R 六个强度等级。各等级硅酸盐水泥在不同龄期的强度最低值列于表 1-1。

（6）水化热

水泥矿物在水化反应中放出的热量称为水化热。大部分的水化热是在水化初期（7d 内）放出的，以后逐渐减少。

水泥水化热的大小及放热的快慢，主要取决于熟料的矿物组成和水泥细度。通常水泥强度等级越高，水化热量越大。凡对水泥起促凝作用的因素（如掺早强剂 CaCl$_2$ 等）均可提高早期水化热。反之，凡能延缓水化作用的因素（如掺混合材或缓凝剂）均可降低早期水化热。

硅酸盐水泥各龄期的强度要求（GB 175—1999）　　表 1-1

强度等级	抗压强度（MPa）		抗折强度（MPa）	
	3d	28d	3d	28d
42.5	17.0	42.5	3.5	6.5
42.5R	22.0	42.5	4.0	6.5
52.5	23.0	52.5	4.0	7.0
52.5R	27.0	52.5	5.0	7.0
62.5	28.0	62.5	5.0	8.0
62.5R	32.0	62.5	5.5	8.0

注：表中 R 表示早强型，其他为普通型。

水泥的这种放热特性直接关系到工程应用。对大体积混凝土工程（水坝、大型设备基础等），由于水化热积聚在内部不易散发而使混凝土内外温差过大（可达 50～80℃），以致造成明显的温度应力，使混凝土产生裂缝。因此，大体积混凝土工程应用低热水泥或减少水泥用量。反之，对采用蓄热法施工的冬期混凝土工程，水泥的水化热则有助于水泥的水化反应和提高早期强度，所以是有利的。

二、普通硅酸盐水泥（代号 P. O）

普通硅酸盐水泥简称普通水泥。它是一种由硅酸盐水泥熟料、6%～15%混合材料、适量石膏共同磨细而制成的水硬性胶凝材料。国家标准《硅酸盐水泥、普通硅酸盐水泥》（GB 175—1999）规定：掺活性混合材料的，最大掺量不得超过水泥质量的 15%；掺非活性混合材料不得超过水泥质量的 10%。

普通水泥分为 32.5、32.5R、42.5、42.5R、52.5、52.5R 六个强度等级。各强度等级水泥在不同龄期的强度要求见表 1-2。

普通硅酸盐水泥各龄期的强度要求（GB 175—1999）　　表 1-2

强度等级	抗压强度（MPa）		抗折强度（MPa）	
	3d	28d	3d	28d
32.5	11.0	32.5	2.5	5.5
32.5R	16.0	32.5	3.5	5.5
42.5	16.0	42.5	3.5	6.5
42.5R	21.0	42.5	4.0	6.5
52.5	21.0	52.5	4.0	7.0
52.5R	26.0	52.5	5.0	7.0

注：表中 R 为早强型。

普通水泥的细度为 0.080mm 方孔筛筛余量不得超过 10%，终凝时间不得迟于 10h, 初凝时间、安定性等要求均与硅酸盐水泥相同。

由于普通硅酸盐水泥中掺入了少量混合材料, 因此, 比硅酸盐水泥多了两个较低强度等级, 有利于工程中合理选用。由于混合材料掺量少, 故矿物组成变化不大, 基本性能特点与硅酸盐水泥相近, 故国家标准将这两种水泥列于一个标准中。普通水泥是土木工程中应用最为广泛的水泥品种。

三、矿渣硅酸盐水泥 (代号 P. S)

矿渣硅酸盐水泥简称矿渣水泥。它是一种由硅酸盐水泥熟料和粒化高炉矿渣、适量石膏共同磨细而成的水硬性胶凝材料。国家标准《矿渣硅酸盐水泥、火山灰质硅酸盐水泥及粉煤灰硅酸盐水泥》(GB 1344—1999) 规定:矿渣水泥中粒化高炉矿渣掺加量按质量百分比计为 20%~70%。为了改善水泥性能, 允许用石灰石、粉煤灰、火山灰质混合材料、窑灰中的一种材料代替矿渣, 代替质量不得超过水泥质量的 8%。替代后水泥中粒化高炉矿渣不得少于 20%。在矿渣水泥中, 石膏既起调节凝结时间的作用, 又起硫酸盐激发剂的作用, 所以原则上石膏掺量比普通水泥多。

矿渣水泥分为 32.5、32.5R、42.5、42.5R、52.5、52.6R 六个强度等级。各强度等级不同龄期的强度要求列于表 1-3, 对细度、凝结时间及安定性的要求与普通硅酸盐水泥相同。

矿渣水泥、火山灰质水泥及粉煤灰水泥的强度要求 (GB 1344—1999) 表 1-3

强度等级	抗压强度 (MPa)		抗折强度 (MPa)	
	3d	28d	3d	28d
32.5	10.0	32.5	2.5	5.5
32.5R	15.0	32.5	3.5	5.5
42.5	15.0	42.5	3.5	6.5
42.5R	19.0	42.5	4.0	6.5
52.5	21.0	52.5	4.0	7.0
52.5R	23.0	52.5	4.5	7.0

注: 表中 R 为早强型。

四、火山灰质硅酸盐水泥 (代号 P. P)

火山灰质硅酸盐水泥简称火山灰水泥。它是一种由硅酸盐水泥熟料、火山灰质混合材料和适量石膏磨细制成的水硬性胶凝材料。国家标准《矿渣硅酸盐水泥、火山灰质硅酸盐水泥及粉煤灰硅酸盐水泥》(GB 1344—1999) 规定:火山灰水泥中火山灰质混合材料掺加量, 按水泥质量百分比计为 20%~50%。

火山灰水泥的强度等级划分及其各龄期的强度要求同矿渣水泥 (表 1-3)。细度、凝结时间、安定性的要求与普通硅酸盐水泥相同。

五、粉煤灰硅酸盐水泥 (代号 P．F)

粉煤灰硅酸盐水泥简称粉煤灰水泥。它是一种由硅酸盐水泥熟料和粉煤灰及适量石膏磨细而成的水硬性胶凝材料，国家标准《矿渣硅酸盐水泥、火山灰质硅酸盐水泥及粉煤灰硅酸盐水泥》（GB 1344—1999）规定：粉煤灰水泥中粉煤灰掺量按水泥质量百分比计为 20％~40％。

粉煤灰水泥的强度等级划分及各龄期强度要求与矿渣水泥相同（表 1-3）。细度、凝结时间及安定性的要求同普通硅酸盐水泥。

六、复合硅酸盐水泥 (代号 P．C)

复合硅酸盐水泥是由硅酸盐水泥熟料、两种或两种以上规定的混合材料、适量石膏磨细制成的水硬性胶凝材料，简称复合水泥。国家标准《复合硅酸盐水泥》（GB 12958—1999）规定：该水泥中混合材料总掺量按质量百分比计应大于 15％，不超过 50％，且不应与 GB 1344 重复。

复合水泥是一种新型的通用水泥，它与普通水泥的区别在于混合材料的掺加数量不同，普通水泥的混合材料掺加量不超过 15％，而复合水泥的混合材料掺加量应大于 15％。复合水泥与矿渣水泥、粉煤灰水泥、火山灰水泥的区别有两个，其一是复合水泥必须掺加两种或两种以上的混合材料，后三种水泥主要是单掺混合材料，在规定的小范围内允许混合材料复掺；其二是复合水泥扩大了可用混合材料的范围，而后三种水泥的混合材料品种仅限于矿渣、粉煤灰、火山灰、石灰石和窑灰。

复合水泥的强度等级划分及各龄期强度要求如表 1-4 所列。细度、凝结时间及安定性的要求同普通硅酸盐水泥。

复合水泥的强度要求 （GB 12958—1999）　　　　　　　　表 1-4

强度等级	抗压强度 （MPa）		抗折强度 （MPa）	
	3d	28d	3d	28d
32.5	11.0	32.5	2.5	5.5
32.5R	16.0	32.5	3.5	5.5
42.5	16.0	42.5	3.5	6.5
42.5R	21.0	42.5	4.0	6.5
52.5	22.0	52.5	4.0	7.0
52.5R	26.0	52.5	5.0	7.0

注：表中 R 为早强型。

第二节 普 通 混 凝 土

普通混凝土是由水泥、水和砂石骨料制成的混凝土。水泥和水形成水泥浆，包裹骨料的表面并填充其空隙。在硬化前，水泥浆起润滑作用，赋予拌合物一定的施工和易性。水泥浆硬化后，则将骨料胶结成一个坚实的整体。在混凝土中，砂、石起骨架作用，故称为骨料，它们在混凝土中还起到填充作用和减小混凝土在凝结硬化过程中的收缩作用。

一般对混凝土质量的基本要求是：具有符合设计要求的强度；具有与施工条件相适应的施工和易性以及具有与工程环境相适应的耐久性。混凝土的技术性质在很大程度上是由原材料的性质及其相对含量决定的。同时施工工艺（配料、搅拌、成型、养护）对混凝土的质量也有很大影响。

随着科学技术的发展，在普通混凝土中掺入化学外加剂和矿物掺合料已经成为改善其技术性能的重要技术途径。这些新技术的采用，将使普通混凝土在工业与民用建筑、给水与排水工程、公路、铁路、水利等土木工程中获得更为广泛的应用。

一、砂、石骨料

粒径在 0.16~5mm 之间的骨料为细骨料，粒径大于 5mm 者为粗骨料。

1. 细骨料

普通混凝土用细骨料主要有河砂、山砂、人工砂等。主要质量指标如表 1-5。

（1）有害杂质含量

配制混凝土的细骨料要求清洁，以保证混凝土的质量。但细骨料中常含一些有害杂质，如配制混凝土的天然或人工砂中常含有黏土、淤泥、有机物、云母、硫化物及硫酸盐等杂质。黏土、淤泥粘附在砂粒表面，妨碍水泥与砂的粘结，增大用水量，降低混凝土的强度、抗冻性和耐磨性，并增大混凝土的干缩。但在配制水泥用量较少的低强度等级混凝土时，如果砂中含有适量细粉，可以改善混凝土拌合物的和易性，提高混凝土的密实度。云母呈薄片状，表面光滑，与水泥粘结不牢，会降低混凝土的强度。有机物杂质易于腐烂，析出有机酸，对水泥产生腐蚀作用。硫化物和硫酸盐对水泥也产生腐蚀作用，它与水泥的水化产物反应生成钙矾石，使水泥石体积膨胀，造成混凝土的破坏。海砂中含有氯化钠等，对钢筋有锈蚀作用，因此对使用海砂拌制混凝土时，必须严格按照有关规定执行。根据我国建设部标准《普通混凝土用砂质量标准及检验方法》（JGJ 52—1992），混凝土用砂的有害物质含量应符合表 1-5 的规定。

砂、石中杂质含量及石子中针片状颗粒含量的规定

（JGJ 52—1992）（JGJ 53—1992）　　　　　表 1-5

项　　目		质　量　标　准	
		高于或等于 C30 的混凝土	低于 C30 的混凝土
含泥量，按重量计，不大于（%）	碎石或卵石	1.0	2.0
	砂	3	5
硫化物和硫酸盐含量（折算为 SO_3）按重量计，不大于（%）	碎石或卵石	1	
	砂	1	
有机物含量（用比色法试验）	碎石或卵石	颜色不得深于标准色，如深于标准色，则应以混凝土进行强度对比试验，抗压强度比应不低于 0.95	
	砂	颜色不得深于标准色，如深于标准色，则应进行水泥胶砂强度对比试验，抗压强度比不应低于 0.95	
云母含量，按重量计，不宜大于（%）	砂	2	
轻物质含量，按重量计，不宜大于（%）	砂	1	
针片状颗粒含量，按重量计，不大于（%）	碎石或卵石	15	25

（2）砂的粗细程度和颗粒级配

配制混凝土的强度应当达到设计强度等级的要求并节约水泥。砂的粗细程度与颗粒级配与上述要求有密切关系。

砂的粗细程度是指不同粒径的砂粒，混合在一起后的总体的粗细程度，通常分为粗砂、中砂、细砂和特细砂。在相同重量条件下，粗砂的表面积较小，细砂的表面积较大。在混凝土中，砂的表面需由水泥浆包裹，砂的表面积越小，则需要包裹砂粒表面的水泥浆越少，从而在保证混凝土质量的前提下节省水泥，因此配制混凝土用粗砂比用细砂省水泥。

砂的颗粒级配，表示砂的大小颗粒搭配的情况。在混凝土中砂粒之间的空隙是由水泥浆所填充，为了达到节约水泥和提高强度的目的，就应当尽量减小砂粒之间的空隙。从图 1-1 可以看到：如果是同样粒径的砂，空隙最大（图 1-1a）；两种粒径的砂搭配起来，空隙减小

（a）　　　　（b）　　　　（c）

图 1-1　骨料颗粒级配

（图 1-1b）；三种粒径的砂搭配，空隙就更小了（图 1-1c）。因此，要想减小砂粒间的空隙，必须有大小不同粒径的颗粒搭配。

在拌制混凝土时，砂的粗细及颗粒级配应同时考虑。当砂中含有较多的粗砂，并以适量的中砂及少量细砂填充其空隙，可使砂的空隙及总表面积均较小，这样的砂比较理想，不仅水泥用量较少，而且混凝土拌合物的和易性较好，还可提高混凝土的密实性和强度。由此可见，控制砂的粗细程度和颗粒级配有很大的技术经济意义，因而它是评定砂质量的重要指标。

砂的粗细程度和颗粒级配，用筛分析的方法进行测定。筛分析方法是用一套试验筛，其孔径分别是 5.00、2.50、1.25、0.630、0.315、0.160mm，将 500g 干砂试样由粗到细依次过筛，然后称量余留在各筛上的砂重，计算各筛上的分计筛余百分率 α_1、α_2、α_3、α_4、α_5、α_6（各筛上的筛余量占砂样总重的百分数）及累计筛余百分率 β_1、β_2、β_3、β_4、β_5、β_6（各个筛和比该筛粗的所有分计筛余百分率之和）。

砂的粗细程度用细度模数 μ_f 表示：

$$\mu_f = \frac{(\beta_2 + \beta_3 + \beta_4 + \beta_5 + \beta_6) - 5\beta_1}{100 - \beta_1}$$

μ_f 值越大，表示砂越粗，普通混凝土用砂的细度模数范围一般为 $0.7 \sim 3.7$。其中 $\mu_f = 3.1 \sim 3.7$ 时为粗砂；$\mu_f = 2.3 \sim 3.0$ 时为中砂；$\mu_f = 1.6 \sim 2.2$ 时为细砂；$\mu_f = 0.7 \sim 1.5$ 时为特细砂。

普通混凝土用砂，根据 0.630mm 筛孔的累计筛余百分率分成 3 个级配区（图 1-2），混凝土用砂的颗粒级配，应处于任何一个级配区以内。但其累计筛余百分率，除 5.00mm 及 0.630mm 筛号外，允许稍有超出分区界限，其总量不应大于 5%。1 区砂含粗颗粒较多，属于粗砂，其保水性较差，适合于配制水泥用量多的混凝土；3 区砂含细颗粒较多，配制的混凝土拌合物粘聚性大，保水性能好，但混凝土的干缩性大，容易产生微裂纹；一般认为处于 2 区的砂，粗细适中，级配良好。处于过粗砂区的砂（细度模数大于 3.7），配制的混凝土拌合物，其和易性不易控制，且内摩擦大，不易振捣成型；处于过细砂区的砂（细度模数小于 1.6），配制的混凝土不但需要较多水泥用量，而且强度显著降低，所以这两种砂未包括在合理级配区内。

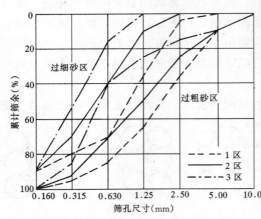

图 1-2　砂的 1、2、3 级配区曲线

2. 粗骨料

粒径大于 5mm 的骨料称为粗骨料。普通混凝土常用的粗骨料有卵石（砾石）和碎石。卵石是由自然条件的作用而形成的，表面光滑，多呈卵圆形，杂质少。尤其是河卵石产地分布面广，是普通混凝土常用粗骨料。碎石是将天然岩石或大卵石破碎、筛分而得的，表面粗糙且带棱角，与水泥石粘结比较牢固。配制普通混凝土的粗骨料的质量要求有以下几个方面：

（1）强度

为了保证混凝土的强度要求，粗骨料必须具有足够的强度。对于碎石和卵石的强度，采用岩石立方强度或压碎指标两种方法表示。

用岩石立方强度表示粗骨料强度，是将母岩制成 5cm×5cm×5cm 的立方体（或直径与高均为 5cm 的圆柱体）试件，在水饱和状态下，其抗压强度与混凝土的设计强度等级之比，作为碎石或卵石的强度指标，该值不应小于 1.5。但在一般情况下，火成岩试件的抗压强度不宜低于 80MPa，变质岩不宜低于 60MPa，水成岩不宜低于 30MPa。

用压碎指标表示粗骨料的强度时，是将一定重量气干状态的 10～20mm 的石子装入一定规格的圆筒内，在压力机上施加荷载到 200kN，卸荷后称取重量 G，然后用孔径为 2.5mm 的筛子筛除被压碎的细粒，称取试样的筛余量 G_1。

$$压碎指标 = \frac{G - G_1}{G} \times 100\%$$

式中　G——试样重量，g；

　　　G_1——试样压碎试验后筛余的试样重量，g。

压碎指标表示石子抵抗压碎能力，以间接地推测其相应的强度。

岩石立方强度比较直观，但试件加工困难，其抗压强度反映不出石子在混凝土中的真实受力强度，所以对经常性的生产质量控制，采用压碎指标值检验较为方便实用；而在选择采石场或对粗骨料强度有严格要求，以及对其质量有争议时，宜采用岩石立方体强度作检验。

不同强度等级混凝土所用碎石或卵石的压碎指标应符合表 1-6 的要求。

碎石或卵石压碎指标规定（JGJ 53—1992）　　　　　表 1-6

项　　　目		由下列原始岩石制成的碎石或卵石		
		水成岩	变质岩或深层的火成岩	喷出的火成岩
C40～C55 混凝土	碎石	≤10%	≤12%	≤13%
	卵石	≤12%		
≤C35 混凝土	碎石	≤16%	≤20%	≤30%
	卵石	≤16%		

（2）有害杂质含量

粗骨料中常含有一些有害杂质，如黏土、淤泥、硫酸盐及硫化物和有机物等，它们的危害作用与在细骨料中相同。它们的含量应符合表 1-5 的规定。

（3）最大粒径及颗粒级配

1）最大粒径　粗骨料公称粒级的上限称为该粒级的最大粒径。骨料的粒径越大，其表面积相应减少，因此所需的水泥浆量相应减少；在一定的和易性和水泥用量条件下，则能减少用水量而提高混凝土强度。

粗骨料最大粒径对混凝土强度的影响还与混凝土的水泥用量等因素有关，当混凝土的水泥用量少于 240kg/m³ 时，采用较大粒径的骨料对混凝土强度有利，尤其在大体积混凝土中，采用大粒径骨料对于减少水泥用量，降低水泥水化热也有明显的意义。但对于普通配合比的结构混凝土，尤其是高强混凝土，当粗骨料的最大粒径超过 40mm 后，由于减少用水量获得的强度提高被较少的粘结面积及大粒径骨料造成的不均匀性的不利影响所抵消，因而并没有什么好处。

骨料最大粒径的选择还受结构型式和配筋疏密的限制，混凝土粗骨料的最大粒径不得超过结构截面最大尺寸的 1/4，同时不得大于钢筋间最小净距的 3/4。对于混凝土实心板，最大粒径不宜大于 1/2 板厚，且不得超过 50mm。

2）颗粒级配　粗骨料应具有良好的颗粒级配，以减少空隙率，增强密实性，从而可以节约水泥，保证混凝土拌合物的和易性及混凝土的强度。特别是在配制高强混凝土时，粗骨料的级配特别重要。

粗骨料的级配通过筛分试验来确定，其标准筛的孔径为 2.5、5、10、16、20、25、31.5、40、50、63、80、100mm 共 12 个筛子。

二、混凝土拌合物的和易性

1. 和易性的概念

和易性是指混凝土拌合物易于施工操作（搅拌、运输、浇筑、捣实）并能获得质量均匀、成型密实的性能。和易性是一项综合的技术性质，包括有流动性、黏聚性和保水性等三方面的涵义。

2. 和易性的测定方法

和易性的涵义比较复杂，难以用一种简单的测定方法来全面地表达，我国的标准采用坍落度和维勃稠度来测定混凝土拌合物的流动性，并辅以直观经验来评定黏聚性和保水性。

（1）坍落度试验　将混凝土拌合物按规定的方法装入坍落度筒内，装满刮平后，将坍落度筒垂直向上提起，移到混凝土拌合物一侧，混凝土拌合物因自重将会产生坍落现象。然后测量出筒高与坍落后混凝土拌合物试体最高点之间的高度差，用毫米表示，此值即为混凝土拌合物的坍落度值。坍落度愈大，表示混凝土拌合物的流动性愈大。

（2）维勃稠度试验　对干硬性混凝土采用维勃稠度来评定该混凝土拌合物的和易性。维勃稠度测定方法是：按规定方法将混凝土拌合物装满维勃稠度仪的坍落度筒中，提起坍落度筒，在混凝土拌合物试体顶面放一透明圆盘，开启振动台，同时用秒表计时，到透明圆盘的底面完全为水泥浆所布满时，停止秒表，关闭振动台。此时可认为混凝土拌合物已密实，所读秒数称为维勃稠度。该法适用于骨料最大粒径不超过 40mm，维勃稠度在 5～30s 之间的混凝土拌合物。

三、混凝土的强度

混凝土的强度包括抗压强度、抗拉强度、抗弯强度、抗剪强度和与钢筋的粘结强度等。其中混凝土的抗压强度最大，抗拉强度最小，为抗压强度的 1/20～1/10。

1. 混凝土的抗压强度与强度等级

混凝土的抗压强度是指标准试件在压力作用下直到破坏时单位面积所能承受的最大应力。在实际工程中，所说混凝土的强度，一般是指抗压强度。在混凝土的各种强度中，抗压强度常用来作为评定混凝土质量的指标，并作为确定强度等级的依据，这是因为：抗压强度比其他强度大得多，结构物常以抗压强度为主要参数进行设计；抗压强度与其他强度及变形特性有良好的相关性，根据抗压强度可以推测其他强度和变形特性；抗压强度试验方法比其他强度试验方法简单。

根据国家标准《普通混凝土力学性能试验方法》（GB/T 50081—2002），制作边长为 150mm 的立方体试件，在标准条件（温度（20±2）℃，相对湿度 95% 以上）下，养护到 28d 龄期，测得的抗压强度值为混凝土立方体抗压强度。

为了正确进行设计和控制工程质量，根据混凝土立方体抗压强度标准值，将混凝土划分成 15 个强度等级。混凝土立方体抗压强度标准值是指用标准方法测得的抗压强度总体分布中的一个值，强度低于该值的百分率不超过 5%。混凝土强度等级采用符号 C 与立方体抗压强度标准值（以 N/mm^2 计）表示，共划分成下列强度等级：C10、C15、C20、C25、C30、C35、C40、C45、C50、C55、C60、C65、C70、C75 及 C80 等强度等级。

测定混凝土立方体抗压强度，也可以按粗骨料最大粒径选用非标准尺寸的试件，但应将其抗压强度折算为标准试件抗压强度，对边长为 100mm 的立方体试件（骨料最大粒径为 30mm 以下），折算系数为 0.95；对边长为 200mm 的立方体试件（骨料最大粒径 60mm 以下）折算系数为 1.05。这是由于试块尺寸、形状不同，会影响试件的抗压强度值。试件尺寸愈小，测得的抗压强度值愈大，因为混凝土立方体试件在压力机上受压时，在沿加荷方向发生纵向变形的同时，也按泊松比效应产生横向变形。压力机上下两块钢压板的弹性模量比混凝土大 5～15

倍，而泊松比则不大于混凝土的两倍。所以在荷载作用下，钢压板的横向应变小于混凝土的横向应变（指都能自由横向变形的情况），因而上下压板与试件的上下表面之间产生的摩擦力对试件的横向膨胀起着约束作用，对强度有提高的作用，愈接近试件的端面，这种约束作用就愈大。在距离端面大约 $\frac{\sqrt{3}}{2}a$（a 为试件横向尺寸）的范围以外，约束作用才消失。

2．影响混凝土强度的因素

观察中低强度等级混凝土破坏后的断面，其破坏情况有三种：一是骨料破坏，这种情况较少。因普通混凝土骨料强度大于混凝土强度，出现这种破坏现象多是骨料中软弱颗粒破坏或有裂纹的颗粒破坏；二是水泥石破坏，这种现象在低强度等级的混凝土中并不多见，因为配制混凝土的水泥强度等级大于混凝土的强度等级；三是骨料与水泥石的粘结界面破坏，这是最常见的破坏型式。这首先是因为硬化后的混凝土在未受外力作用之前，由于水泥水化造成的化学收缩及物理收缩引起砂浆体积的变化，在粗骨料与水泥砂浆的界面上产生了拉应力，这种拉应力分布极不均匀，形成了许多界面裂缝。其次，由于水泥石与粗骨料的收缩不一致（骨料的热膨胀系数为 $5 \times 10^{-6}/℃ \sim 13 \times 10^{-6}/℃$，而水泥石为 $11 \times 10^{-6}/℃ \sim 21.7 \times 10^{-6}/℃$），骨料限制了水泥石的膨胀与收缩，产生微裂缝。另外还因为混凝土成型后的泌水作用，使某些上升的水分被粗骨料颗粒所阻止，因而聚积于粗骨料的下缘，混凝土硬化后就成为界面裂缝。混凝土受外力作用时，其内部产生拉应力，在微裂缝尖端形成应力集中，随着拉应力的逐渐增大，导致微裂纹的进一步延伸、汇合、扩大，最后形成较大的裂缝而破坏。所以混凝土的强度主要决定于水泥石强度及其与骨料的粘结强度。而水泥石强度及其与骨料的粘结强度又与水泥强度等级、水灰比及骨料的性质有密切关系，此外混凝土的强度还受施工质量、养护条件及龄期的影响。

（1）水泥强度等级与水灰比

水泥强度等级和水灰比是决定混凝土强度的最主要因素。

水泥是混凝土中的活性组分，在混凝土配合比相同的条件下，水泥强度等级越高，则配制的混凝土强度越高。水泥不可避免地会在质量上有波动，这种质量波动毫无疑问地会影响混凝土的强度，主要是影响混凝土的早期强度，这是因为水泥质量的波动主要是由于水泥细度和 C_3S 含量的差异引起的，而这些因素在早期的影响最大，随着时间的延长，其影响就不再是重要的了。

当用同一种水泥（品种及强度等级相同）时，混凝土的强度主要决定于水灰比。因为水泥水化时所需的结合水，一般只占水泥重量的 23% 左右，但在拌制混凝土拌合物时，为了获得必要的流动性，常需用较多的水（约占水泥重量的 40% ~ 70%），即采用较大的水灰比，当混凝土硬化后，多余的水分就残留在混凝土中形成水泡或蒸发后形成气孔，大大地减少了混凝土抵抗荷载的有效断面，而且可能在孔隙周围产生应力集中。因此，在水泥强度等级相同的情况下，水灰比愈小，水泥石的强度愈高，与骨料粘结力愈大，混凝土的强度愈高。但是，如果水灰比太小，拌合物过于干稠，在一定的捣实成型条件下，混凝土拌合物中将出现较多的孔洞，导致混凝土的强度也将下降。

表示混凝土强度与水灰比的理论曲线如图 1-3 的实线所示，近似于双曲线的形状，由于双曲线可用 $y = k/x$ 的方程式表示，这样 y 与 $1/x$ 的关系就是线性的。混凝土强度与灰水比约在 $1.2 \sim 2.5$ 之间呈线性关系。

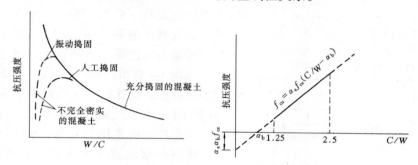

图 1-3　混凝土强度与水灰比及灰水比关系

根据大量的工程实践，考虑到水灰比、水泥强度的综合影响，得出混凝土强度与水灰比、水泥强度及骨料品种等因素之间的经验公式：

$$f_{cu} = \alpha_a f_{ce}(C/W - \alpha_b)$$

式中　f_{cu}——混凝土 28d 抗压强度，MPa；

　　　C——每立方米混凝土中水泥用量，kg；

　　　W——每立方米混凝土中用水量，kg；

　　　f_{ce}——水泥的实际强度，MPa，水泥厂为保证水泥出厂的强度等级，其实际强度比其强度等级要求更高一些，当无法取得水泥实际强度值时，将水泥强度等级乘以水泥强度等级富余系数 γ_c，γ_c 应按各地实际统计资料确定；

　　α_a、α_b——经验系数，与骨料品种及水泥品种等因素有关，其数值通过试验求得。

该经验公式一般只适用于流动性混凝土及低流动性混凝土，对于干硬性混凝土则不适用。对低流动性混凝土，也只是在原材料相同、工艺措施相同的条件下 α_a、α_b 才可看作常数。如果原材料或工艺条件改变，则 α_a、α_b 也随之改变。因此必须结合工地的具体条件，如施工方法及材料质量等，进行不同水灰比的混凝土强度试验，求出符合当地条件的 α_a、α_b。若无该试验资料时，可采用《普通混凝土配合比设计规程》（JGJ 55—2000）给出的 α_a、α_b 值，即碎石混凝土，$\alpha_a = 0.46$，$\alpha_b = 0.07$；卵石混凝土，$\alpha_a = 0.48$，$\alpha_b = 0.33$。

（2）养护的温度与湿度

为了获得质量良好的混凝土，成型后必须在适宜的环境中进行养护。养护的目的是为了保证水泥水化过程能正常进行，它包括控制养护环境的温度和湿度。

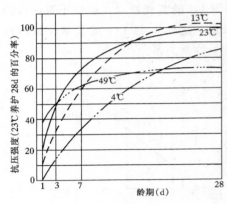

图 1-4 养护温度对混凝土强度的影响

周围环境的温度对水泥水化反应进行的速度有显著的影响，其影响的程度，随水泥品种、混凝土配合比等条件而异。通常养护温度高，可以增大水泥早期的水化速度，混凝土的早期强度也高。但早期养护温度越高，混凝土后期强度的增进率越小。从图 1-4 看出，养护温度在 4～23℃ 之间的混凝土后期强度都较养护温度为 49℃ 的高。这是由于急速的早期水化，将导致水泥水化产物的不均匀分布，水化产物稠密程度低的区域成为水泥石中的薄弱点，从而降低整体的强度；水化产物稠密程度高的区域，包裹在水泥粒子的周围，妨碍水化反应的继续进行，从而减少水化产物产量。在养护温度较低的情况下，由于水化缓慢，具有充分的扩散时间，从而使水化产物能在水泥石中均匀分布，使混凝土后期强度提高。一般来说，夏天浇灌的混凝土要较同样的混凝土在秋冬季浇灌的后期强度为低。但如温度降至冰点以下，水泥水化反应停止进行，混凝土的强度停止发展并因冰冻的破坏作用，使混凝土已获得的强度受到损失。

周围环境的湿度对水泥水化反应能否正常进行有显著影响，湿度适当，水泥水化便能顺利进行，使混凝土强度得到充分发展，因为水是水泥水化反应的必要成分。如果湿度不够，水泥水化反应不能正常进行，甚至停止水化，这不仅严重降低混凝土强度（图 1-5），而且使混凝土结构疏松，形成干缩裂缝，增大了渗水性，从而影响混凝土的耐久性。因为水泥水化反应进行的时间较长，因此应当根据水泥品种，在浇灌混凝土以后，保持一定时间的湿润养护环境，尽可能保持混凝土处于饱水状态，只

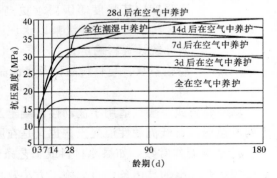

图 1-5 潮湿养护对混凝土强度的影响

有在饱水状态下，水泥水化速度才是最大的。

（3）龄期

混凝土在正常养护条件下（保持适宜的环境温度和湿度），其强度将随龄期的增加而增长。初期强度增长较快，28d 以后强度增长缓慢。但龄期延续很久其强度仍有所增长。

普通硅酸盐水泥制成的塑性混凝土，在标准养护条件下，混凝土强度的发展，大致与其龄期的常用对数呈正比（龄期不小于 3d）。

$$R_n = R_{28}\frac{\lg n}{\lg 28}$$

式中　R_n——龄期为 nd 的混凝土抗压强度，MPa；

　　　R_{28}——龄期为 28d 的混凝土抗压强度，MPa；

$\lg n$、$\lg 28$——n 和 28 的常用对数（$n \geqslant 3$d）。

根据上式，可以利用混凝土的早期强度，估算混凝土 28d 的强度。因影响混凝土强度的因素很多，上式只能作为参考。

（4）其他因素

骨料的品种、品质、混凝土外加剂以及施工质量均会影响到混凝土强度。

第三节　建　筑　钢　材

一、钢材的分类

对于钢材可以从不同角度进行分类。

1. 按化学成分分类

碳素钢 $\begin{cases}$ 低碳钢（含碳量小于 0.25%）
中碳钢（含碳量 0.25%～0.60%）
高碳钢（含碳量大于 0.60%）$\end{cases}$

合金钢 $\begin{cases}$ 低合金钢（合金元素总含量小于 5.0%）
中合金钢（合金元素总含量 5.0%～10.0%）
高合金钢（合金元素总含量大于 10.0%）$\end{cases}$

2. 按杂质含量分类

普通碳素钢（硫含量 0.055%～0.065%，磷含量 0.045%～0.085%）

优质碳素钢（硫含量 0.030%～0.045%，磷含量 0.035%～0.040%）

高级优质钢（硫含量不大于 0.030%，磷含量不大于 0.035%，钢号
　　　　　后加"高"或"A"）

3. 按冶炼方法分类

$$\left\{\begin{array}{l}\text{平炉钢}\\\text{氧气转炉钢}\\\text{电炉钢}\end{array}\right.$$

4．按冶炼时脱氧程度分类

$$\left\{\begin{array}{l}\text{特殊镇静钢（代号 TZ）}\\\text{镇静钢（代号 Z）}\\\text{半镇静钢（代号 b）}\\\text{沸腾钢（代号 F）}\end{array}\right.$$

5．按用途分类

$$\left\{\begin{array}{ll}\text{结构钢}&\left\{\begin{array}{l}\text{碳素结构钢}\\\text{合金结构钢}\end{array}\right.\\\text{工具钢}&\left\{\begin{array}{l}\text{碳素工具钢}\\\text{合金工具钢}\\\text{高速工具钢}\end{array}\right.\\\text{特殊钢（如桥钢、钢轨钢等）}\end{array}\right.$$

土木工程中常用的钢材主要是普通碳素钢中的低碳钢和合金钢中的低合金钢。

二、钢材的力学性能

钢材的力学性能主要有抗拉、冷弯、冲击韧性和耐疲劳性等。

1．抗拉性能

抗拉性能是钢材的主要性能。由拉力试验测定的屈服强度、抗拉强度和伸长率是钢材的主要技术指标。

钢材的抗拉性能，可通过低碳钢（软钢）受拉的应力—应变图阐明（图1-6）。软钢受拉的全过程可分为四个阶段：弹性阶段（$O \sim A$）、屈服阶段（$A \sim B$）、强化阶段（$B \sim C$）和颈缩阶段（$C \sim D$）。

（1）弹性阶段

在 OA 范围内应力与应变成正比例关系，如果卸去外力，试件则恢复原状而无残余变形，这种性质称为弹性，这个阶段称为弹性阶段。

弹性阶段的最高点（A 点）所对应的应力称为比例极限或弹性极限，用 σ_p 表示。应力和应变的比值为常数，称为弹性模量，用 E 表示，即 $E = \sigma/\varepsilon$。弹性模量

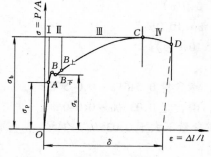

图 1-6　低碳钢的应力—应变图（拉伸）

反映钢材的刚度，即产生单位弹性应变时所需应力的大小，它是计算钢结构变形的重要指标。土木工程中广泛应用的 Q235 碳素结构钢的弹性模量 $E =$ （2.0～2.1）$\times 10^5$ MPa。

（2）屈服阶段

当应力超过比例极限后，应力和应变不再成正比关系，即应力的增长滞后于应变的增长，从 $B_上 \rightarrow B_下$ 点甚至出现了应力减小的情况，这一现象称为屈服。这一阶段称为屈服阶段。在屈服阶段内，若卸去外力，则试件变形不能完全恢复，即产生了塑性变形。$B_上$ 点所对应的应力称为屈服上限，$B_下$ 点所对应的应力称为屈服下限。由于 $B_下$ 点比较稳定且容易测定，故常以屈服下限作为钢材的屈服强度，称为屈服点，用 σ_s 表示。

钢材受力达到屈服强度后，尽管尚未断裂，但由于变形的迅速增长，已不能满足使用要求，故设计中一般以屈服强度作为钢材强度取值的依据。

对于在外力作用下屈服现象不明显的钢材（如某些合金钢或含碳量高的钢材），则规定产生残余变形为 0.2% 原标距长度时的应力作为该钢材的屈服强度，称为屈服强度，用 $\sigma_{0.2}$ 表示（图 1-7）。

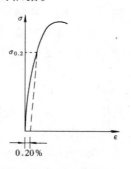

图 1-7　硬钢的屈服强度 $\sigma_{0.2}$

（3）强化阶段

当钢材屈服到一定程度以后，由于内部晶格扭曲、晶粒破碎等原因，阻止了塑性变形的进一步发展，钢材抵抗外力的能力重新提高，表现在应力—应变图上即曲线从 $B_下$ 点开始上升直至最高点 C，这一过程通常称为强化阶段，对应于最高点 C 的应力称为极限抗拉强度（即抗拉强度），用 σ_b 表示。它是钢材所能承受的最大拉应力。Q235 钢的屈服强度在 235MPa 以上，抗拉强度在 375MPa 以上。

抗拉强度在设计计算中虽然不能直接利用，但是屈服强度与抗拉强度之比（即 σ_s/σ_b）却是评价钢材受力特征的一个参数。屈强比 σ_s/σ_b 愈小，反映钢材受力超过屈服点工作时的可靠性愈大，安全性愈高，但是该比值过小，又说明钢材强度的利用率偏低，浪费钢材。钢材的屈强比一般为 0.60～0.75。Q235 钢的屈强比大约为 0.58～0.63，普通低合金钢的屈强比约为 0.65～0.75。

（4）颈缩阶段

当钢材强化达到 C 点后，在试件薄弱处的断面将显著减小，塑性变形急剧增加，产生"颈缩"现象而很快断裂（图 1-8）。将断裂后的试件拼合起来，便可量出标距范围的长度 L_1，L_1 与试件受力前原标距长 L_0 之差为塑性变形值，它与 L_0 之比称为伸长率 δ。可按下式计算：

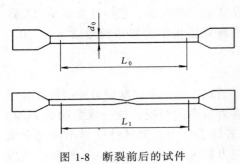

图 1-8　断裂前后的试件

$$\delta = \frac{L_1 - L_0}{L_0} \times 100\%$$

伸长率表示钢材塑性变形能力的大小，是钢材的重要技术指标。尽管结构是在弹性范围内使用，但其应力集中处的应力可能超过屈服点。良好的塑性变形能力，可使应力重分布，从而避免结构过早破坏。

塑性变形在试件标距内的分布是不均匀的，颈缩处的变形最大，离颈缩部位越远其变形越小。所以原标距与直径之比愈小，则颈缩处伸长值在整个伸长值中的比重愈大，计算出来的伸长率就会大些。通常以 δ_5 和 δ_{10} 分别表示 $L_0 = 5d_0$ 和 $L_0 = 10d_0$ 时的伸长率。由上述分析可知，对于同一种钢材，其 δ_5 大于 δ_{10}。

通过拉力试验，还可测定另一个表示钢材塑性变形能力的指标——断面收缩率 ψ。它是试件断裂后，颈缩处断面面积收缩值与原断面面积的百分比，即：

$$\psi = \frac{A_0 - A}{A_0} \times 100\%$$

式中　A_0、A——分别为颈缩处断裂前后的断面面积。

2. 冷弯性能

冷弯性能指钢材在常温下承受弯曲变形的能力，是钢材的工艺性能指标。

钢材的冷弯性能，常用弯曲的角度 α 和弯心直径 d 与试件直径（或厚度）a 的比值来表示。弯曲角度愈大，d/a 愈小，说明试件受弯程度愈高。钢材的技术标准中对不同钢材的冷弯指标均有具体规定。当按规定的弯曲角度 α 和 d/a 值对试件进行冷弯时，试件受弯处不发生裂缝、断裂或起层，即认为冷弯性能合格。

图 1-9 和图 1-10 分别为冷弯试验及弯曲角度相同、不同 d/a 时的弯曲情况。

钢材的冷弯性能和伸长率均是塑性变形能力的反映。但伸长率是在试件轴向均匀变形条件下测定的，而冷弯性能则是在更严格条件下钢材局部变形的能力。它可揭示钢材内部结构是否均匀，是否存在内应力和夹杂物等缺陷。工程中还经常用冷弯试验来检验建筑钢材各种焊接接头的焊接质量。

3. 冲击韧性

冲击韧性指钢材抵抗冲击荷载的能力。冲击韧性指标是通过标准试件的弯曲冲击韧性试验确定的（图 1-11）。试验时，以摆锤冲击试件刻槽的背面，将其打断，试件单位截面积上所消耗的功即为钢材的冲击韧性指标，以 a_k 表示

$\alpha = 180°$　　$d = 0.5a$

图 1-9　冷弯试验

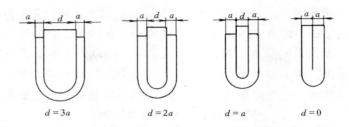

图 1-10　$\alpha = 180°$、不同 d/a 时的弯曲

（J/cm^2）。a_k 值越大，表明钢材的冲击韧性愈好。

钢材的冲击韧性对钢的化学成分、组织状态以及冶炼、轧制质量都较敏感。例如，钢中硫、磷的含量较高，存在偏析、非金属夹杂物或焊接形成的微裂纹等均会使冲击韧性显著降低。

试验表明，钢材在常温下并不显示脆性，但随着温度下降到一定程度则可以发生脆性断裂，这一性质称为钢材的冷脆性。

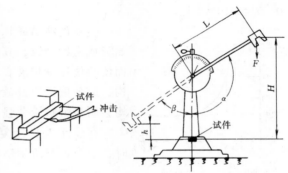

冲击韧性随温度降低而下降的规律是开始下降缓慢，当达到一定温度时则突然下降。这时的温度范围称为脆性转变温度或脆性临界温度（图 1-12），其数值愈低，表明钢材的低温冲击韧性愈好，所以在负温条件下使用的

图 1-11　摆锤式冲击韧性试验

结构，应当选用脆性转变温度较使用温度为低的钢材，并满足规范规定的 $-20℃$ 或 $-40℃$ 的负温冲击韧性指标的要求。

随着时间延长，钢材强度逐渐提高，塑性、韧性下降的现象称为"时效"。完成时效变化过程可达数十年，钢材经受冷加工或使用中受到振动及反复荷载的影响，可加速时效发展。因时效而导致钢材性能改变的程度称为时效敏感性。时效敏感性愈大的钢材，其冲击韧性随时间延长而下降的程度愈显著。为了保证安全，对于承受动荷载的重要结构，应选用时效敏感性小的钢材。表 1-7 为在负温及时效后冲击韧性的变化情况。

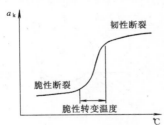

图 1-12　钢材的脆性转变温度

4. 耐疲劳性

钢材在交变荷载反复多次作用下，可在最大应力远低于屈服强度的情况下突然破坏。这种破坏称

为疲劳破坏。研究表明，钢材承受的交变应力 σ_{max} 越大，则断裂时的交变次数 N 越少，相反 σ_{max} 越小则 N 越多，如图 1-13 所示。从理论上讲，当最大交变应力低于某值时，N 值无限多也不会产生疲劳破坏，此最大交变应力可定义为疲劳强度或疲劳极限。图 1-13 中曲线水平部分对应的应力值 σ_n 即为疲劳极限。对钢材而言，一般将承受交变荷载达 10^7 周次时不破坏的最大应力定义为疲劳强度。

普通低合金结构钢冲击韧性指标   表 1-7

常 温	− 40℃	时 效
冲击值 a_k，（J/cm²）		
58.8 ~ 69.6	29.4 ~ 34.3	29.4 ~ 34.3

测定疲劳强度时，应根据结构使用条件确定采用的应力循环类型、应力比值（又称应力特征值 ρ，为最小与最大应力比）和交变的次数。交变次数一般为 2×10^6 或 4×10^6 以上。

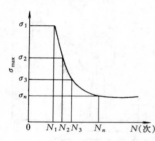

图 1-13 疲劳曲线

钢材的疲劳破坏是拉应力引起的。首先在局部开始形成微细裂纹，其后由于裂纹尖端处产生应力集中而使裂纹逐渐扩展直至疲劳断裂。钢材内部的晶体结构、成分偏析以及最大应力处的表面光洁程度等因素均会明显影响疲劳强度。

在设计承受反复荷载且须进行疲劳验算的结构时，应当了解所用钢材的疲劳强度。

5. 硬度

钢材硬度系指钢材抵抗更硬物体压入时产生局部变形的能力。测定硬度的方法很多，钢材常用的硬度指标为布氏硬度值。

国家标准《金属布氏硬度试验方法》（GB 231—1984）对布氏硬度试验作了具体规定。试验原理是用一直径为 D 的淬火钢球或碳化钨硬质合金球，在规定荷载 P 作用下压入试件表面（图 1-14）并保持一定时间，然后卸去荷载，计算出单位压痕球面积上所承受的荷载 kgf 即为布氏硬度 HB。

当荷载 P 的单位为 kgf 时，

$$HB = \frac{P}{S} = \frac{2P}{\pi D \left(D - \sqrt{D^2 - d^2} \right)}$$

当荷载 P 的单位为 N 时

$$HB = 0.102 \times \frac{P}{S} = 0.102 \times \frac{2P}{\pi D \left(D - \sqrt{D^2 - d^2} \right)}$$

式中　　P——钢球上所加荷载，N；

　　　　S——钢材表面压痕球面积，mm²；

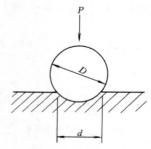

图 1-14 布氏硬度试验

D——钢球直径，mm；

d——压痕直径，mm。

硬度是人为规定的在特定试验条件下的一种工程量或技术量，其数值没有明确的物理意义，通常不标注单位。

由于布氏硬度试验方法简单，可用于测定软硬不同、厚薄不一的材料的硬度，所以应用十分广泛。其缺点是对不同材料和厚度的试样需要更换钢球和荷载，试验操作及压痕测量较费时间，工作效率较低，大批量检验时不宜采用。

钢材的布氏硬度值和抗拉强度等力学性能指标之间有较好的相关关系。大量试验表明，可按下式估算碳素钢的抗拉强度 σ_b：

$$HB < 175 \qquad \sigma_b = 0.36HB$$

$$HB > 175 \qquad \sigma_b = 0.35HB$$

思　考　题

1-1　通用水泥有哪几个主要品种？定义是什么？

1-2　硅酸盐水泥熟料的主要矿物组成是什么？各矿物成分的水化特性及水化产物是什么？

1-3　简述普通硅酸盐水泥的主要技术性能？如何检测？

1-4　简述矿渣硅酸盐水泥与硅酸盐水泥在性能特点上有何不同？为什么？

1-5　普通混凝土用砂石骨料应具备的主要质量指标有哪些？

1-6　什么是混凝土拌合物的和易性？它包含哪些含义？

1-7　影响混凝土拌合物和易性的因素是什么？它们是怎样影响的？

1-8　如果混凝土拌合物的和易性不符合要求（坍落度过大或过小，黏聚性不良）时，如何进行调整？

1-9　影响混凝土强度的主要因素是什么？它们是怎样影响的？

1-10　用普通硅酸盐水泥配制的混凝土制成边长 10cm 的立方体试件，标养 14d 的抗压强度为 21.6MPa，试估算其 28d 的抗压强度。

1-11　如果实测混凝土抗压强度低于设计要求，应采取哪些措施来提高其强度？

1-12　钢材可以从哪几个方面分类？建筑工程中常用什么钢材？

1-13　画出低碳钢拉伸时的应力-应变图并指出弹性极限 σ_p、屈服强度 σ_s 和抗拉强度 σ_b。说明屈服强度和屈强比的实用意义。

1-14　伸长率表示钢材的什么性质？如何计算？对同一种钢材来讲，δ_{10} 和 δ_5 之间有何关系？为什么？

1-15　何谓钢材的冷弯性能和冲击韧性？二者对钢材的应用有什么实际意义？

第二章 新型结构材料

学习要点

本章重点介绍了轻骨料混凝土、砌块、蒸压灰砂砖和复合墙体的概念、分类、材料组成、技术性能及工程应用知识。通过学习，应着重掌握这四种新型建筑材料的基本性能特点、技术分类及要求，以便在工程中正确运用。

第一节 轻骨料混凝土

一、概述

1. 定义

凡是用轻粗骨料、轻细骨料（或普通砂）、水泥和水配制而成的混凝土，干表观密度不大于 $1950kg/m^3$ 者，称为轻骨料混凝土。当粗细骨料全部采用的是轻骨料的混凝土称为全轻混凝土；当粗骨料为轻骨料，细骨料部分或全部采用普通砂的混凝土称为砂轻混凝土。

2. 轻骨料混凝土的优缺点

（1）轻质、经济性强

轻骨料混凝土与普通混凝土相比的首要特性就是轻。在工程建设中，这个特性在经济方面具有决定性的作用。如在软土地基上进行土木工程建设，上部结构的自重减轻，必然会减少基础处理的费用；降低梁和柱的横截面积及配筋；降低运输、吊装、模板和脚手架等方面的成本。

（2）保温且承重

轻骨料混凝土的导热系数为 $0.23 \sim 0.52W/$（$m \cdot K$），小于黏土砖的导热系数（$0.745W/$（$m \cdot K$）），和黏土空心砖的导热系数 $0.522W/$（$m \cdot K$）相近。因此具有一定的隔热保温性能。当前保温材料品种很多，但是既能承重（有足够的强度）、又能保温（较小的导热系数），且具有良好耐久性的却很少，轻骨料混凝土（尤其是结构保温型的）则能同时兼有这三重性能。这种性能使得墙体工序简化而节省材料。更方便的是，配制混凝土时，调整骨料的性能及含量将会达到满意的保温效果。

（3）较好的力学性能

轻骨料混凝土的抗压强度与普通混凝土接近，因此在使用普通混凝土的部位或构件的工程，均可使用轻骨料混凝土。

轻骨料混凝土弹性模量低于普通混凝土，因此在抗震结构中选用轻骨料混凝土的使用性能优于普通混凝土，如在地震荷载作用下，轻骨料混凝土受弯构件的承载力比普通混凝土提高 5%～8%，且具有较高的冲击韧性和极限变形，因此，高强度轻骨料混凝土更适合在软土地基、地震区建造大跨度的桥梁和高层建筑。

（4）耐火性好

因为轻骨料混凝土导热系数小，耐火性能好，在同一耐火等级的条件下，轻骨料混凝土板的厚度，可以比普通混凝土减薄 20%以上。

（5）弹性模量小、变形大

轻骨料混凝土弹性模量小，刚度低，徐变和收缩变形比普通混凝土大得多。由于配制轻骨料混凝土时混凝土中的用水量较大，因此收缩较大，可能产生裂缝。这点应引起设计和应用时的重视。

二、轻骨料的分类和性能

1. 轻骨料的分类

（1）按焙烧工艺不同可分为：

1）烧胀型轻骨料，如黏土陶粒、页岩陶粒；

2）烧结型轻骨料，如粉煤灰陶粒。

（2）按使用功能可分为：

1）结构型轻骨料；

2）结构保温型轻骨料；

3）保温型轻骨料。

（3）按材料来源可分为：

1）天然轻骨料，如浮石、火山渣等；

2）人造轻骨料，如黏土、页岩陶粒等；

3）工业废料轻骨料，如粉煤灰陶粒、自燃煤矸石、煤渣等。

（4）按骨料的粒型可分为：

1）圆球型的，原材料经造粒加工而成的，如粉煤灰陶粒；

2）普通型的，原料经破碎加工而成，非球状的，如页岩陶粒；

3）碎石型的，轻骨料成多孔烧结块，经破碎而成，如浮石、煤渣、自然煤矸石。

（5）按性能可分为：

1）超轻轻骨料，堆积密度不大于 500kg/m³ 的轻粗骨料；

2）普通轻骨料，堆积密度不小于 510kg/m³ 的轻粗骨料；

3）高强轻骨料，强度标号不小于 25MPa 的轻粗骨料。

2．常见轻骨料的品种与特性

我国目前生产和使用的轻骨料，按原料来源主要有下列品种：

（1）天然轻骨料

1）浮石：浮石是火山爆发时，岩浆喷出后急剧冷却而形成的一种轻质多孔岩石。浮石经开采后，一般仅需破碎，筛选后即可使用。浮石具有泡沫状结构，气孔较多，呈圆形或椭圆形。

2）火山渣：形成条件与浮石相似，为铁黑或咖啡色，气孔极多，开口和连通孔多。

天然轻骨料因组成和形成条件不同，骨料性能波动范围较大。如吸水率在 10%～40% 之间。

（2）工业废渣轻骨料

1）粉煤灰陶粒：粉煤灰陶粒是以粉煤灰为主要原料，掺入少量粘结剂（如黏土）和固体燃料（如煤粉），经混合、成球，高温焙烧（1200～1300℃）而制得的一种人造轻骨料。粉煤灰陶粒一般是圆球形，表皮粗糙而坚硬，其主要特点是堆积密度小（600～900kg/m³），筒压强度高（4MPa 以上，有的高达 8MPa），导热系数低，化学稳定性好。一般用来配制高强度轻骨料混凝土。

2）煤矸石轻骨料：煤矸石中含有较多的挥发成分及含碳量，有的可以自燃，有的需点火燃烧，经破碎后得到煤矸石轻骨料。自燃煤矸石轻骨料不耗燃料，成本低，但自燃温度不均匀，质量不够稳定。

（3）人造轻骨料

黏土陶粒和页岩陶粒：黏土陶粒和页岩陶粒是以黏土、页岩等天然地方资源为原料，经加工制粒、焙烧膨胀而成的一种人造轻骨料。这类轻骨料的性能可人为地加以控制，因此性能范围较广，如堆积密度可控制在 350～900kg/m³，强度可达 2～6MPa，吸水率可在 3%～15% 之间。采用不同品种的人造轻骨料，可配制表观密度不同的轻混凝土。

3．轻骨料的等级与技术性能。

（1）等级

1）轻骨料按筒压强度和粒型系数等技术指标分为优等品（A）、一等品（B）、合格品（C）三个等级；

2）按密度粗骨料分为十级，细骨料分为八级；

（2）技术要求

1）颗粒级配和最大粒径

① 颗粒级配

轻骨料颗粒级配好坏的重要性与普通混凝土中的石子的级配一样，连续级配一般使新拌轻骨料混凝土有较好的黏聚性并可减少离析。使用单粒级颗粒时，为了防止离析，应保证有足够数量的粒径不大于 0.25mm 的骨料混入。轻骨料的颗粒级配应符合表 2-1 的要求。

② 最大粒径

轻骨料混凝土对骨料最大粒径的要求与普通混凝土不同，规范中规定轻粗骨料最大粒径不大于 20mm，这是因为力学强度试验证明，如轻骨料粒径大于 20mm，混凝土强度将会下降很多。当最大粒径较小和细粒比例增大时，混凝土的强度和表观密度都会增加，例如，最大粒径从 25mm 降到 16mm 时，混凝土强度将会增加 10% 左右。

③ 轻细骨料的细度模数

轻细骨料的细度模数 M_x 与普通混凝土中普通砂的计算相同，但 M_x 宜在 2.3 ~ 4.0 范围内。

颗粒级配（GB/T 17431.1—1998）　　　　　表 2-1

编号	轻骨料种类	级配类别	公称粒径(mm)	各号筛的累计筛余（按质量计）/（%）										
				筛　孔　径　　(mm)										
				40.0	31.5	2.0	16.0	10.0	5.00	2.50	1.25	0.630	0.315	0.160
1	细骨料	—	0~5					0	0~10	95~100	20~60	30~80	65~90	75~100
2	粗骨料	连续粒级	5~40	0~10	—		40~60	—	50~85	90~100	95~100			
3			5~31.5	0~5	0~10		—	40~75	90~100	95~100				
4			5~20	—	0~5	0~10	—	40~80	90~100	95~100				
5			5~16			0~5	0~10	20~60	85~100	95~100				
6			5~10				0	0~15	80~100	95~100				
7		单粒级	10~16				0	0~15	85~100	90~100				

2）堆积密度

轻骨料按堆积密度划分的密度等级应符合表 2-2 要求。轻骨料的均匀性指标，以堆积密度的变异系数计，不应大于 0.10。

轻骨料混凝土强度和表观密度随骨料的堆积密度的增加而增加。保温性能则随密度等级的增加而降低。

3）筒压强度与强度标号

密度等级（GB/T 17431—1998） 表 2-2

密 度 等 级		堆积密度范围	密 度 等 级		堆积密度范围
轻粗骨料	轻细骨料	（kg/m³）	轻粗骨料	轻细骨料	（kg/m³）
200	—	110～200	800	800	710～800
300	—	210～300	900	900	810～900
400	—	310～400	1000	1000	910～1000
500	500	410～500	1100	1100	1010～1100
600	600	510～600	—	1200	1110～1200
700	700	610～700			

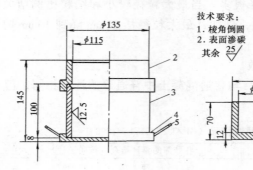

技术要求：
1. 棱角倒圆
2. 表面渗碳
其余 $\overset{25}{\nabla}$

图 2-1 测定轻骨料筒压强度的承压筒
1—冲压模；2—导向筒；3—筒体；4—筒底；5—把手

筒压强度的测定方法如下：将 10～20mm 粒级（粉煤灰陶粒允许按 10～15mm 粒级；超轻陶粒按 5～10mm 或 5～20mm 粒级）的试样按要求填充到特制的承压筒中，如图 2-1 所示。以冲压模压入 20mm 深时的压力值除以承压面积表示颗粒的平均强度。

不同密度等级的筒压强度要求见表 2-3、表 2-4 及表 2-5。

超轻粗骨料筒压强度（GB/T 17431—1998）（MPa） 表 2-3

超轻骨料品种	密度等级	筒 压 强 度		
		优等品	一等品	合格品
黏土陶粒 页岩陶粒 粉煤灰陶粒	200	0.3		0.2
	300	0.7		0.5
	400	1.3		1.0
	500	2.0		1.5
其他超轻粗骨料	≤500	—		

不同密度等级超轻粗骨料的筒压强度应不低于表 2-3 的规定。
不同密度等级的普通轻粗骨料的筒压强度应不低于表 2-4 的规定。

普通轻粗骨料筒压强度（GB/T 17431—1998）（MPa）　　　**表 2-4**

超轻骨料品种	密度等级	筒 压 强 度		
		优等品	一等品	合格品
黏土陶粒 页岩陶粒 粉煤灰陶粒	600	3.0		2.0
	700	4.0		3.0
	800	5.0		4.0
	900	6.0		5.0
浮石 火山渣 煤渣	600	—	1.0	0.8
	700	—	1.2	1.0
	800	—	1.5	1.2
	900	—	1.8	1.5
自燃煤矸石 膨胀矿渣珠	900		3.5	3.0
	1000		4.0	3.5
	1100		4.5	4.0

不同密度等级高强轻粗骨料的筒压强度和强度均应不低于表 2-5 的规定。

高强轻粗骨料的筒压强度和标号（GB/T 17431—1998）（MPa）　　　**表 2-5**

密度等级	筒压强度	强度标号
600	4.0	25
700	5.0	30
800	6.0	35
900	6.5	40

用承压法测定轻粗骨料的强度时，轻骨料表面为开口孔状的碎石型骨料时，强度偏低。由于骨料在筒内为点接触，在荷载作用下，是多向挤压而破坏的，故筒压强度值不能代表轻骨料在混凝土中的真实强度，而是轻骨料强度的一个相对指标，这个值与配制的轻骨料混凝土强度之间有一定的相关性。

4）吸水率与软化系数

① 吸水率

轻骨料吸水率与其种类及内部结构有关，轻骨料多为蜂窝状结构，孔隙率很大，能以不同的速度吸收水分，吸水快慢与骨料的表面状态有很大关系。吸水率的大小将会影响混凝土的许多性质，如造成水泥水化不足，难以进行配合比设计；造成建筑构件内湿度大，保温性降低等；然而，当轻骨料含水 5% ~ 15%时，对抗拉强度和劈裂强度有利。轻骨料的吸水率应符合 GB/T 17431—1998 规范中的要求，见表 2-6。

② 软化系数

人造轻粗骨料和工业废料轻粗骨料的软化系数应小于 0.8；天然轻粗骨料的软化系数应小于 0.7。

轻粗骨料的吸水率（GB/T 17431—1998） 表 2-6

类　别	轻骨料品种	密度等级	吸水率（%）
超轻骨料	黏土陶粒 页岩陶粒 粉煤灰陶粒	200	30
		300	25
		400	20
		500	15
普通轻骨料	黏土陶粒 页岩陶粒	600～900	10
	粉煤灰陶粒	600～900	22
	煤渣	600～900	10
	自燃煤矸石	600～900	10
	膨胀矿渣珠	900～1100	15
	天然轻骨料	—	不作规定
高强轻骨料	黏土陶粒 页岩陶粒	600～900	8
	粉煤灰陶粒	600～900	15

轻细骨料的吸水率和软化系数不作规定。

5）有害物质含量

为了预防骨料内有害杂质可能带来的危害，规范规定有害杂质的含量必须满足表 2-7 中的要求。

有害物质含量（GB/T 17431—1998） 表 2-7

项目名称	质量指标	备　注
煮沸质量损失（%）　≤	5	天然轻骨料不作规定；用于无筋混凝土的煤渣允许达 20
烧失量（%）　≤	5	用于无筋混凝土的自燃煤矸石允许含量≤1.5
硫化物和硫酸盐含量（按 SO₃ 计）（%）≤	1.0	
含泥量（%）　≤	3	结构用轻骨料≤2；不允许含有黏土块
有机物含量	不深于标准色	
放射性比活度	符合 GB9196 规定	煤渣、自燃煤矸石应符合 GB6763 的规定

三、轻骨料混凝土的技术性质

1. 干表观密度等级

轻骨料混凝土按干表观密度分为 14 个等级，即：≤600、700、800、900、1000、1100……1900kg/m³。

2．和易性

轻骨料混凝土拌合物和易性的概念，以及坍落度和维勃稠度的测定方法与普通混凝土相同。

影响轻骨料混凝土拌合物和易性的主要因素除了与普通混凝土相同外，由于轻骨料的吸水率一般大于碎石和卵石，因此，拌合物中的水由两部分组成，一部分被轻骨料吸收，数量为 1 小时吸水量，称为附加水量，其余部分为净用水量，是使拌合物获得要求流动性和保证水泥水化所需的水量。为了避免影响和易性，拌制轻骨料混凝土时，一般要用水预先将骨料饱和。拌合后，由于骨料还会继续吸水导致拌合物和易性迅速变化，因此要严格控制在拌合后的 15～30min 内测定坍落度和维勃稠度。

另外，拌制砂轻混凝土时，应小心地控制拌合水量，因为普通砂的表观密度比轻骨料的大，特别是两者差值大时，会由此引起拌合物离析，轻骨料可能浮到上边来。改善的方法有掺膨润土，增加水泥浆黏度或加引气型外加剂来减少离析的发生。另外，增加水泥含量，也可改善轻骨料混凝土的和易性。对全轻混凝土，可采用增加砂浆量的方法改善和易性。

3．轻骨料混凝土的强度

轻骨料混凝土的强度种类有抗压、轴心抗压、弯曲、抗拉、抗剪等，而在结构设计计算中主要以混凝土强度等级为依据。

（1）抗压强度及强度等级

轻骨料混凝土是以立方体抗压强度的标准值来确定强度等级的。立方体抗压强度标准值是按标准方法，制成边长为 150mm 的立方体试块，在标准条件下（温度（20±2）℃；相对湿度 95％以上）养护 28 天后，测定其平均极限抗压强度值，这个值具有 95％的保证率。轻骨料混凝土的强度等级分为 LC3.5、LC5.0、LC7.5、LC10、LC15、LC20、LC25、LC30、LC35、LC40、LC45、LC50、LC55、LC60 共 14 个强度等级。不大于 LC5.0 的为保温轻骨料混凝土；不小于 LC15 的为结构轻骨料混凝土。

在轻骨料钢筋混凝土中，混凝土承受的主要是压力，但轻骨料混凝土结构设计过程中也会涉及到其他的力学性能，强度等级与其他的力学性能见表 2-8。

（2）影响轻骨料混凝土强度的因素

1）水泥强度和水泥用量

水泥强度对轻骨料混凝土强度的影响视骨料的强度不同，影响程度不同，骨料强度高时，水泥强度高，混凝土强度也高。骨料强度低时，水泥强度变化对混凝土强度影响不大。水泥用量增加，可以提高轻骨料混凝土的强度，但提高的程度不像普通混凝土，如在普通混凝土中增加 10％的水泥用量，可使强度提高约 15％，但轻骨料混凝土相应提高 5％～10％或者更少。

结构轻骨料混凝土的强度标准值（MPa）（JGJ 51—2002）　　表 2-8

强 度 种 类		轴心抗压	轴心抗拉
符 号		f_{ck}	f_{tk}
混凝土强度等级	LC15	10.0	1.27
	LC20	13.4	1.54
	LC25	16.7	1.78
	LC30	20.1	2.01
	LC35	23.4	2.20
	LC40	26.8	2.39
	LC45	29.6	2.51
	LC50	32.4	2.64
	LC55	35.5	2.74
	LC60	38.5	2.85

　　注：自燃煤矸石混凝土轴心抗拉强度标准值应按表中值乘以系数 0.85；对浮石或火山渣混凝土应按表中值乘以系数 0.80。

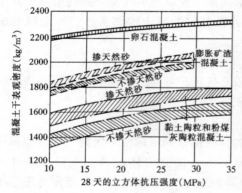

图 2-2　黏土陶粒和陶粒混凝土的抗压强度与表观密度的关系

2）骨料的影响

　　当骨料为连续级配时，如细颗粒含量较多或最大粒径较小，则使强度增高。用天然砂代替轻砂，也将提高强度，同时大大提高混凝土的干表观密度。见图 2-2。对同一品种轻骨料，堆积密度越大的轻骨料，配制出的混凝土的强度越高。要配制轻质高强的轻骨料混凝土，需要采用堆积密度小，筒压强度较高的圆球形轻骨料。

3）含水率的影响

　　轻骨料是多孔原料，拌合混凝土时其含水率对强度有很大影响，若含水率过大，骨料表面附着过多水分，从而降低骨料与水泥浆的粘结；若过小，骨料过干，影响水泥水化，造成混凝土不密实，同样对强度不利；而当骨料含水率为 5%～15% 时，对混凝土的强度有利。

　　4. 轻骨料混凝土的变形

　　同普通混凝土一样，轻骨料混凝土也会发生在荷载作用下的变形及非荷载作用下的变形。

　　（1）弹性模量

　　混凝土的弹性模量反映的是混凝土在施加荷载初期的物理力学性能的特征值。轻骨料混凝土的弹性模量，一般比普通混凝土的低 25%～60%，其大小与强度等级及表观密度等级有关。强度等级和表观密度增加，弹性模量随之增加。由于骨料的硬度变化范围很大，因而弹性模量有一个很宽的范围。一般为 $34 \times 10^2 \sim 215 \times 10^2$ MPa，见表 2-9。轻骨料混凝土的泊松比可取 0.2。

轻骨料混凝土的弹性模量（JGJ 51—2002）E_c（$\times 10^2$ MPa）　　　表 2-9

强度等级	密度等级							
	1200	1300	1400	1500	1600	1700	1800	1900
LC15	94	102	110	117	125	133	141	149
LC20	—	117	126	135	145	154	163	172
LC25	—	—	141	152	162	172	182	192
LC30	—	—	—	166	177	188	199	210
LC35	—	—	—	—	191	203	215	227
LC40	—	—	—	—	—	217	230	243
LC45	—	—	—	—	—	230	244	257
LC50	—	—	—	—	—	243	257	271
LC55	—	—	—	—	—	—	267	285
LC60	—	—	—	—	—	—	280	297

注：用膨胀矿渣珠或自燃煤矸石作粗骨料的混凝土，其弹性模量值可比表列数值提高 20%。

（2）徐变

由于混凝土的徐变主要是水泥石在长期荷载作用下产生变形所引起的，所以徐变随着混凝土中水泥石的含量增加而增加。如果轻骨料的尺寸、形状和表面构造都是不利的，则其混凝土水泥浆的含量就要提高，徐变就将增大。反之，轻骨料级配好、圆形颗粒、封闭的表面，徐变量减少。一般徐变变形比普通混凝土大 30% ~ 60%。

（3）收缩

影响收缩的因素有水泥浆数量、骨料的类型、水泥浆的质量。水泥浆数量多时，收缩量增大；轻骨料强度低、刚度低，抑制收缩的作用小故收缩值大；轻骨料级配差、形状不利，导致空隙率增大，则需更多水泥浆量，因而轻骨料混凝土收缩量也增大。砂轻混凝土比全轻混凝土收缩量大大减小。轻骨料混凝土比普通混凝土的收缩大 20% ~ 50%，其收缩值范围应为 0.36 ~ 0.85mm/m。

（4）温度膨胀系数

当温度为 0 ~ 100℃ 时，温度膨胀系数可取 7×10^{-6}/℃ ~ 10×10^{-6}/℃，低密度等级者可取下限，高密度等级者可取上限。

5. 导热性

轻骨料混凝土的保温隔热性能是其重要性质之一，由于轻骨料内含有许多封闭的小孔，所以其导热系数较小，保温隔热性好。轻骨料混凝土的导热系数主要受其表观密度和含水率影响，含水率增大，导热系数也增大，导致保温性能下降；表观密度增大，保温性能随之下降。如轻骨料混凝土密度等级为 800 及 1800 时，在干燥状态下其导热系数分别为 0.23W/（m·K）及 0.87W/（m·K），当含水率为 6％时，导热系数分别增至 0.3W/（m·K）及 1.01W/（m·K）。

6. 耐久性

轻骨料混凝土的耐久性包括抗冻性、抗渗性、抗蚀性、耐火性等方面的含义。

1）抗蚀性虽然主要取决于水泥的品种和质量，但在轻骨料混凝土中由于引起腐蚀的氢氧化钙与轻骨料还会生成如水化硅酸钙等新的产物，因此，轻骨料混凝土的抗蚀性较好。

2）轻骨料混凝土的热传导能力比普通混凝土低，因而具有较好的耐火性。

3）轻骨料混凝土的抗渗性优于普通混凝土，相同强度等级时，轻骨料混凝土抗渗压力可达普通混凝土的 4 倍左右。

4）抗冻性是评价轻骨料混凝土耐久性的重要指标，在轻骨料混凝土中，轻骨料被密实性较高的水泥石所包围，水分不易渗入轻骨料孔隙内，其含水量不易达到引起冻结破坏的临界含水量。因此，轻骨料混凝土的抗冻性一般优于同强度等级的普通混凝土。轻骨料混凝土的抗冻能力大小，决定于水泥砂浆的强度和密实度，而水泥砂浆的密实度受水灰比和水泥用量的影响，过大的水灰比和过小的水泥用量，将降低水泥砂浆的强度和密实度，而使混凝土的抗冻性降低。在混凝土中加入引气剂，可提高抗冻性。为了确保混凝土的抗冻性，对在不同环境下的轻骨料混凝土最小水泥用量和最大水灰比做出了规定，见表 2-10。

为了保证轻骨料混凝土在所处环境中有足够的耐久性，我国现行规范（JGJ 51—2002）规定了不同环境条件下的抗冻性指标（表 2-11）及不同使用条件下抗碳化耐久性要求（表 2-12）。抗碳化检验是按快速碳化标准方法进行的，其 28d 的碳化深度值应符合表中规定。

轻骨料混凝土的最大水灰比和最小水泥用量（JGJ 51—2002）　　表 2-10

混凝土所处的环境条件	最 大 水灰比	最小水泥用量（kg/m³）	
		配筋的	无筋的
不受风雪影响的混凝土	不作规定	270	250
受风雪影响的露天混凝土，位于水中及水位升降范围内的混凝土和在潮湿环境的混凝土	0.5	325	300
寒冷地区位于水位升降范围内混凝土和受水压或除冰盐作用的混凝土	0.45	375	350
严寒地区位于水位升降范围内的混凝土和受硫酸盐、除冰盐腐蚀的混凝土	0.40	400	375

不同使用条件的抗冻性要求（JGJ 51—2002）　　表 2-11

使 用 条 件	抗冻标号	使 用 条 件	抗冻标号
1. 非采暖地区	F15	相对湿度 > 60%	F35
2. 采暖地区		水位变化的部位	≥ F50
相对湿度 ≤ 60%	F25		

砂轻轻骨料混凝土的碳化深度值（JGJ 51—2002）　　表 2-12

等　　级	使 用 条 件	碳化深度值（mm），不大于
1	正常湿度，室内	40
2	正常湿度，室外	35
3	潮湿，室外	30
4	干湿交替	25

注：1. 正常湿度系指相对湿度为 55% ~ 65%。
　　2. 潮湿系指相对湿度为 65% ~ 80%。
　　3. 碳化深度值相当于在正常大气条件下，即 CO_2 的体积浓度为 0.03%、温度为 20 ± 3℃ 环境条件下，自然碳化 50 年时轻骨料混凝土的碳化深度。

四、轻骨料混凝土配合比设计

1. 设计原则

轻骨料混凝土配合比设计的任务，是在满足使用要求前提下，确定施工用的合理混凝土材料用量。为满足工程使用要求，并使混凝土具有较理想的技术经济指标，应考虑以下几项基本要求。

（1）满足设计强度等级和密度等级，以及和易性和其他性能如抗冻性、弹性模量的要求。

（2）满足节约水泥，合理选择原材料，降低成本的要求。

（3）砂轻混凝土宜采用绝对体积法，全轻混凝土应采用松散体积法。

2. 高强轻骨料混凝土配合比设计要求：

（1）要求粗骨料为圆球形、级配好、筒压强度高，最大粒径不超过 20mm 的陶粒；细骨料为普通砂或掺入部分轻砂（占细骨料的 20% ~ 30%）。

（2）采用高强度等级水泥，确定符合施工要求的和易性指标的最小水灰比。

（3）采取适当的成型和养护制度；

（4）必要时掺加外加剂和掺合料。

3. 超轻混凝土配合比的设计要求

（1）要求轻粗骨料级配好，圆球形，表面孔隙小，粒径大（最大粒径以不小于 40mm 为宜），堆积密度小（不大于 500kg/m³ 为宜）。轻细骨料采用轻砂，堆积密度以 200 ~ 300kg/m³ 为宜。

（2）掺加引气剂或泡沫剂。

4.配合比设计原理和方法

（1）绝对体积法。这种方法适合砂轻混凝土的配合比计算。其原理是假定1m³混凝土的绝对体积为各组成材料的绝对密实体积之和。设计程序如下：

①根据设计要求的轻骨料混凝土的强度等级、密度等级和混凝土用途，确定粗骨料的种类和粗骨料最大粒径。

②测定骨料的堆积密度、颗粒表观密度、筒压强度和1h吸水率，并测定细骨料的堆积密度和表观密度。

③计算混凝土的试配强度 f'_{cu}：

$$f'_{cu} = f_{cu,k} + 1.654\sigma$$

式中 f'_{cu}——轻骨料混凝土的试配强度（MPa）；

  $f_{cu,k}$——轻骨料混凝土的设计强度等级（MPa）；

  σ——轻骨料混凝土强度的总体标准差（MPa），无资料时，可按表 2-13 取值。

σ 取 值 表（JGJ 51—2002）（MPa）   表 2-13

强度等级	CL20	CL20 ~ CL35	> CL35
σ	4.0	5.0	6.0

④选择水泥用量

根据配制强度与轻粗骨料的密度等级，参照表 2-14。选取水泥用量。为保证轻骨料混凝土耐久性，与普通混凝土一样，其最大水灰比和最小水泥用量限值须满足表 2-10 的要求。

轻骨料混凝土水泥用量（JGJ 51—2002）（kg/m³）   表 2-14

混凝土试配强度（MPa）	轻骨料密度等级						
	400	500	600	700	800	900	1000
< 5.0	260 ~ 320	250 ~ 300	230 ~ 280				
5.0 ~ 7.5	280 ~ 360	260 ~ 340	240 ~ 320	220 ~ 300			
7.5 ~ 10		280 ~ 370	260 ~ 350	240 ~ 320			
10 ~ 15			280 ~ 350	260 ~ 340	240 ~ 330		
15 ~ 20			300 ~ 400	280 ~ 380	270 ~ 370	260 ~ 360	250 ~ 350
20 ~ 25				330 ~ 400	320 ~ 390	310 ~ 380	300 ~ 370
25 ~ 30				380 ~ 450	370 ~ 440	360 ~ 430	350 ~ 420
30 ~ 40				420 ~ 500	390 ~ 490	380 ~ 480	370 ~ 470
40 ~ 50					430 ~ 530	420 ~ 520	410 ~ 510
50 ~ 60					450 ~ 550	440 ~ 540	430 ~ 530

注：1.表中横线以上为采用 32.5 级水泥时的水泥用量值，横线以下为采用 42.5 级水泥时的水泥用量值。

  2.表中下限值适用于圆球型和普通型轻粗骨料；上限值适用于碎石型轻粗骨料及全轻混凝土。

  3.最高水泥用量不宜超过 550kg/m³。

⑤确定总用水量

根据生产工艺和施工条件要求的轻骨料混凝土和易性的指标，查表 2-15 选取净用水量。由于轻骨料本身吸水，混凝土的一部分拌合水会被轻骨料吸收，这部分水称为"附加水量"。混凝土总用水量应为净用水量与附加水量之和。附加水量应根据轻骨料用量乘以轻骨料 1h 吸水率求得。

轻骨料混凝土的净用水量（JGJ 51—2000）　　　　　　　　表 2-15

轻骨料混凝土用途	稠　　度		净用水量 (kg/m³)
	维勃稠度 (s)	坍落度 (mm)	
预制混凝土构件			
（1）振动加压成型	10 ~ 20	—	45 ~ 140
（2）振动台成型	5 ~ 10	0 ~ 10	140 ~ 180
（3）振捣棒或平板振动器振实	—	30 ~ 80	165 ~ 215
现浇混凝土：			
（1）机械振捣	—	50 ~ 100	180 ~ 225
（2）人工振捣或钢筋密集	—	≥80	200 ~ 230

注：1. 表中值适用于圆球型和普通型轻粗骨料，对于碎石型轻粗骨料，宜增加 10kg 左右的水。
　　2. 表中值适用于砂轻混凝土，若采用轻砂时，需取轻砂 1h 吸水量为附加水量，若无轻砂吸水率数据时，也可适当增加用水量，最后按施工稠度的要求进行调整。

⑥选择砂率

轻骨料混凝土的砂率应以体积砂率表示，即细骨料体积与粗细骨料总体积之比。体积可用密实体积或松散体积表示。对应的砂率则为密实体积砂率或松散体积砂率。按表 2-16 可选用密实体积砂率。

轻骨料混凝土的砂率（JGJ 51—2002）　　　　　　　　表 2-16

轻骨料混凝土用途	细骨料品种	砂　率 (%)
预制构件	轻砂	35 ~ 50
	普通砂	30 ~ 40
现浇混凝土	轻砂	—
	普通砂	35 ~ 45

注：1. 当细骨料采用普通砂和轻砂混合使用时，宜取中间值，宜按普通砂和轻砂的混合比例进行插入计算。
　　2. 采用圆球型轻粗骨料时，宜取表中值下限；采用碎石时，则取上限。

⑦计算粗、细骨料用量

$$V_S = \left[1 - (m_e/\rho_e + m_{wn}/\rho_w) \div 1000 \right] \times S_p$$

$$m_S = V_S \cdot \rho_S$$

$$V_a = 1 - (m_e/\rho_e + m_{wn}/\rho_w + m_S/\rho_S) \div 1000$$

$$m_a = V_a \cdot \rho_{ap}$$

式中 V_S——每立方米混凝土的细骨料体积（m³）；

  m_S——每立方米混凝凝土的细骨料用量（kg）；

  m_e——每立方米混凝土的水泥用量（kg）；

  m_{wn}——每立方米混凝土的净用水量（kg）；

  S_p——密实体积砂率（%）；

  V_a——每立方米混凝土的轻粗骨料体积（m³）；

  m_a——每立方米混凝土的轻粗骨料用量（kg）；

  ρ_e——水泥的密度，可取 $\rho_e = 2.9 \sim 3.1$（g／cm³）；

  ρ_w——水的密度，可取 $\rho_w = 1.0$（g／cm³）；

  ρ_S——细骨料的密度，采用普通砂时，为砂的密度，可取 $\rho_s = 2.6$（g／cm³），
    采用轻砂时，为轻砂的颗粒表观密度（ρ_{as}单位为：g/cm³）；

  ρ_{ap}——轻粗骨料的颗粒表观密度（kg/m³）。

⑧计算总用水量 m_{wt}：

$$m_{wt} = m_{wn} + m_{wa}$$

式中 m_{wt}——每立方米混凝土的总用水量（kg）；

  m_{wn}——每立方米混凝土的净用水量（kg）；

  m_{wa}——每立方米混凝土的附加水量（kg）。

附加水量的计算参见表 2-17。

附加水量计算方法（JGJ 51—2002）　　　　　　表 2-17

项　　目	附加水量（m_{wa}）
粗骨料不预湿，细骨料为普砂	$m_{wa} = 0$
粗骨料不预湿，细骨料为轻砂	$m_{wa} = m_s \cdot \omega_s$
粗骨料预湿，细骨料为普砂	$m_{wa} = m_a \cdot \omega_a$
粗骨料预湿，细骨料为轻砂	$m_{wa} = m_s \cdot \omega_s + m_a \cdot \omega_a$

注：1. ω_a、ω_s 分别为粗、细骨料的 1h 吸水率。

  2. 当轻骨料含水时，必须在附加水量中扣除自然含水量。

⑨按下列公式计算混凝土干表观密度 ρ_{cd}，并与设计要求的干表观密度进行对比，若误差大于 3%，则应重新通过调整砂率和水泥用量的方法调整配合比。

$$\rho_{cd} = 1.15 m_c + m_a + m_s$$

（2）松散体积法。

全轻混凝土宜采用松散体积法进行配合比设计计算，即以给定每立方米混凝土的粗细骨料松散总体积（表 2-18）为基础进行计算，然后按设计要求的混凝土干表观密度进行校核，最后通过试配调整得出配合比。计算程序如下：①、②、③、④、⑤步同绝对体积法。⑥根据混凝土用途选用松散体积砂率。

粗细骨料总体积（JGJ 51—2002）　　　　　表 2-18

轻粗骨料粒型	细骨料品种	粗细骨料总体积
圆球型	轻　砂 普通砂	1.25 ~ 1.50 1.10 ~ 1.40
普通型	轻　砂 普通砂	1.30 ~ 1.60 1.10 ~ 1.50
碎石型	轻　砂 普通砂	1.35 ~ 1.65 1.10 ~ 1.60

注：1. 当采用膨胀珍珠岩砂时，宜取表中上限值；
　　2. 混凝土强度等级较高时，宜取表中下限值。

⑦计算粗细骨料的用量

$$V_s = V_t \times S_p$$

$$m_s = V_s \times \rho_{is}$$

$$V_a = V_t - V_s$$

$$m_a = V_a \times \rho_{ic}$$

式中　V_s、V_a、V_t——分别为细骨料、粗骨料和粗细骨料的松散体积（m³）；

　　　　m_s、m_a——分别为细骨料和粗骨料的用量（kg）；

　　　　S_p——松散体积砂率（%）；

　　　ρ_{is}、ρ_{ic}——分别为细骨料和粗骨料的堆积密度（kg/m³）。

⑧计算总用水量

$$m_{wt} = m_{wn} + m_{wa}$$

⑨计算干表观密度

$$\rho_{cd} = 1.15 m_c + m_a + m_s$$

（3）试拌调整。

1）和易性调整，保持用水量不变，在计算水泥量的基础上选取两个相邻的水泥用量，按三个配合比搅拌混凝土拌合物。测定拌合物的稠度，调整用水量，以达到要求的稠度为止。

2）强度调整，按上述三个配合比制作至少三组试块，标准养护 28 天后，测定强度和干表观密度，最后确定满足和易性、配制强度、干表密度要求，且水泥用量最小的配合比。

3）表观密度以实测表观密度（ρ_{co}）为准。如与计算值（ρ_{cc}）有误差，应用修正系数对各组成材料量进行修正，修正系数为

$$\eta = \frac{\rho_{co}}{\rho_{cc}}$$

式中 ρ_{cc}——计算的湿表观密度（kg/m³）；

ρ_{co}——实测湿表观密度（kg/m³）。

5. 配合比设计实例

（1）例题

某工地要求配制 CL40 粉煤灰陶粒混凝土，用以浇筑钢筋混凝土梁，拟采用粉煤灰陶粒和普通砂作粗细骨料，采用机械振捣成型，要求混凝土干表观密度不大于 1700kg/m³，拌合物坍落度为 50～70mm。工地无历史统计资料。

原材料情况：

普通水泥：强度等级为 42.5，$\rho_c = 3.0$。

粉煤灰陶粒：最大粒径 15mm，堆积密度 850kg/m³，颗粒表观密度 1270 kg/m³，陶粒吸水率为 10%，筒压强度为 6.5MPa。

普通砂：表观密度为 2.6g/cm³。

水：自来水。

（2）设计步骤

①计算混凝土配制强度 f'_{cu}，按表 2-15 取 $\sigma = 6.0$MPa，

$$f'_{cu} = f_{cuk} + 1.645\sigma = 40 + 1.645 \times 6 = 49.87\text{MPa}$$

②水泥强度等级 42.5，满足试配强度的要求。

③陶粒密度等级为 900 级，按表 2-14 选定水泥用量为 470kg。

④陶粒筒压强度为 6.5MPa，满足表 2-5 的规定。

⑤根据坍落度要求，按表 2-15 选择净用水量为 190kg/m³。

⑥按表 2-16 选用密实体积砂率 38%。

⑦按绝对体积法计算砂、陶粒用量：

$$V_s = \left[1 - \left(\frac{m_c}{\rho_c} + \frac{m_{wn}}{\rho_w} \right) \div 1000 \right] \times S_p$$

$$= \left[1 - \left(\frac{470}{3.0} + \frac{190}{1} \right) \div 1000 \right] \times 0.38$$

$$= 0.248\text{m}^3$$

$$m_s = V_s \cdot \rho_s \times 1000 = 0.248 \times 2600 = 645\text{kg}$$

$$V_a = 1 - \left(\frac{m_c}{\rho_c} + \frac{m_{wn}}{\rho_w} + \frac{m_s}{\rho_s} \right) \div 1000$$

$$= 1 - \left(\frac{470}{3.0} + \frac{190}{1} + \frac{645}{2.6} \right) \div 1000$$

$$= 0.405\text{m}^3$$

$$m_{\text{a}} = V_{\text{a}} \cdot \rho_{\text{a}} = 0.405 \times 1270 = 514 \text{kg}$$

⑧计算总用水量

$$m_{\text{wt}} = m_{\text{wn}} + m_{\text{wa}} = 190 + 514 \times 10\% = 241 \text{kg}$$

⑨计算干表观密度

$$\rho_{\text{cd}} = 1.15 m_{\text{c}} + m_{\text{a}} + m_{\text{s}}$$

$$= 1.15 \times 470 + 645 + 514 = 1700 \text{kg}$$

符合表观密度要求。

⑩初步配合比

$$m_{\text{c}} : m_{\text{s}} : m_{\text{a}} : m_{\text{wn}} = 470 : 645 : 514 : 190$$

$$m_{\text{c}} : m_{\text{s}} : m_{\text{a}} : m_{\text{wn}} = 1 : 1.37 : 1.09 : 0.40$$

⑪试配调整

轻骨料混凝土配合比设计与普通混凝土相同的地方是对于初步计算的配合比进行试配调整,以确定出最合适的满足和易性要求的用水量。随后进行强度及其他性能的复核。

(3) 高强度轻骨料混凝土设计要点

高性能混凝土(HPC)的出现,标志着混凝土技术跨入了一个新时期,在日趋成熟的高性能混凝土研究的推动下,高性能轻骨料混凝土的研究渐渐起步。配制高强轻骨料混凝土的要点有以下几个方面:

①同高性能混凝土一样,可在轻骨料混凝土中加外加剂、掺合料,增强原理与普通混凝土相同。

②选择高强度等级的硅酸盐水泥和普通硅酸盐水泥。

③选择筒压强度高的轻粗骨料,目前我国已有许多厂家能生产出筒压强度高于 6.5MPa 的轻粗骨料。

④减小轻粗骨料的粒径,选择级配好的轻粗骨料和普通砂。

五、轻骨料混凝土的施工特点:

1. 轻骨料的贮运

(1) 贮存要注意不同级别,不同品种分别堆放。

(2) 贮运要保持大小颗粒均匀,防止离析,自然堆放高度不宜超过 2m。

(3) 轻砂应避免贮运中受雨淋。

2. 轻骨料混凝土的施工

(1) 原材料计量应准确。全轻混凝土轻骨料可按体积计量,按重量校核;砂轻混凝土均按重量计量。骨料、掺合料重量计量允许误差为 ±3%，水、水泥、外加剂重量计量允许误差 ±2%。

（2）随时调整用水量。由于轻骨料吸水率大，施工前必须测定含水率，以调整用水量。

（3）强力搅拌。由于轻骨料颗粒密度小，因此拌和时须强力搅拌，应采用强制式搅拌机。

（4）正确使用外加剂。使用外加剂时，应采用后渗法，避免骨料孔隙吸收外加剂。

（5）应减少运输和停放时间。尽量缩短运输距离，避免出现离析，从搅拌机至浇灌的时间，一般不超过 45min。拌合物出现和易性降低时，宜浇灌前采用人工二次搅拌。

（6）泵送工艺中，应将粗骨料预先吸水至饱和状态，以避免由于骨料吸水导致流动性下降的问题出现。

（7）浇筑成型。浇筑成型时应根据混凝土的流动性、构件状况选用振动方式和方法，如半干硬性轻骨料混凝土，采用振动台振捣成型和表面加压；现场竖向结构，采用插入式振捣器振捣；面积大的构件，采用先插入式振捣，后平板式振捣，振捣时间不宜过长，在 10 ~ 30s 内为宜。

（8）保证养护。浇筑成型后应及时覆盖并洒水养护，以防止表面失水太快而产生裂纹。采用普通硅酸盐水泥、硅酸盐水泥、矿渣水泥拌制的混凝土，养护时间不少于 7d；采用粉煤灰水泥、火山灰水泥拌制的混凝土和掺缓凝剂的混凝土，养护时间不少于 14d。

六、轻骨料混凝土的用途

（1）用于围护结构。一般表现密度在 800 ~ 1400kg/m³ 以内的轻骨料混凝土可代替传统的墙体材料，广泛地用于工业与民用建筑的承重与非承重墙体围护结构中，例如制作砌块及大型墙板等。

（2）用于承重结构。表观密度在 1400 ~ 1800kg/m³，强度等级达 CL20 以上的轻骨料混凝土，主要用于各种装配式或现浇的承重结构。如楼板、屋面板、梁柱等，特别适用于高层大跨度软土地基上的建、构筑物。

（3）用于特殊建筑物。轻骨料混凝土除广泛用于工业与民用建筑的墙体及承重结构外，还可用于桥梁、电杆、烟囱、高温窑炉的耐火内衬，水泥筒仓等特殊结构物中。

总之，可以认为轻骨料混凝土适用于高层和多层建筑、大跨屋顶、中跨和长跨桥梁、地基不良的结构、抗震结构和漂浮结构、高耐久性结构等，随着高性能轻骨料混凝土研究的起步，轻骨料混凝土在结构工程中的应用将更为广泛。

第二节　砌　　块

砌块是用于砌筑的块状材料。混凝土砌块的发源地是美国，于 1882 年问世。砌块使用灵活，适应性强，无论在严寒地区或温带地区，地震区或非地震区，各种类型的多层或低层建筑中都能适用。因此，砌块在世界上发展很快，目前已有一百多个国家生产小型砌块。砌块建筑在我国始于 20 世纪 20 年代，时至今日，小砌块的生产和使用才得以迅速发展。这主要是由于我国建筑业一直在使用传统的黏土砖，但黏土砖的生产和使用造成了土地资源和能源的消耗，不适合做可持续发展的材料。近年来，我国建筑业一直在倡导使用新型墙体材料，并制定了有关墙体材料改革的政策。实际上，我国具有广泛的生产砌块的原材料，发展砌块使之成为新型墙体材料，非常适合我国国情。

砌块的造型、尺寸、颜色、纹理和断面可以多样化，能满足砌体建筑的需要，既可以用来做结构承重材料、特种结构材料又可用做墙面的装饰和功能材料，比较突出的是可用于：

承重外墙材料；

非承重内墙材料；

连系梁、过梁、窗台；

楼面和屋面系统；

柱墩、壁柱、柱；

防火墙、分隔墙、幕墙、填充墙；

钢结构构件保护层；

污水井、检查井、阀门井；

烟囱和壁炉；

铺路面和草地等建筑部位。

特别是高强砌块和配筋混凝土砌体尚可用以建造高层建筑的承重结构。

本节重点讨论用于承重结构的砌块。

一、砌块的分类

砌块的种类很多，主要分类方法如下：

1. 按砌块空心率

可将砌块分为空心砌块和实心砌块两类，空心率小于 25% 或无孔洞的砌块为实心砌块，空心率等于或大于 25% 的砌块为空心砌块。

2. 按规格大小

砌块外形尺寸一般比普通黏土砖大，砌块中主规格的长度、宽度、高度有一项或一项以上应分别大于 365、240、115mm,但高度不大于长度或宽度的 6 倍,长度不超过高度的 3 倍。在砌块系列中主规格的高度大于 115mm 而又小于 380mm 的砌块,简称为小砌块;系列中主规格的高度为 380~980mm 的砌块,称为中砌块;系列中主规格的高度大于 980mm 的砌块,称为大砌块。目前,小型砌块在建筑工程中应用已相当普遍,也是品种和产量增长都很快的新型墙体材料。

3. 按骨料的品种

将砌块分普通砌块(骨料为砂、石)和轻骨料砌块(骨料为天然的或人造的或工业废渣轻骨料)。

4. 按用途

可分为结构型砌块、装饰型砌块和功能型砌块。结构型砌块包括承重和非承重砌块;装饰型是带有装饰面的砌块,适合清水墙面;功能型是指具有吸声、隔热等功能的砌块。

5. 按胶凝材料的种类

可分为硅酸盐砌块、水泥混凝土砌块。前者用煤渣、粉煤灰、煤矸石等硅质材料加石灰、石膏配制成胶凝材料,如粉煤灰砌块、煤矸石空心砌块;后者是用水泥做胶结材料制作而成,如混凝土小型空心砌块和轻骨料混凝土小型空心砌块。

二、砌块的特性

1. 减少土地资源的耗用

按每 1 万立方米混凝土砌块替代 700 万块黏土砖计算,可节土 1.3 万立方米,若平均采土深度达 3m,则少毁农田 4335m^2。

2. 减少能耗

生产砌块比生产普通黏土砖可节约能耗 70%~90%。

3. 减少环境污染

煤渣、粉煤灰、煤矸石等工业废渣占用场地,污染环境,将其用于制作砌块,是可持续发展的一项措施。

4. 应用面广泛

砌块可以承重、保温、防火、装饰,因此可以用于建筑物许多部位。

5. 降低建筑物自重

特别是空心砌块,可减轻墙体自重 30%~50%。

6. 降低成本

使用砌块使地基处理费用降低,整体建筑结构成本下降。

三、常用的建筑砌块

1. 普通混凝土小型空心砌块

（1）品种

普通混凝土空心砌块按原材料分，有普通混凝土砌块，工业废渣骨料混凝土砌块，轻骨料混凝土砌块；按承重性能分，有承重砌块和非承重砌块。

（2）规格形状

混凝土小型空心砌块的主规格尺寸为 390mm × 190mm × 190mm，最小外壁厚应不小于 30mm，最小肋厚应不小于 25mm。小砌块的空心率应不小于 25%。其他规格尺寸也可由供需双方协商。

图 2-3 是砌块各部位名称。

（3）产品等级

根据《普通混凝土小型空心砌块》（GB 8239—1997）规定，该种砌块按尺寸允许偏差、外观质量（包括弯曲、掉角、缺棱、裂纹）分为优等品（A）、一等品（B）和合格品（C）三级，见

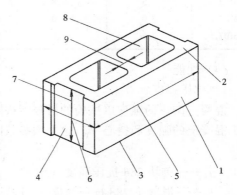

图 2-3　砌块各部位名称

1—条面；2—坐浆面（肋厚较小的面）；
3—铺浆面；4—顶面；5—长度；6—宽度；
7—高度；8—壁；9—肋

表 2-19、表 2-20；按强度等级分为 MU3.5、MU5.0、MU7.5、MU10.0、MU15.0、MU20.0 六个级别，见表 2-21。

尺寸允许偏差（GB 8239—1997）（mm）　　　　　**表 2-19**

项　目　名　称	优等品（A）	一等品（B）	合格品（C）
长　　度	±2	±3	±3
宽　　度	±2	±3	±3
高　　度	±2	±3	+3 −4

外　观　质　量（GB 8239—1997）　　　　　**表 2-20**

项　　目　　名　　称		优等品（A）	一等品（B）	合格品（C）
弯曲，mm　　　　不大于		2	2	3
缺棱掉角	个数，个　　　不多于	0	2	2
	三个方向投影尺寸的最小值，mm　　不大于	0	20	30
裂纹延伸的投影尺寸累计，mm不大于		0	20	30

强 度 等 级（GB 8239—1997）（MPa） 表 2-21

强度等级	砌块抗压强度		强度等级	砌块抗压强度	
	平均值不小于	单块最小值不小于		平均值不小于	单块最小值不小于
MU3.5	3.5	2.8	MU10.0	10.0	8.0
MU5.0	5.0	4.0	MU15.0	15.0	12.0
MU7.5	7.5	6.0	MU20.0	20.0	16.0

（4）性能

1）抗压强度

混凝土砌块的强度以试验的极限荷载除以砌块毛截面积计算。砌块的强度取决于混凝土的强度和空心率。这几项参数间有下列关系：

$$f_k = (0.9577 - 1.129k) \times f_H$$

式中　f_k——砌块 28d 抗压强度（MPa）；

　　　f_H——混凝土 28d 抗压强度（MPa）；

　　　K——砌块空心率，以小数表示。

目前建筑上常选用的强度等级为 MU3.5、MU5、MU7.5、MU10 四种。等级在 MU7.5 以上的砌块可用于五层砌块建筑的底层和六层砌块建筑的一、二两层；五层砌块建筑的二至五层和六层砌块建筑的三至六层都用 MU5 小砌块建筑，也用于四层砌块建筑；MU3.5 砌块，只限用于单层建筑；MU15.0、MU20.0 多用于中高层承重砌块墙体。

为保证小砌块抗压强度的稳定性，生产厂应严格控制变异系数在 10% ~ 15% 范围内。

2）抗折强度

小砌块的抗折强度随抗压强度的增加而提高，但并非是直线关系，抗折强度是抗压强度的 0.16 ~ 0.26 倍，如 MU5 的抗折强度为 1.3MPa、MU7.5 的是 1.5MPa，MU10 的是 1.7MPa。

3）相对含水率

砌块因失水而产生的收缩会导致墙体开裂，为了控制砌块建筑的墙体开裂，国家标准 GB 8239—1997 规定了砌块的相对含水率，见表 2-22。

相对含水率（GB 8239—1997） 表 2-22

使 用 地 区	潮 湿	中 等	干 燥
相对含水率不大于	45%	40%	35%

注：潮湿——系指年平均相对湿度大于 75% 的地区。

　　中等——系指年平均相对湿度大于 50% ~ 75% 的地区。

　　干燥——系指年平均相对湿度小于 50% 的地区。

4）抗渗性

小砌块的抗渗与建筑物外墙体的渗漏关系十分密切，特别是对清水墙砌块的抗渗性要求更高，规范中规定按规定方法测试时，其水面下降高度在三块试件中任一块应不大于 10mm。

5）抗冻性

砌块的抗冻性应符合表 2-23 规定。

抗 冻 性（GB 8239—1997） 表 2-23

使用环境条件		抗冻等级	指 标
非采暖地区		不规定	—
采暖地区	一般环境	F15	强度损失≤25%
	干湿交替环境	F25	质量损失≤5%

注：非采暖地区指最冷月份平均气温高于-5℃的地区。

采暖地区指最冷月份平均气温低于或等于－5℃的地区。

6）体积密度、吸水率和软化系数

混凝土小砌块的体积密度与密实度、空心率、半封底与通孔以及砌块的壁、肋厚度有关，一般砌块体积密度为 1300 ~ 1400kg/m³。

当采用卵石骨料时，吸水率为 5% ~ 7% 之间，当骨料为碎石时，吸水率为 6% ~ 8%。

小砌块的软化系数，一般为 0.9 左右，属于耐水性材料。

7）干缩率

小砌块会产生干缩，一般干缩率为 0.23% ~ 0.4%，干缩率的大小直接影响了墙体的裂缝情况，因此应尽量提高强度，减少干缩。

（5）砌块应用时应注意事项

1）保持砌块干燥。混凝土砌块在砌筑时一般不宜浇水，如果使用受潮的砌块来砌墙，随着水分的消失它们将会产生收缩，而当这种收缩受到约束时，则随着内部应力的产生将使砌体开裂。一般要求砌块干燥至平衡含水量以下。

2）砌筑砂浆要保持良好的和易性。要求砂浆稠度小于 50mm。

3）采取墙体防裂措施。

砌块墙体会受到碳化收缩和结构位移的影响，当收缩与位移受到约束时，墙体产生拉应力，当拉应力超过砌体的抗拉强度和砂浆与砌体的粘结强度时，或超过了水平灰缝的抗剪强度，则墙体就会产生裂缝。JGJ/T 14—1995 中规定了墙体防裂的主要措施。

预防顶层开裂的措施有：屋盖上设保温层；屋盖适当部位设分格缝；在屋盖与顶层圈梁间设置滑动层或缓冲层；在顶层端开间门窗洞边设置钢筋混凝土芯

柱；窗台设置水平钢筋网片或钢筋混凝土窗台板带；加强顶层屋面圈梁；提高顶层墙体砌筑砂浆的强度等级。对于底层墙体，采取加强地基圈梁的刚度，提高底层窗台下砌筑砂浆的强度等级，设置水平钢筋网片或用 C15 混凝土灌实砌体孔洞。另外，还应注意防止外墙面渗漏，粉刷中做好填缝，并压实、抹平。

4）清洁砌块。为了保证砌筑外观质量及砌筑强度，砌块表面污物和心柱所用砌块孔洞的底部毛边应清洁。

2. 轻骨料混凝土小型空心砌块（LHB）

（1）目前，国内外使用轻骨料混凝土小型空心砌块非常广泛。这是因为轻骨料混凝土小型空心砌块与普通混凝土小型空心砌块相比具有许多优势：

1）轻质。表观密度的范围为不大于 $500kg/m^3$ 和 $510 \sim 1400kg/m^3$。

2）保温性好。由于轻骨料混凝土具有一定的保温性，而空心砌块的空洞使整块砌块的导热系数减小，从而更利于保温。

3）有利于综合治理与应用。轻骨料的种类可以是人造轻骨料如页岩陶粒、黏土陶粒、粉煤灰陶粒，也可以用煤矸石、煤渣、液态渣、钢渣等工业废料，可净化环境，造福于人民。

4）强度较高，可作为承重材料，建造 5～7 层的砌块建筑。

（2）轻骨料混凝土小型空心砌块的分类及等级

1）分类

按孔的排数分为五类：实心（0）、单排孔（1）、双排孔（2）、三排孔（3）和四排孔（4）。

2）等级

①按密度等级分为八级：500、600、700、800、900、1000、1200、1400。

②按强度等级分为六级：1.5、2.5、3.5、5.0、7.0、10.0。

③按尺寸允许偏差、外观质量分为（两个等级）：一等品（B）和合格品（C）。

（3）技术要求

1）该产品主规格尺寸为 390mm×190mm×190mm，其他尺寸可由供需双方商定。其尺寸允许偏差见表 2-19。

2）外观质量要求见表 2-24。

外 观 质 量（GB/T 15229—2002） 表 2-24

项 目 名 称		一 等 品	合 格 品
缺棱掉角：个数	不多于	0	2
3 个方向投影的最小尺寸（mm）	不大于	0	30
裂缝延伸投影的累计尺寸（mm）	不大于	0	30

3）密度等级要求见表 2-25。

密度等级（GB/T 15229—2002）（kg/m³）　　　表 2-25

密度等级	砌块干燥表观密度的范围	密度等级	砌块干燥表观密度的范围
500	≤500	900	810~900
600	510~600	1000	910~1000
700	610~700	1200	1010~1200
800	710~800	14000	1210~1400

4）强度等级要求见表 2-26。

强　度　等　级（GB/T 15229—2002）（MPa）　　　表 2-26

强　度　等　级	砌块抗压强度		密度等级范围
	平均值	最小值	
1.5	≥1.5	1.2	≤600
2.5	≥2.5	2.0	≤800
3.5	≥3.5	2.8	≤1200
5.0	≥5.0	4.0	
7.5	≥7.5	6.0	≤1400
10.0	≥10.0	8.0	

5）吸水率要求

①吸水率不应大于 20%；

②干缩率和相对含水率的要求见表 2-27。

干缩率和相对含水率（GB/T 15229—2002）　　　表 2-27

干　缩　率（%）	相　对　含　水　率（%）		
	潮　湿	中　等	干　燥
<0.03	45	40	35
0.03~0.045	40	35	30
0.045~0.065	35	30	25

注：潮湿——系指年平均相对湿度大于 75%的地区。

　　中等——系指年平均相对湿度 50%~75%的地区。

　　干燥——系指年平均相对湿度小于 50%的地区。

6）抗冻性要求　对于非采暖地区，一般不规定；采暖地区的一般环境，抗冻标号要达到 F15；而干湿交替环境，抗冻标号要达 F25。见表 2-28。

抗 冻 性 （GB/T 15229—2002） 表 2-28

使 用 条 件	抗冻标号	质量损失（%）	强度损失（%）
非采暖地区	F15		
采暖地区： 　　相对湿度≤60% 　　相对湿度>60%	F25 F35	≤5	≤25
水位变化、干湿循环或粉煤灰掺量不小于取代水泥量50%时	≥F50		

注：1. 非采暖地区指最冷月份平均气温应于-5℃的地区；
　　　采暖地区系指最冷月份平均气温低于或等于-5℃的地区。
　　2. 抗冻性合格的砌块的外观质量也应符合表 2-24 的要求。

7）碳化与软化系数要求　加入粉煤灰等火山灰质掺合料的小砌块，碳化系数不应小于 0.8，软化系数不应小于 0.75。

8）放射性要求　掺工业废渣的砌块其放射性应符合 GB 6566 的要求。

（4）轻骨料混凝土小型空心砌块的应用要点

1）用作保温型墙体材料。强度等级小于 MU5.0，用在框架结构中的非承重隔墙和非承重墙。

2）用作结构承重型墙体材料。强度等级为 MU7.5、MU10.0 的主要用于砌筑多层建筑的承重墙体。

3）使用时应设置钢筋混凝土带，墙体与柱、墙、框架采用柔性连接；隔墙门口处理采取相应措施；砌筑前一天，注意在与其接触的部位洒水湿润。

3．粉煤灰混凝土小型空心砌块

粉煤灰混凝土小型空心砌块是将粉煤灰、水泥、砂、石等原料，加水搅拌，经振动、振动加压或冲击成型，再经养护而成。

（1）粉煤灰混凝土小型空心砌块的组成材料

1）粉煤灰，一般采用Ⅲ级灰为宜，Ⅲ级粉煤灰的技术指标为：细度（0.045mm 筛余）≤45%，需水量比≤115%，烧失量≤15%，三氧化硫≤3%。当采用不符合Ⅲ级灰要求的粉煤灰时，除按规定进行充分试验研究外，应有保证粉煤灰质量均匀的措施，以保证产品质量稳定。粉煤灰在一定掺量范围内，能提高混凝土强度，尤其是水泥用量低时，提高幅度更大。

2）水泥可采用硅酸盐水泥、普通水泥、矿渣水泥、火山灰水泥等，特别是在矿渣水泥配制的混凝土中掺入粉煤灰，不但不会导致混凝土性能的降低，还会改善矿渣水泥的泌水现象。

3）骨料，石子的品种为碎石和卵石；要求石子的最大粒径不大于 10mm，级配良好。骨料对砌块强度的影响较为显著，如骨料粒径增大可提高砌块强度，但不能超过壁肋的厚度。而级配好坏对砌块强度的影响也比对混凝土强度的影响更为显著。

（2）混凝土配合比设计方法选择

1）采用"超量取代法"进行混凝土配合比设计。

2）直接进行试验，选择混凝土配合比。

不论采用何种方法，必须进行强度复核，保证强度指标。

粉煤灰混凝土小型空心砌块的应用与技术指标同普通混凝土小型空心砌块。

4. 煤矸石空心砌块

煤矸石空心砌块根据生产途径不同分为两种：一是将煅烧后的煤矸石先制成煤矸石无熟料水泥，然后掺以骨料配制煤矸石混凝土，再制成煤矸石混凝土空心砌块，被称之为煤矸石无熟料水泥空心砌块；二是以煅烧煤矸石为主要原料，掺入适量石灰、石膏，采用一定工艺成型，经蒸汽养护制成煤矸石硅酸盐空心砌块，即湿碾煤矸石空心砌块。

（1）煤矸石无熟料水泥空心砌块

1）原材料：

①胶凝材料

煤矸石空心砌块的胶凝材料含有煅烧煤矸石、石灰和石膏。煅烧煤矸石是将煤矸石经自燃、沸腾炉燃烧或立窑煅烧而得到的。煅烧煤矸石的主要成分为活性 SiO_2、活性氧化铝，在与石灰和石膏水化反应后生成与水泥熟料水化后的产物相近，因此成为不用水泥熟料的水硬性胶凝材料，称为煤矸石无熟料水泥。

②骨料

自燃煤矸石。

2）生产工艺

见图 2-4。

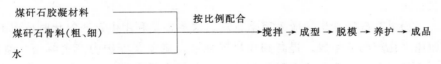

图 2-4 煤矸石无熟料水泥空心砌块生产工艺

（2）湿碾煤矸石空心砌块

1）组成原料

煅烧煤矸石、磨细石灰、石膏。

2）生产工艺

该工艺的最大特点是无骨料加入。煅烧煤矸石、石灰、石膏在经过湿碾后，细度要控制在 4900 孔/cm^2，筛余量 28% ~ 35% 为宜。成型时加水量应控制在 16% ~ 20%，成型加水量越少越好，生产工艺过程见图 2-5。

图 2-5 湿碾煤矸石空心砌块生产工艺

以上煤矸石空心砌块虽然生产工艺不同，但都具有表观密度小、强度较高、后期强度增长快、抗冻性能好的特点。主要适用于民用与一般工业建筑的墙体。

5. 粉煤灰硅酸盐砌块

粉煤灰硅酸盐制品近几年来发展很快，种类也较多，按密度分，有密实砌块和空心砌块。密实砌块是以粉煤灰、生石灰、石膏为胶结料，以煤渣或陶粒为骨料，经加水搅拌、振动成型，蒸汽养护而制成的墙体材料。粉煤灰空心砌块是以粉煤灰、石灰、石膏和骨料为主要原料，经加水搅拌，振动加压成型、养护等而制成的有一定空心率的墙体材料。

（1）粉煤灰硅酸盐密实砌块

1）砌块用原料及质量要求

①粉煤灰

生产粉煤灰硅酸盐密实砌块以干排灰为好，使用湿排灰时需经脱水处理，使粉煤灰中的含水率在 30% 左右。

粉煤灰中含有活性氧化硅和活性氧化铝，粉煤灰不仅能与石灰、石膏反应生成水泥熟料水化后相同的产物，还可有微集料效应，使孔隙得到填充和致密，使强度明显提高，使拌合料均匀性得到改善。

②石灰

生产粉煤灰硅酸盐砌块应采用生石灰，这主要是利用生石灰熟化时放出的热量来加速水化产物的生成，提高砌块早期强度，避免在养护中产生酥松、裂缝。石灰应满足有效氧化钙含量不低于 50%；氧化镁含量小于 5%；生石灰消化温度不低于 50℃，消化时间在 30min 以内。

③石膏

石膏可采用二水石膏、半水石膏、天然石膏或工业废石膏等。

石膏的作用是延缓生石灰消化的放热反应，改善石灰粉煤灰胶结料的水化物结构状态，增加其致密性并参加水化反应，增加水化产物数量，提高砌块强度。

④骨料

骨料的品种有煤渣、硬矿渣、粉煤灰湿排渣、膨胀矿渣，黏土、页岩陶粒，石子、砂子等。

2）砌块的规格见表2-29。

粉煤灰硅酸盐砌块规格（mm）　　　　　　表 2-29

品　种	规　格　尺　寸			备　　　注
	长度	宽度	厚度	
密实粉煤灰硅酸盐砌块	880	380	240	摘自上海硅酸盐制品厂产品规格
	580	380	240	
	430	380	240	
	280	380	240	
	880	380	180	摘自贵阳硅酸盐厂产品规格
	580	380	180	
	480	380	180	
	280	380	180	
空心粉煤灰砌块	1170	380	200	摘自杭州市空心砖厂产品规格，空心率一般为35.3%～38.2%
	970	380	200	
	770	380	200	
	685	380	200	
	470	380	200	

3）粉煤灰硅酸盐密实砌块的性能

①力学性能

粉煤灰砌块的力学性质包括抗压强度、棱柱强度、抗折强度、抗拉强度等均与同等级的普通水泥混凝土相近，甚至高于普通混凝土，抗剪强度不低于同等级普通水泥混凝土。弹性模量与同表观密度的轻骨料混凝土相近，低于普通混凝土。

MU10砌块要求：3块立方体试件抗压强度平均值不小于10MPa；最小值不小于8MPa；人工碳化后强度不小于6MPa。

MU15砌块要求：3块平均值不小于15MPa，单块最小值不小于12MPa；人工碳化后强度不小于9MPa。

②吸水性

粉煤灰砌块的吸水性大，与黏土砖相比，吸水速度慢。

③导热性

粉煤灰砌块的导热系数为0.47～0.58W/（m·K），比黏土砖0.58～0.70W/

(m·K) 为小。这种砌块在保温方面比黏土砖有一定的优越性。

④收缩性

粉煤灰砌块的收缩率一般为 0.7mm/m，比普通混凝土收缩值大，与陶粒混凝土相近。

⑤防火性

防火性为材料直接与火接触时，在一定时间内承受设计荷载的能力。粉煤灰砌块能够达到防火标准中规定的非燃烧体的要求。

⑥耐久性

粉煤灰砌块有较好的耐水性，长期浸在水中还会提高砌块强度，砌块能够满足抗冻性要求，但砌块抵抗碳化的能力较低，因此砌块的耐久性还应采用人工碳化后进行抗冻性试验的方法进行检验。

4）粉煤灰硅酸盐密实砌块的应用

①砌块应用

粉煤灰砌块可用于一般工业和民用建筑的墙体、基础。但不宜用于受酸性介质侵蚀的建筑部位，也不宜用于经常处于高温影响下的建筑物，如铸铁和炼钢车间，锅炉房等的承重结构部位。

②应用注意事项

砌块使用时应提前浇水湿润，湿润程度以砌块表面呈水印为准。冬季施工不得浇水湿润。砌筑时砌块应错缝搭砌，搭砌长度不得小于块高的 1/3，也不应小于 15cm。砌体的水平灰缝和垂直灰缝一般为 15 ~ 20mm（不包括灌浆槽），当垂直灰缝宽度大于 30mm 时，应用 C20 细石混凝土灌实。粉煤灰砌块的墙体内外表面宜作其他饰面，以改善隔热、隔声性能并防止外墙渗漏，提高耐久性。

采用粉煤灰硅酸盐砌块墙体与砖墙相比，由于灰缝减少，表面平整度好，可节约砌筑和抹灰砂浆，墙体自重减轻 25%，施工工效提高，施工周期可缩短 1/4 以上。每使用 1 万 m³ 砌块可利用粉煤灰、煤渣等 1.5 万 t，代替近 700 万块砖，节约 4667m² 用地。

（2）粉煤灰硅酸盐空心砌块

粉煤灰硅酸盐空心砌块的材料组成与密实砌块相同，只是生产过程中为了保证砌块成型质量及避免因蒸养过程中生石灰引起体积膨胀，使坯体炸裂，以提高坯体强度，增加了消化和轮碾两道工序。首先要进行混合料的消化，消化时间为 2 ~ 3h，消化设备为消化仓。其次是轮碾，轮碾的作用是使混合料在碾轮和碾盘的接触下，产生剪力作用，物料易被均化。

粉煤灰硅酸盐空心砌块主要适用于民用及一般工业建筑的墙体。

6．蒸压加气混凝土砌块（详见第三章第三节）

第三节　蒸 压 灰 砂 砖

一、概述

蒸压灰砂砖（下称灰砂砖）是以生石灰和砂子为主要原料，经原料加工、配料、成型、蒸压养护等工序而制成的实心砖或空心砖，主要用于各类墙体和房屋建筑基础的砌筑。

1854年德国医生伯恩哈德试验出世界上第一批自然养护的灰砂砖。1880年，德国人威廉·米哈伊尔博士获得了世界上第一个蒸压养护灰砂砖的专利。1889年，在德国建立了世界上第一个灰砂砖工厂。从此，灰砂砖工业得到了迅速发展。

1958年我国开始研究和发展蒸压灰砂砖。至今已在不少地区生产和广泛应用，成为代替烧结黏土砖的主要品种之一。

蒸压灰砂砖广泛应用的主要原因有：

（1）原料来源广泛，符合环保要求。

灰砂砖的砂主要取自河砂、山砂，不与农业争地、不破坏环境、有良好的社会效益。

（2）产品性能优良，价格较低。

灰砂砖的强度高，外形整齐美观，又可做成彩色，做成清水墙。灰砂砖的蓄热能力强，隔音效果好。在发达国家，其价格远低于烧结黏土砖，在我国灰砂砖的价格略高。

（3）节约能源。

单位质量灰砂砖的综合能耗约为烧结黏土砖的1/3。

灰砂砖的发展符合国家的墙改政策，也符合我国目前的经济发展水平，在有砂、石灰石资源的地方都应大力发展。今后，灰砂砖应朝空心化、大型化，颜色和品种多样化方向发展，以适应各种建筑的不同要求。

二、原材料及其技术要求

1. 砂子

用于生产灰砂砖的砂子可用山砂、河砂、海砂、风积砂和选矿厂的尾矿砂等。不管用哪种砂，都应满足以下要求：

（1）二氧化硅含量 > 65%；

（2）黏土、氧化钾、氧化钠、氯化物、云母以及砾石、草根、树皮等杂质的含量应符合要求；

（3）砂子应具有良好的颗粒级配，从而能够压制出致密的砖坯。一般采用细砂和特细砂。

2. 生石灰

生石灰的质量直接影响灰砂砖的质量，故应尽可能选用含钙量高、消化速度快、消化温度高、过火和生烧石灰含量少的磨细钙质生石灰。一般技术要求为：$CaO > 60\%$；$MgO < 5\%$；消化速度 $< 15min$；消化温度 $> 60℃$；过火石灰 $< 5\%$；生烧灰 $< 10\%$；粉化灰 $< 10\%$。

为了防止石灰水化时的体积膨胀影响灰砂砖的质量，可提高石灰的细度至比表面积为 $3000cm^2/g$ 左右，以及提高混合料的水灰比、加入石膏等外加剂。

3. 生产用水

（1）饮用水均可使用；

（2）天然水应满足以下要求：

① pH 值 $\geqslant 4$；② $SO_4^{2-} \leqslant 2700mg/L$；③ 盐的总含量 $\leqslant 5000mg/L$；④ 不得含有油脂、植物油、糖类、酸类及其他有害杂质。

三、灰砂砖的生产

灰砂砖生产的主要工艺过程如下：

1. 原料处理

（1）块状生石灰的处理

块状生石灰经破碎、粉磨至要求的细度后进入料仓备用。

（2）砂子的处理

砂子经筛分去除杂质后进入料仓备用。

2. 混合料的制备

（1）配料

混合料中石灰价格最高，灰砂砖的强度越高，石灰用量越多，砂的级配要求也越高，灰砂砖的成本就越高。综合考虑灰砂砖的抗压强度、耐久性和其他性质以及成型砖坯所需的塑性和降低成本等因素确定混合料中石灰用量的百分比，其余部分即为砂子的用量。一般石灰占 $10\% \sim 20\%$，砂子占 $80\% \sim 90\%$。灰砂砖的成型水分由试验确定，通常为混合料的 $6\% \sim 9\%$。

（2）制备混合料

将按配合比要求计量的石灰、砂子投入强制式搅拌机中，加入 $6\% \sim 9\%$ 的水搅拌均匀后投入消化仓中消化 $2 \sim 3h$，然后再次搅拌即成。

第一次搅拌的目的是使各组分均匀分散。消化是为了将生石灰水化为熟石灰，消化过程中，石灰颗粒细度增大，包裹砂子颗粒的机会增大，水化反应的可能性就增大。石灰放出的热量也可加速消化。经消化后混合料中部分水分蒸发掉，混合料结块成团，无法成型，加入适量水进行第二次搅拌可使混合料分散开，进一步均匀化，有利于成型。

3．砖坯成型

成型是灰砂砖生产最重要的环节之一。包括四个生产工序：将松散的混合料加入压砖机模孔中、加压成型、取出砖坯、码坯。

灰砂砖的成型压力越大，砖坯的密实度、强度就越高。但压力过大，混合料的弹性阻抗大，反而会使砖坯膨胀、层裂，故成型压力一般不超过 20MPa。压制时间对砖坯强度也有一定影响，压制时间过短，砖坯强度低，但压制时间过长也没有意义。

4．蒸压养护

灰砂砖的结构形成是靠 $Ca(OH)_2$ 与砂子中的 SiO_2 发生化学反应生成具有胶凝性质的水化硅酸钙，将砂子胶结成整体而成。该反应在常温下速度极慢，无法满足生产要求。在高温高压（即蒸压养护）条件下，反应速度大大加快，可使混合料在很短时间内形成很高的强度。

蒸压养护在蒸压釜内进行。整个过程分为静停、升温升压、恒温恒压、降压降温四个工序。静停可使砖坯的多余水分蒸发掉、促进石灰的完全消化、提高砖坯的强度，从而防止蒸压过程中制品胀裂、提高制品的强度。蒸压养护的蒸汽压力最低要达到 0.8MPa，一般不超过 1.5MPa，在 0.8～1.5MPa 压力范围内，相应的饱和蒸汽温度为 170.42～198.28℃。升温升压和降温降压速度不能过快，以免砖坯内外温差、压差过大产生裂纹，一般控制在 1.5～2h。恒温恒压 4～6h。典型的蒸压养护制度为：蒸压釜排除空气 15～20min；升温时间 2h；恒温时间 5h；降温时间 1.5～2h；釜内最高压强 1.0MPa。

四、规格与性能

1．产品规格

公称尺寸为：240mm×115mm×53mm。其他规格尺寸由用户与生产厂协商确定。

2．技术性能

按抗压和抗折强度平均值的大小，灰砂砖分为四个强度级别，各级别灰砂砖的力学性能见表2-30。

灰砂砖的力学性能（GB 11945—1999）　　　　表 2-30

强度级别	抗 压 强 度（MPa）		抗 折 强 度（MPa）	
	平均值不小于	单块值不小于	平均值不小于	单块值不小于
MU25	25.0	20.0	5.0	4.0
MU20	20.0	16.0	4.0	3.2
MU15	15.0	12.0	3.3	2.6
MU10	10.0	8.0	2.5	2.0

注：优等品的强度级别不得小于 MU15。

灰砂砖的抗冻性由冻融试验确定，冻融试验后应满足以下规定：

（1）抗压强度降低≤20%；

（2）单块砖的干重量损失≤2%。

灰砂砖的外观质量和尺寸允许偏差要求见表 2-31。

灰砂砖外观质量（GB 11945—1999） 表 2-31

项　　　目		指　　标		
		优等品	一等品	合格品
（1）尺寸偏差（mm） 不超过				
长度		±2		
宽度		±2	±2	±3
高度		±1		
（2）对应高度差（mm） 不大于		1	2	3
（3）缺棱掉角：				
a. 个数	不多于（个）	1	1	2
b. 最小尺寸（mm）	不大于	5	10	10
c. 最大尺寸（mm）	不大于	10	15	20
（4）裂缝：				
a. 条数	不多于（个）	1	1	2
b. 大面上宽度方向及其延伸到条面的长度（mm） 不大于		20	50	70
c. 大面上长度方向及其延伸到顶面上的长度或条、顶面水平裂纹的长度（mm） 不大于		30	70	100

灰砂砖的表观密度约 1400～2000kg/m³，蓄热能力强，隔声性能好，导热系数为 0.7～1.10W/（m·K），不燃。

3. 其他品种灰砂砖

（1）灰砂空心砖

灰砂空心砖的孔洞率大于 15%，一般为 22%～33%，表观密度为 1200～1400kg/m³。该类砖规格有 240mm×115mm×53mm、240mm×115mm×90mm、240mm×115mm×115mm、240mm×115mm×175mm 4 种，规格代号分别为 NF、1.5NF、2NF、3NF。

灰砂空心砖按 5 块砖的抗压强度平均值和单块抗压强度最小值划分为 7.5、10、15、20、25 等 5 个强度级别，抗冻性的合格要求同灰砂砖。

灰砂空心砖按尺寸偏差大小、缺棱掉角程度等外观质量指标分为优等品、一等品和合格品等 3 个质量等级。

（2）彩色灰砂砖

在普通灰砂砖混合料中加入适量矿物或有机颜料，不用改变生产工艺，即可生产出彩色灰砂砖，用于砌筑清水墙。

五、灰砂砖的应用

灰砂砖的强度高、抗冻性能不低于烧结黏土砖、表面质量好，可代替烧结黏土砖用于各种砌筑工程。但因灰砂砖的组成材料和生产工艺与烧结黏土砖不同，某些性能与烧结黏土砖不同，施工应用时必须加以考虑，否则易产生质量事故。

（1）灰砂砖砌体的收缩值比烧结黏土砖砌体约大1倍，砌体易因收缩过大而开裂。为减少干缩的危害，灰砂砖出釜1个月后才能上墙砌筑，使灰砂砖的收缩在砌筑前基本完成。灰砂砖砌体房屋的温度伸缩缝的最大间距应小些。

（2）禁止用干砖或含饱和水的砖砌墙，以免影响灰砂砖和砂浆的粘结以及增大灰砂砖砌体的干缩开裂。不宜在雨天露天砌筑，否则无法控制灰砂砖和砂浆的含水率。由于灰砂砖吸水慢，施工时应提前2天左右浇水润湿，灰砂砖的含水率宜为8%～12%。

（3）由于灰砂砖表面光滑平整、砂浆与灰砂砖的粘结强度不如与烧结黏土砖的粘结强度高等原因，灰砂砖砌体的抗拉、抗弯和抗剪强度均低于同条件的烧结黏土砖砌体。因此灰砂砖砌体的错缝搭接、砂浆饱满程度和各项保证砌体质量的构造措施要严于烧结黏土砖砌体。砌筑时应采用高黏性的专用砂浆。砂浆稠度约7～10cm，不能过稀，不宜采用微沫砂浆。当用于高层建筑、地震区或筒仓构筑物时，还应采取必要的结构措施来提高灰砂砖砌体的整体性。在灰砂砖表面压制出花纹也是增大灰砂砖砌体的整体性的有效措施。

（4）灰砂砖的耐水性良好，处于长期潮湿的环境中强度无明显变化。但灰砂砖呈弱碱性，抗流水冲刷能力较弱，因此灰砂砖不能用于有酸性介质侵蚀的部位和有流水冲刷的部位，如落水管出水处和水龙头下面等位置。

（5）温度高于200℃时，灰砂砖中的水化硅酸钙的稳定性变差，如温度继续升高，灰砂砖的强度会随水化硅酸钙的分解而下降。因此，灰砂砖不能用于长期超过200℃的环境。也不能用于受急冷急热的部位。

（6）灰砂砖的吸水较慢，砂浆的早期强度发展缓慢，灰砂砖砌体砌到一定高度后砂浆容易流失，从而导致砌体较大的变形。因此，灰砂砖砌体的日砌高度不应超过一步脚手架高或1.5m。

（7）对清水墙砌体，必须用水泥砂浆二次勾缝，以防雨水渗漏。

第四节　复　合　墙　体

传统墙体材料——实心黏土砖的生产和应用能耗都很大，采用手工湿作业施工，具有高能耗、高劳动强度、低效率的特点。随着建筑使用功能要求的提高，建筑能耗备受关注。我国对各地区建筑物外墙的保温、隔热提出了明确的要求。研究结果表明，建筑物通过外墙损失的热量占建筑总热量损失的35%～49%。因此，发展和使用低生产能耗、具有良好的保温、隔热功能又施工方便的新型墙体材料是墙改的首要任务。复合墙体就是采用各具特殊性能的材料，按合理的结构复合成多功能的墙体，此类墙体一般具有轻质、高强、保温隔热性能好、施工方便等特点，集围护、装饰、保温隔热于一体。

按组成材料的品种和功能的不同，复合墙体主要有含保温层的复合墙体和龙骨加面板复合墙体两大类。墙体的施工以现场安装为主，从而避免或减少了湿作业，减轻了工人的劳动强度，同时也提高了生产效率。

复合墙体的保温材料可分为无机和有机两大类。无机保温材料有岩棉、玻璃棉、矿棉、各种轻质混凝土、膨胀珍珠岩、膨胀蛭石等；有机保温材料有发泡聚苯乙烯、发泡聚氨酯、刨花板、稻草板等。复合墙体面层材料也很多，大体可分为金属与非金属两大类。金属类面层材料有彩色钢板、镀锌铁皮、冷轧薄钢板、彩色压型钢板、搪瓷钢板、铝合金板、铝塑复合板等；非金属类面层材料有钢筋混凝土板、石棉水泥板、各种纤维增强水泥板、塑料板、石膏板、木质板、现抹水泥砂浆层等。龙骨加面板复合墙体通常用轻钢龙骨和石膏龙骨。

一、含保温层的复合墙体

1．金属面夹芯板

在我国生产和使用的金属面夹芯板主要有金属面聚氨酯夹芯板、金属面聚苯乙烯夹芯板（简称 EPC 板）和金属面岩棉夹芯板三种。

20 世纪 80 年代末，由于轻钢结构在民用、工业建筑中广泛应用，带动了金属面夹芯板的大量生产和应用。而金属面岩棉夹芯板是为了适应防火性能要求较高的各类建筑的要求而发展起来的。金属面夹芯板的主要特点如下：

①轻质、高强、绝热性好；

②施工方便、快捷；

③可多次易地装拆使用；

④带有防腐涂层的彩色金属面夹芯板有较高的耐久性。

金属面夹芯板广泛用于建造冷库、仓库、厂房、仓储式超市、商场、办公楼、洁净室、旧楼加层、活动房、战地医院、展览场馆、体育场馆及机场候机楼等。

（1）原材料

1）面板

金属面夹芯板通常采用的金属面材料见表 2-32。目前彩色喷涂钢板应用最为广泛。

2）芯体材料

①聚氨酯

芯体材料采用硬质聚氨酯泡沫塑料。硬质聚氨酯泡沫塑料由 A、B 两组分混合反应而成。改变其配方，可以改变泡沫体的表观密度和反应时间。

②聚苯乙烯

金 属 面 材 种 类　　表 2-32

面材的种类	厚度（mm）	外 表 面	内 表 面	备 注
彩色喷涂钢板	0.5～0.8	热固化型聚酯树脂涂层	热固化型环氧树脂涂层	金属基材热镀锌钢板，外表面两涂两烘，内表面一涂一烘
彩色喷涂镀铝锌板	0.5～0.8	热固化型丙烯树脂涂层	热固化型环氧树脂涂层	金属基材铝板，外表面两涂两烘，内表面一涂一烘
镀锌钢板	0.5～0.8			
不锈钢板	0.5～0.8			
铝板	0.5～0.8			可用压花铝板
钢板	0.5～0.8			

芯体材料采用由聚苯乙烯颗粒经蒸汽加热熟化成型而得到的聚苯乙烯泡沫塑料板材。

③岩棉

由精选的玄武岩（或辉绿岩）为主要原料，经高温熔融而成的人造无机棉。在岩棉中加入适量热固性胶粘剂，经加工制成岩棉板。

3）胶粘剂

聚氨酯材料粘结性好，能将芯材和面板牢固地粘结住，故不需要其他粘结材料。

聚苯乙烯泡沫塑料芯板和岩棉芯板用聚氨酯胶或改性酚醛树脂胶与面板粘结。

（2）生产工艺

金属面聚氨酯夹芯板的生产工艺流程见图 2-6。

图 2-6　金属面聚氨酯夹芯板的生产工艺流程

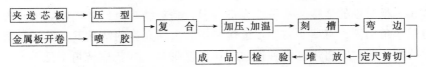

图 2-7　金属面聚苯乙烯夹芯板与金属面岩棉板的生产工艺流程

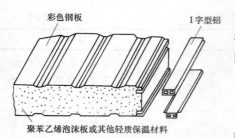

彩色钢板

I字型铝

聚苯乙烯泡沫板或其他轻质保温材料

图 2-8　金属面夹芯板结构示意图

金属面聚苯乙烯夹芯板与金属面岩棉板的生产工艺基本相似，主要工艺流程见图 2-7。

（3）技术性质

1）结构

三种板材结构相同，均由内外金属面板和轻质保温隔热夹芯层组成，见图 2-8。

2）规格与性能

三种板材及芯材的规格、性能见表2-33。

三种板材及芯材的规格和性能　　　　　　　　表 2-33

指　标	品　种	金属面聚氨酯夹芯板	金属面聚苯乙烯夹芯板	金属面岩棉板
规格 （mm）	厚　度	40，60，80，100， 120，140，160 50，75，100，125，150，200	50，75，100，150， 200，250	50，75，100
	宽　度	900，1000，1200	1150，1200	1150
	长　度	1800～6000，1800～8000 1800～12000	≤12000	2000～6000
芯材表观密度（kg/m³）		30～50	18～30	50～150
芯材 强度 （MPa）	抗压强度（10% 变形下的压缩应力）	0.15～0.40	0.10～0.30	
	抗弯强度	0.25～0.60		
	抗拉强度	0.25～0.70	0.10～0.30	＞0.05
芯材平均隔音量 R（dB）		25～50	20～50	33～50
芯材燃烧性		自熄，火源撤离3s内熄灭	同左	不燃烧
芯材28d吸水率（%）		＜0.05	＜0.8	不吸水

（4）应用技术

金属面夹芯板主要用于房屋的非承重围护结构，有时也用作承重、围护两用的组合房屋建筑板材。金属面夹芯板施工时，板与板之间须用橡胶密封条或其他方法密封。一般小型建筑，墙板通过上、下固定点与楼板和地面固定即可，这种方法也可用于纵、横墙的连结，见图 2-9。大型建筑的墙板须通过檩条来固定，见图 2-10。板与板的连接，水平缝为搭接缝，垂直缝为企口缝。在墙角的内外转角用角铝包角加固，见图 2-11。在运输和吊装条件允许的情况下，尽可能采用较长尺寸的板，转角时将内侧板和保温层切出 V 形口，弯折成转角，见图 2-12。长尺寸板可减少搭接缝，从而减少渗漏的可能性，提高保温隔热效果。墙体纵向采用搭接连接，用拉铆钉连接，见图 2-13。

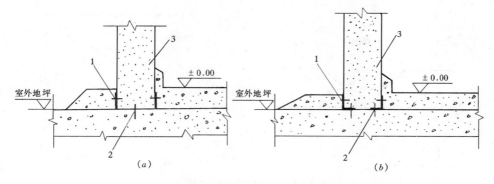

图 2-9　夹芯板与地面的连接

（a）外墙板与基础连接　　　　　（b）外墙板与基础连接

1—铆钉、铜板地槽；2—射钉或膨胀螺栓；　1—铆钉、铜板地槽；2—射钉钢角板；

3—夹芯板墙板　　　　　　　　　　　3—夹芯板墙板

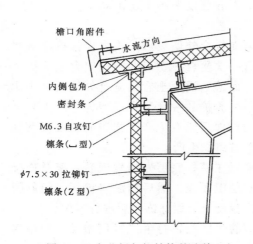

图 2-10　夹芯板与钢结构的连接

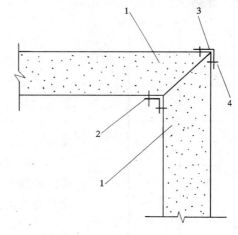

图 2-11　外墙板拐角的连接

1—夹芯板墙边板；2—内角铝；3—外角铝；4—铆钉

2. 混凝土岩棉复合外墙板

混凝土岩棉复合外墙板是以混凝土饰面层、岩面保温层和钢筋混凝土结构层三层组合而成的具有保温、隔热、隔声、防水等多种功能的复合外墙板，包括承重混凝土岩棉复合外墙板和非承重薄壁混凝土岩棉复合外墙板两种。承重混凝土岩棉复合外墙板主要用于大模和大板高层建筑，非承重薄壁混凝土岩棉外墙板用于框架轻板体系和高层大模体系建筑的外墙工程。

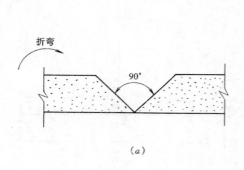
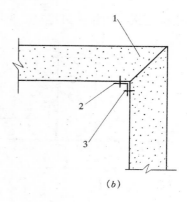

图 2-12 外墙板拐角的连接

1—夹芯板墙拐角板；2—内角铝；3—铆钉

（1）原材料

生产混凝土岩棉复合外墙板的原料有 C30 级普通混凝土、焊接网片用的冷拔低碳钢丝、Ⅰ级和Ⅱ级热轧钢筋以及岩棉板。岩棉板的表观密度为 100～120kg/m³，导热系数为 0.035～0.041W／（m·K），抗拉强度不小于 0.01MPa。

（2）生产工艺

混凝土岩棉复合外墙板可采用大模板机组流水的正打和反打一次复合成型工艺或固定台座法等生产工艺生产，而薄壁混凝土岩棉复合外墙板可采用固定台座、热模养护的一次复合成型的生产工艺生产，也可利用构件厂原有生产工艺线的大模板钢底模与地面养护坑组织生产。

正打成型时在模板底层先铺放钢筋骨架及连接件，浇注承重层混凝土，然后铺放岩棉板、钢筋网片并浇筑面层混凝土，做好饰面后进行养护。

反打成型的生产与正打生产过程相反，利用底模上预先做好的各种图案、花纹浇筑面层混凝土，然后铺放岩棉板、钢筋骨架和各种连接件、浇筑结构层混凝土，抹面后进行养护。

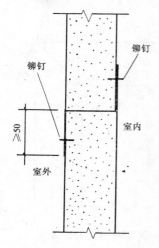

图 2-13 外墙板纵向连接

（3）技术性质

1）墙板的结构与规格

混凝土岩棉复合外墙板和薄壁混凝土岩棉复合外墙板均由钢筋混凝土结构层、岩棉绝热层和混凝土饰面层组成，但两种板用途不同，各结构层的厚度也不同，见图 2-14。绝热层厚度可根据各地气候条件和热工要求调整。墙板的结构层、绝热层、面层三层采用钢筋连接件连接，钢筋连接件穿透三个构造层与结构层和饰面混凝土的钢筋网片连接，形成钢筋网架，见图2-14。墙板的规格见表2-34。

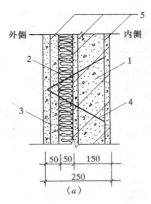 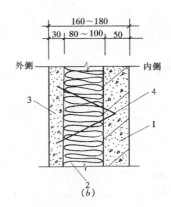

图 2-14　岩棉复合外墙板示意图

（*a*）混凝土岩棉复合外墙板　　　　（*b*）薄壁混凝土岩棉复合外墙板

1—钢筋混凝土结构承重层；2—岩棉绝热层；3—混　　1—钢筋混凝土结构层；2—岩棉绝热层；
凝土外装饰保护层；4—钢筋连接件；5—钢筋　　　　3—混凝土饰面层；4—钢筋连接件

混凝土岩棉复合外墙板规格（mm）　　　　　表 2-34

种类、规格		檐墙板	山墙板	阳角板	大角板
混凝土岩棉复合外墙板	高度	2690，2490	2690	2690	2690
	宽度	2680，3280，3880	2680，2380	2500	2600
	厚度	250	250	250	250
种类、规格		檐墙板		山墙板	
薄壁混凝土岩棉复合外墙板	高度	2830，3030		2830，3030	
	宽度	2670，2970，3270，3570，3705		2070，2848，2852，4965	
	厚度	160，180		160，180	

2）技术性质指标

混凝土岩棉复合外墙板的主要技术性能见表2-35。

混凝土岩棉复合外墙板的性能　　　　　表 2-35

项　目		指　标	备　注
表观密度（kg/m³）		500～512	
平均阻热（m²·K/W）		0.99	
传热系数（W/（m²·K））		1.01	
水平荷载（kN）	垂直荷载为106kN时	77.8	符合8度抗震设计要求
	垂直荷载为440kN时	11.7	

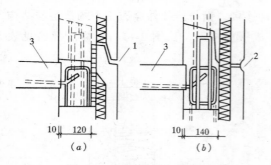

图 2-15 水平缝构造和防水

（a）构造防水型；（b）材料防水型

1—构造防水；2—材料防水；3—楼板

（4）施工应用

混凝土岩棉复合外墙板吊装就位、临时固定后进行校正，校正后立即焊接板缝处预埋钢件，然后进行拼缝处理。在内墙、纵墙板和山墙的连接处要浇筑混凝土组合柱，以增加墙体结构的刚度、整体性和强度。

混凝土岩棉复合外墙板拼缝有构造防水和材料防水两种防水方法，见图 2-15。

3．钢丝网架水泥夹芯板

钢丝网架水泥夹芯板是由三维空间焊接钢丝网架，内填泡沫塑料板或半硬质岩棉板构成的网架芯板，表面经施工现场喷抹水泥砂浆后形成的复合板材，见图 2-16。这种板材具有重量轻、保温、隔热性好、布置灵活、安全方便等优点，主要用于各种内隔墙、围护外墙、保温复合外墙、楼面、屋面及建筑加层等。

20 世纪 60 年代美国的 Covintec U.S.A Inc. 首先生产出钢丝网架水泥聚苯乙烯夹芯板。随后由此派生的有比利时的 Sismo 板、奥地利的 3D 板、韩国的 SRC 板等。国内的泰柏板、舒乐板皆为此类板。

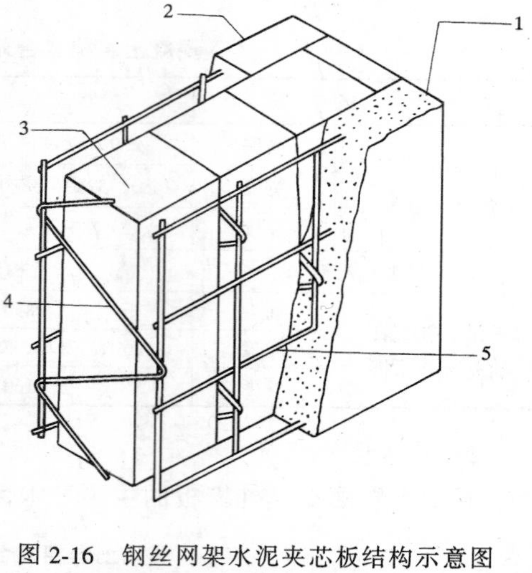

（1）品种、规格与性能

1）品种

钢丝网架水泥夹芯板用芯材有两类，一类是轻质泡沫塑料，如脲醛、聚氨酯、聚苯乙烯泡沫塑料；另一类是玻璃棉和岩棉。不同用途的板材厚度和构造不同，可用作隔墙板、外墙板、楼板、屋面板等。

图 2-16 钢丝网架水泥夹芯板结构示意图

1—外侧砂浆层；2—内侧砂浆层；3—泡沫塑料层；

4—连接钢丝；5—钢丝网

板材有两种结构形式，一种是集合式，这种板先将两层钢丝网用"W"钢丝焊接起来，然后在空隙中插入芯材，如美国 CS&M 公司的 W 板和 Covintec 公司的 TIP 板（泰柏板）；另一种为整体式，这种板先将芯材置于两层钢丝网之间，再用连接钢丝穿透芯材将两层钢丝网焊接起来形成稳定的三维桁架结构。比利时的 Sismo 板、奥地利的 3D 板以及韩国的

SRC 板均为此类。

承重或非承重板材组成结构相同，但所配钢丝的直径不同。钢丝直径全部为 2mm 的，一般为非承重墙板。网架钢丝直径为 2 ~ 4mm、插筋直径为 4 ~ 6mm 之间，可做承重墙板。

2）规格

钢丝网架夹芯板规格见表 2-36。

钢丝网架夹芯板规格　　　表 2-36

品　　种		规　格　尺　寸　（mm）		
		长　　度	宽　　度	厚度（芯材厚度）
钢丝网架泡沫塑料夹芯板		2140，2400，2740，2950	1220	76（50）
钢丝网架岩棉夹芯板	GY2.0 ~ 40	3000 以内	1200，900	65（40）
	GY2.5 ~ 50			75（50）
	GY2.5 ~ 60			85（60）
	GY2.8 ~ 60			85（60）

注：厚度为钢丝网架的名义厚度，不包括抹灰层厚度。

3）技术性质

现在还没有有关钢丝网架夹芯板性能的国家标准，国内产品性能要求现在基本参照 ASTM 有关标准执行。典型的钢丝网架聚苯乙烯泡沫塑料夹芯板（泰柏板）的性能见表 2-37。

泰 柏 板 的 主 要 性 能　　　表 2-37

项　　　　目		指　　　标
质量（kg/m²）	抹 灰 前	39
	抹 灰 后	85
热阻值（m²·k/W）		0.744
隔声指标（dB）		44
抗冻融（循环次数）		50
轴向允许荷载（N/m）：高 2.44m（3.66m）		87500（73500）
横向允许荷载（N/m）：高 2.44m（3.05m）		1950（1220）
防火（h）：两面涂 20mm（31.5mm）厚水泥砂浆		1.3（2）

国内常用的泰柏板标准厚度约 100mm，总质量约 90kg/m²，热阻平均为 0.64m²·k/W。与半砖墙和一砖墙相比，可使建筑物构架承受的墙体荷载减少 64% ~ 72%，能耗减少约一半。

（2）施工和应用

钢丝网夹芯板通常用作隔墙，抹好砂浆后墙体厚约 100mm，墙高不应超过 4.5m，砂浆强度不低于 10MPa。采用配套的连接件与主体结构连接。板与板的纵横连接及板的接长的接缝处加钢丝网片补强和配置加强钢筋，见图 2-17，2-18。墙体过长时应增设加劲型钢。墙板与其他墙体的连接处用钢丝网片加强，墙板与梁、板用 U 码连接，见图 2-19，2-20。

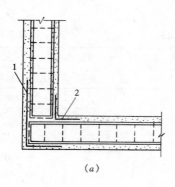 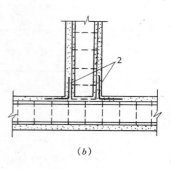

（a） （b）

图 2-17 墙体的纵横连接

（a）墙转角连接；（b）纵横墙连接

1—外角网用箍码或绑扎与钢丝网连接；2—内角网

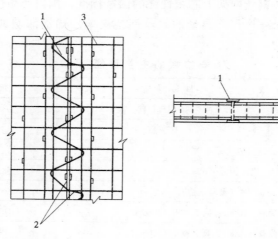

图 2-18 墙的接长

1—之字条；2—箍码；3—墙板钢丝网

钢丝网架夹芯板用作复合外墙时，通常复合在主墙体（砖墙或钢筋混凝土墙）的外侧或内侧。

墙面抹灰层采用等级为 32.5MPa 以上的普通水泥或矿渣水泥，中砂、砂浆强

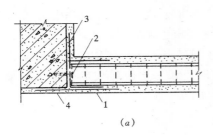
(a)

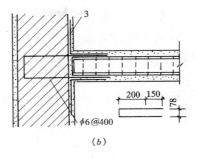
(b)

图 2-19　与其他墙体的连接

（a）与钢筋混凝土墙、柱连接；（b）与砖墙连接

1—U 码中距 500mm；2—膨胀螺栓或射钉；3—内角网；4—平网

度≥10MPa。外墙用砂浆应加入适量防水剂。

4. 其他含保温层的复合墙板

砖墙与混凝土外墙的保温方法有内保温、夹芯保温、外保温三种。其中内保温和外保温方法用得最多。相比之下，外保温方法更为合理，其优点有：①可消除或减少热桥，主墙体位于室内一侧，蓄热能力强，对室内热稳定性有利，可提高室内舒适感；②可减少墙体内表面的结露，保护墙体，延长墙体的使用寿命；③不影响建筑使用面积；④旧房节能改造时对住户干扰小。外保温方法也有缺点：①保温板在外墙安装难度大于在内墙安装；②板面常年经受风吹、日晒、雨淋和冻融，板面的防裂、防水、防老化要求高；③造价较高。

（1）外保温复合墙体

1）水泥砂浆聚苯乙烯外保温复合墙体

水泥砂浆聚苯乙烯外保温复合墙体是由聚苯乙烯泡沫塑料、纤维增强层和水泥砂浆组成的保温层覆盖在普通墙体外侧形成的复合墙体。由于基层材质不同，这类复合墙体有两种构造：一种是以砖墙或混凝土为基层的"重墙复合构造"；另一种是以龙骨面板墙为基层的"轻复合构造"。复合保温层与基层连接的做法也有两种，一种是粘贴法；另一种是机械固定法。粘贴法的做法是将聚苯乙烯用EC—2 型粘结剂粘贴在墙体外侧，然后在聚苯乙烯

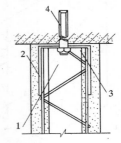

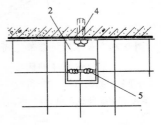

图 2-20　与梁板的连接

（单位：mm）

1—钢丝网架夹芯板（做外墙时，U 码处聚苯泡沫板应除去，回填水泥砂浆）；2—U 码最大中距 810；3—压片 3×48×64；4—膨胀螺栓，内墙用 $\phi 8 \times 70$，外墙用 $\phi 10 \times 80$ 或用射钉 DZ32；5—箍码

板上粘贴一层玻璃纤维布增强层，再在纤维增强层上粉刷 EC 聚合物水泥砂浆，最后做涂料、水刷石、干粘石、马赛克、面砖等饰面。机械固定法的做法是在基层墙上钻孔，用膨胀螺栓、卡具通过钢丝网片将聚苯乙烯板固定在墙上，见图 2-21、2-22。然后分三层抹灰，底层砂浆要将钢丝网裹入水泥砂浆中，中层砂浆主要起找平作用。24h 后抹一层水泥净浆，并立即压入一层耐碱玻璃纤维布增强层，将表面抹平。最后做各种饰面。

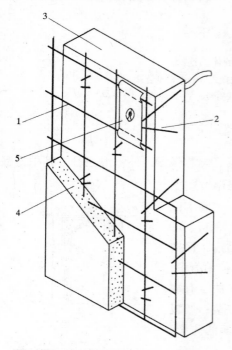

图 2-21 水泥砂浆聚苯乙烯外保温复合墙体的构造

1—单侧方格钢丝网；2—斜插短钢丝；3—聚苯乙烯泡沫整板芯材；4—水泥砂浆；5—亿力钉、亿力卡

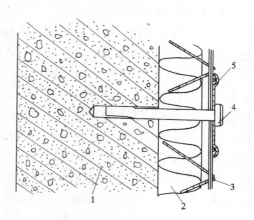

图 2-22 保温板在外墙上的安装示意图

1—外墙；2—聚苯乙烯泡沫板；3—钢丝网；4—亿力钉；5—亿力卡

2）GRC 外保温板

由玻璃纤维增强水泥（GRC）面层与保温材料预复合而成的外墙外保温板材称为 GRC 外保温板。该类板有单面板与双面板之分。将保温材料置于 GRC 槽形板内的是单面板，将保温材料夹在内外两层 GRC 板中间的是双面板。通常用粘结法施工，然后做外饰面。

GRC 复合保温板重量轻，防水、防火性能好，具有较高的抗折与抗冲击性以及很好的热工性能。200mm 厚混凝土外墙复合 GRC 保温板的保温效果超过了

620mm 厚的实心粘土砖墙。

3）岩棉外保温复合墙体

岩棉外保温复合墙体的构造与用机械固定法施工的水泥砂浆聚苯乙烯外保温复合墙体相似，仅保温层材料换成岩棉板，施工方法也相同。

（2）内保温复合墙体

在墙体内侧安装复合保温层后形成的墙体称内保温复合墙体。由于室内环境不受风吹、日晒、雨淋、冻融的影响，因此保温层材料的防水、抗冻、抗老化性能要求较低。在原有房屋内安装保温层施工较方便，工程造价较外保温墙体低。

1）GRC 外墙内保温板

GRC 复合保温板外保温和内保温均适用。其板材构造与使用方法也相似，安装后的复合墙体构造见图 2-23。

2）玻璃纤维增强石膏外墙内保温板

玻璃纤维增强石膏外墙内保温板，又称增强石膏聚苯复合板，是一种以玻璃纤维增强石膏为面层，聚苯乙烯泡沫板为芯材的夹芯式保温板材。

生产该板时，在石膏基材中加入适量的普通水泥、膨胀珍珠岩、外加剂和水制成料浆，用中碱玻纤网格布增强，浇筑面层后压入自熄性聚苯乙烯泡沫塑料板，即成为增强石膏聚苯复合板。

安装时用胶粘剂将保温板粘贴在内墙面，接缝刮腻子，并用玻纤网布条增强。墙面刮石膏腻子，打磨平整后做内饰面层。

玻纤增强石膏外墙内保温板适用于黏土砖或钢筋混凝土等外墙的内保温，因板的防水性能较差，不能在厨房、卫生间等处使用。但该板的收缩小，不易开裂。

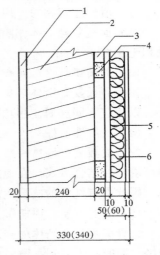

图 2-23　GRC 内保温复合墙体构造示意图

1—抹灰层；2—砖墙（混凝土墙）；3—空气层；4—冲筋（带）1:3 水泥砂浆；5—GRC 板；6—聚苯板

二、龙骨面板复合墙体

龙骨面板复合墙体是将各种薄平板材敷装，固定在已组装成的龙骨骨架上形成的复合墙体。这种复合墙体内、外层为围护、装饰用面板，中间为承受荷载的骨架。

这类复合墙体一般用于建筑物的内隔墙，如果采取适当的加强措施（例如采用各种金属压型板为面板），也可用于非承重外墙。

龙骨面板复合墙体的龙骨构成了墙体的骨架，其材料质量及组装后骨架的强度和刚度是关系到墙体质量的关键因素。材料可以是木质的，钢质的或石膏质的。目前普遍使用轻钢龙骨和石膏龙骨。

复合墙体的中间有时填充保温材料来提高墙体的保温作用。常用的填充材料有岩棉、玻璃棉、膨胀珍珠岩、泡沫玻璃、发泡聚苯乙烯、发泡聚氨酯等。

复合墙体的面板主要起围护作用，各种薄平板材，如石膏板、纤维增强水泥板、纤维增强硅酸钙板、水泥木屑板、水泥刨花板等均可用作复合墙体的面板。

1. 龙骨面板复合墙体有如下主要特点：

（1）自重轻

龙骨面板复合墙体单位面积的重量仅为同厚度黏土砖的 1/10 左右。由于墙体重量大大减轻，从而可以使建筑物的基础和承重结构的造价大幅度降低。

（2）增加建筑物的使用面积

龙骨面板复合墙体作隔墙时的厚度一般为 100mm，与半砖墙相比，墙体投影面积至少缩小 17%。

（3）提高建筑物房间布局的灵活性

龙骨面板复合墙体装拆、移动较为容易，可较方便地改变房间的分隔和组合，以适应不同房间使用功能的需要。

（4）抗震性能好

龙骨面板复合墙体一般采用射钉、抽芯铆钉、自攻螺钉等连接和紧固，是一种可滑动的结合方式。在地震水平荷载作用下，墙体仅产生支承滑动，不参与受力，因此具有优良的抗震性能。

（5）施工方便，周期短

龙骨面板复合墙体的施工以现场安装的干作业为主，劳动强度低，施工现场干净。同时，气候和季节对施工几乎无影响，保证了施工的均衡性，从而可以缩短施工周期。

2. 龙骨面板复合墙体的组成材料

（1）面板材料

面板材料要求轻质、高强、耐火和良好的可加工性能。目前可用作这种复合墙体面板的品种很多，几种常用面板介绍如下：

1）纸面石膏板

石膏板在我国轻质墙板的使用中占有很大的比重。石膏板有纸面石膏板、无面纸纤维石膏板、装饰石膏板、石膏空心条板等品种。龙骨面板复合墙体主要使用纸面石膏板。纸面石膏板又有普通纸面石膏板、耐水纸面石膏板、耐火纸面石膏板等三种。

普通纸面石膏板以建筑石膏为主要原料，加入适量纤维类增强材料以及少量外加剂，加水搅拌成料浆，浇注在行进中的纸面上，成型后覆以上层面纸，再经固化、切割、烘干、切边而成。普通纸面石膏板所用的纤维增强材料有玻璃纤维、纸浆等。外加剂一般起增黏、增稠及调凝作用，可选用聚乙烯醇、纤维素，欲发泡可选用磺化醚等。所用的护面纸必须有一定强度，且与石膏芯板能粘结牢固。若在板芯配料中加入防水、防潮外加剂，并用耐水护面纸，即可制成耐水纸面石膏板；若在配料中加入无机耐火纤维增强材料，构成耐火芯材，即成耐火纸面石膏板。

纸面石膏板的表观密度约为 750～900kg/m³。板宽有 900、1200mm 两种，板厚有 9、12、15、18mm 等，板长可根据使用要求定制，一般在 1800～3600mm。

2）纤维水泥平板

建筑用纤维水泥平板系由纤维和水泥为主要原料，经制浆、成坯、养护等工序制成的板材。按产品所用的纤维品种，有石棉水泥板、混合纤维水泥板与无石棉纤维水泥板三类；按产品所用水泥的品种分，有普通水泥板与低碱度水泥板两类；按产品的密度分，有高密度板（即加压板）、中密度板（即非加压板）与轻板（板中含有轻质集料）三类。各类纤维水泥板均具有防水、防潮、防蛀、防霉与可加工性好等特性，其中表观密度不小于 1.7g/cm³，吸水率不大于 20% 的加压板因强度高、抗渗性和冻抗性好、干缩率低，故经表面涂覆处理后可用作外墙面板。非加压板与轻板则主要用于隔墙和吊顶。

纤维水泥平板的品种与规格见表 2-38。

纤维水泥平板品种与规格　　　　　　　　表 2-38

品　　种		主　要　材　料	规　格　（mm）		
			长	宽	厚
石棉水泥平板	加压板	温石棉，P.O	1000～3000	800，900，1000，1200	4～25
	非加压板	温石棉，P.O			
石棉水泥轻板		温石棉，P.O，膨胀珍珠岩			
维纶纤维增强水泥平板	A 型板	高弹模维纶纤维，P.O	1800，2400 3000	900，1200	4～25
	B 型板	高弹模维纶纤维，P.O，膨胀珍珠岩			
纤维增强低碱度水泥平板	TK 板	中碱玻璃纤维，温石棉，低碱度硫铝酸盐水泥	1200，1800，2400，2800	800，900，1200	4，5，6
	NTK 板	抗碱玻璃纤维，低碱度硫铝酸盐水泥			

注：P.O 为普通硅酸盐水泥。

3）玻璃纤维增强水泥轻质板

玻璃纤维增强水泥轻质板又称 GRC 轻板。GRC 轻板以低碱度水泥、抗碱玻璃纤维和轻质无机填料为主要原料，用喷枪将泵送来的料浆和短玻璃纤维束（在通过喷嘴之前，由枪上的滚刀将连续的玻璃纤维束切短）混合后直接喷射在模板上，再经抽真空、养护而成。

GRC 轻板具有较高的抗弯和抗冲击强度、较低的表观密度（≤1.2g/cm³）、良好的耐水性和可加工性、不燃。可用于组装复合墙体和吊顶。

GRC 轻板长度有 1200、1800、2400、2700mm 四种，宽度为 1200mm，厚度有 7、9、11mm 三种。

4）纤维增强硅酸钙板

纤维增强硅酸钙板简称硅钙板。硅钙板以硅质材料（主要是石英砂，也可掺少量粉煤灰）、钙质材料（主要为生石灰、消石灰、电石渣或硅酸盐水泥）为基材，以纤维材料（主要为石棉、耐碱玻璃纤维、纤维素纤维、有机合成纤维等）为增强材料，以水玻璃、碳酸钠、氢氧化钠等碱性材料为助剂，加水搅拌后用抄取法或模压法成型，经蒸压养护而成。

硅钙板具有轻质（表观密度为 900 ~ 1100kg/m^3）、高强、隔热、不燃、干湿变形小、可加工性好等特点，适用于复合墙体的面板以及吊顶。

硅钙板的长度一般为 900 ~ 1800mm，宽度 900mm，厚度 6 ~ 12mm。

5）纤维增强硬石膏压力板

纤维增强硬石膏压力板又称 AP 板。AP 板以无水石膏为基体材料，以纤维材料（如石棉、玻璃纤维、纤维素纤维、有机合成纤维等）为增强材料，掺入少量激发剂、防水剂等助剂，加水搅拌，采用圆网抄取成型法制成板坯，经辊压和自然养护而成。

AP 板轻质、高强、可加工性好，生产工艺简单、节能。板的规格有长×宽×厚为 1800mm×800mm×（3、5、6、8）mm 四种。可用作复合墙体面板和吊顶板。

（2）龙骨

1）轻钢龙骨

复合墙体用轻钢龙骨以厚度为 0.5 ~ 1.5mm 的冷轧钢带、镀锌钢带或彩色喷塑钢带为原料，经数道辊压冷弯而成。

墙体轻钢龙骨按其用途可分为横龙骨、竖龙骨和通贯龙骨，见表 2-39。

不同墙体轻钢龙骨及其用途　　　　　　　　　　　表 2-39

名　称	横截面形状	用　　途	备　注
横龙骨（沿地、顶龙骨）		用作墙体横向（沿顶、沿地）使用的龙骨，一般常与建筑结构相连接	有的轻钢墙体龙骨组成的骨架体系不采用通贯龙骨
竖龙骨（竖向龙骨）		用作墙体垂直方向使用的龙骨，而且其端部与横龙骨连接	
通贯龙骨（通贯横撑龙骨）		用于横向贯穿于竖龙骨之间的龙骨，以加强龙骨骨架的强度、刚度	

墙体轻钢龙骨的代号为：

Q——墙体龙骨；

U——龙骨断面形状为 凵 形；

C——龙骨断面形状为 匚 形。

墙体轻钢龙骨的主要规格有 Q50、Q75 和 Q100 三种。其产品标记顺序为：产品名称、代号、断面形状及断面的宽度和高度、钢板厚度、标准号。

标记示例：断面形状为 C 型、宽度 100mm、高度 50mm、钢板厚度为 1.5mm 的墙体龙骨表示为：

建筑用轻钢龙骨 QC100×50×1.5GB 11981。

2）石膏龙骨

墙体石膏龙骨尚无国家标准。

墙体石膏龙骨一般是由厚 12mm 的纸面石膏板为原料，经层叠并在层间采用粘结石膏使其粘结在一起，再锯切成不同规格和形状的石膏龙骨制品，见图 2-24。

石膏龙骨可分为主龙骨和辅助龙骨，主龙骨断面尺寸为 50mm×50mm（75、100mm）三种，辅助龙骨断面尺寸为 $b×h=25mm$（或 50mm）×（50～140mm）。

石膏龙骨具有较高的强度、刚度，不燃、可加工性好，施工采用粘结，比较方便、快速。

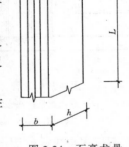

图 2-24 石膏龙骨

3. 龙骨面板复合墙体

本节介绍以石膏板为面板的龙骨面板复合墙体，其他材料面板墙体构造、施工方法与石膏板面板龙骨墙体类似。

（1）墙体构造

轻钢龙骨面板隔墙有单排龙骨单层板隔墙、单排龙骨双层板隔墙和双排龙骨双层板隔墙三种，单排龙骨单层板隔墙用于一般隔墙，单排龙骨双层板隔墙和双排龙骨双层板隔墙用于隔声要求高的隔墙，其构造见表 2-40

	轻钢龙骨面板隔墙构造		表 2-40

名　　称	简　　图	D（mm）	备　　注
单排龙骨单层石膏板隔墙		74 99 124	用于一般隔墙
单排龙骨双层石膏板隔墙		98 123 148	用于隔声隔墙

续表

名　　称	简　　图	D（mm）	备　　注
双排龙骨双层石膏板隔层	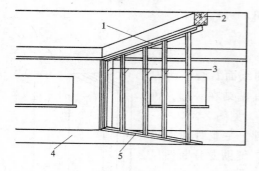	153 203 253	用于隔声隔墙

注：1. 表中简图 d 值根据选用的轻钢龙骨规格确定，D 值是按 d 值为 50、75、100mm 三种数值定的。

2. 石膏板厚度 a 均为 12mm。

3. 用于卫生间的石膏板，其吸水率应小于 10%（2h）。

图 2-25　龙骨骨架示意图

1—沿顶龙骨；2—梁；3—竖龙骨；

4—楼板；5—沿地龙骨

复合墙体的龙骨形成骨架，面板固定在龙骨骨架上形成墙体。龙骨骨架主要由沿顶龙骨、沿地龙骨和竖龙骨组成，见图 2-25。沿顶龙骨与梁或楼板底板连接，沿地龙骨与楼面或墙基连接，最边缘的竖龙骨一般与原有墙或柱连接。沿顶、沿地龙骨的连接见图 2-26。石膏龙骨一般先做墙基，再安装龙骨骨架。

室内水管和电缆管线可埋入复合墙板龙骨框架内，见图 2-27。

面板用自攻螺钉固定在龙骨骨架上，见图 2-28，图 2-29。

（2）复合墙体的施工

复合墙体的主要施工步骤如下：

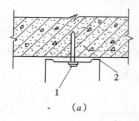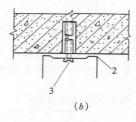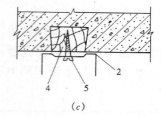

（a）　　　　　　　　　　　（b）　　　　　　　　　　　（c）

图 2-26　沿顶、沿地龙骨与楼（地）面三种连接构造

1—射钉；2—横龙骨；3—膨胀螺栓；4—预埋木砖；5—木螺钉

1）利用铅锤、水准尺等工具标出隔墙的定位中心线以及墙体边线，确保墙体平面绝对垂直。

2）安装沿顶、沿地龙骨。根据定位线，用射钉或膨胀螺栓将 U 型龙骨固定。

3）安装竖龙骨。将适当长度的 C 型龙骨插入沿顶、沿地龙骨，贴立墙的竖龙骨用射钉或膨胀螺栓固定，其他竖龙骨用抽芯铆钉与沿顶、沿地龙骨固定。

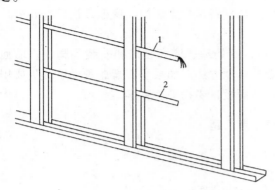

图 2-27　隔墙中墙管方式

1—水管；2—电缆管

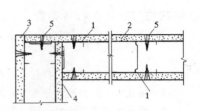

图 2-28　面板与龙骨的连接

1—竖龙骨；2—石膏板；3—墙包角件；

4—接缝纸带；5—自攻螺钉

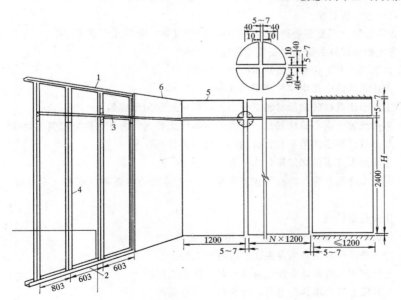

图 2-29　龙骨面板墙体示意图

1—沿顶龙骨；2—沿地龙骨；3—横撑龙骨；4—竖龙骨；

5—自攻螺钉 M3.9×30；6—石膏纤维板（2400mm×1200mm）

4）安装横撑龙骨。在门窗框、面板接缝及竖龙骨中间适当位置应安装横撑龙骨加固加强龙骨骨架。按竖龙骨的间距，切割 U 型龙骨至适当长度，用抽芯铆钉固定在竖龙骨上。

5）安装面板。先用自攻螺钉固定一侧面板，然后进行水暖、电气管线安装，如有隔声、隔热要求的可填充隔声、隔热材料，再安装门、窗框，最后安装另一侧面板。

6）饰面装修，安装踢脚板。包括接缝处理、墙面装饰和安装踢脚板。墙面装饰一般有喷浆、油漆、贴墙纸或墙布几种方法。如果是石膏龙骨隔墙，更要用胶粘剂均匀涂抹在石膏龙骨上，再粘贴面板，要找平、粘牢。

思 考 题

2-1 何谓轻骨料混凝土？其优缺点是什么？

2-2 轻骨料如何分类？分等？分级？

2-3 轻骨料的主要技术性能有哪些？何谓筒压强度？

2-4 轻骨料混凝土的主要技术性能有哪些？强度等级如何划分？

2-5 影响轻骨料混凝土强度的因素有哪些？影响规律如何？

2-6 轻骨料混凝土配合比设计的基本原理、步骤与普通混凝土有什么异同？

2-7 砌块有哪些类型？

2-8 普通混凝土小型空心砌块的抗压强度如何计算？分哪几个强度等级？

2-9 防止砌块墙体裂缝的主要技术措施有哪些？

2-10 何谓蒸压灰砂砖？主要技术性能有哪些？

2-11 蒸压灰砂砖应用中应注意哪些问题？

2-12 生产蒸压灰砂砖的原材料是什么？其强度是如何形成的？

2-13 与传统黏土实心砖墙相比，复合墙体有什么特点？为什么要发展复合墙体？

2-14 复合墙体有哪些类型？各自的构造特点是什么？

2-15 金属面夹芯板的性能是什么？有什么用途？

2-16 混凝土岩棉复合外墙板和钢丝网架水泥夹芯板的构造和性能特点是什么？如何应用？

2-17 什么是泰柏板？

2-18 什么是 GRC 板材？GRC 板材可用于什么场合？

2-19 什么是外保温法和内保温法？各有什么特点？

2-20 龙骨面板复合墙体有什么特点？其构造是怎样的？

2-21 龙骨面板复合墙体的龙骨和面板各有哪些品种？

2-22 龙骨面板复合墙体是怎样施工的？

第三章　生态建筑材料

学　习　要　点

本章以保护自然为基础，与资源和环境的承载能力相适应，在发展的同时，必须保护环境，包括控制环境污染和改善环境质量，以持续的方式使用可再生资源的精神，重点介绍了：高性能混凝土、再生骨料混凝土（矿渣及全矿渣混凝土、再生混凝土和碎砖骨料混凝土）、加气混凝土和高掺量矿物废渣烧结制品的组成、性能特点及工程应用知识。

第一节　高性能混凝土

混凝土是用量最大的人造结构材料。人们通过长期生产实践逐步认识到，混凝土的耐久性不仅直接关系到建（构）筑物的使用寿命，而且可以节约天然砂、石资源，减少建筑垃圾的排放，节约水泥用量，大量利用粉煤灰等工业废渣，从而有效减少二氧化碳排放量，控制粉尘污染、水质污染，保护人类生存环境，因此提高混凝土的耐久性比单纯追求强度指标具有更重要的意义，必须将混凝土的生产放到保护环境和人类可持续发展的高度上加以考虑。高性能混凝土正是以耐久性为其基本特征的生态混凝土。

一、高性能混凝土的基本概念

高性能混凝土是 20 世纪 80 年代末 90 年代初提出的概念（High Performance Concrete，简称 HPC）。由于混凝土组成和性能的复杂性，以及各国国情的差异，混凝土学术界对高性能混凝土的内涵理解并不完全相同，以 Mehta 为代表的美国与加拿大学派基于近年来建造的暴露于腐蚀性环境下的混凝土结构物快速腐蚀的现实，认为混凝土抗压强度指标已不足以保证其耐久性，所以耐久性应是高性能混凝土的首要因素，如应具有优异的抗渗性和尺寸稳定性等。日本学者认为高性能混凝土首先应是高流态、免振自密实的混凝土，这样不仅减少了施工噪声，而且在操作技术不高的条件下即可得到密实而耐久的混凝土。

在耐久性和强度的关系方面，多数学者认为高强度混凝土必须是高性能混凝土，而高性能混凝土不一定都要求高强度。实际上大量使用的钢筋混凝土建筑物，如低层和多层房屋以及高层房屋的上层构件，又如海工、水工，尤其是在腐蚀环境中的结构物、大体积混凝土等，对强度要求并不高，但对耐久性要求却很高。因此，扩大高性能混凝土范畴的强度覆盖范围具有十分重要的现实意义。

混凝土拌合物具有高流态、自密实的优异和易性，为采用泵送施工的必需条件，可大幅度提高施工效率，而且由于混凝土原始微裂缝等缺陷的减少，使得耐久性得以提高。

综合以上观点，我国工程院院士、著名水泥基复合材料专家吴中伟先生对高性能混凝土定义如下：高性能混凝土是一种新型高技术混凝土，是在大幅度提高普通混凝土性能的基础上采用现代混凝土技术制作的混凝土，它以耐久性作为设计的主要指标。针对不同用途要求，高性能混凝土对下列性能有重点地予以保证：耐久性、工作性、适用性、强度、体积稳定性、经济性。为此，高性能混凝土在配制上的特点是低水胶比，选用优质原材料，并除水泥、水、集料外，必须掺加足够数量的矿物细掺料和高效外加剂。

二、配制高性能混凝土的技术途径

1. 优化水泥品质指标

由于高性能混凝土的强度指标满足结构设计要求即可，故所用水泥的强度等级可按普通混凝土配合比设计方法确定。除水泥的体积安定性、凝结时间等应满足相应水泥标准要求外，由于高性能混凝土要求具有良好的施工和易性，故所用水泥与掺入高性能混凝土中的化学外加剂之间的相容性尤为重要。

在一定的水胶比条件下，并不是每一种符合国家标准的水泥在使用一定的减水剂时都有同样的流变性能。同样，也并不是每一种符合国家标准的减水剂对每一种水泥流变性的影响都一样，这就是水泥和减水剂之间的相容性问题。化学组成不同的水泥和减水剂之间的相容性问题在普通混凝土中就存在，例如木质素磺酸盐减水剂和以硬石膏作调凝剂的水泥的相容性就很差，表现为混凝土拌合物的坍落度值显著减小或坍落度损失显著增大，这一现象在低水胶比混凝土中表现尤为突出。

配制高性能混凝土应选用 C_3A 含量较低的水泥。实验证明，水泥矿物组成中 C_3A 对减水剂的吸附量远大于 C_3S、C_2S 对减水剂的吸附量，因此当减水剂掺量不变时，C_3A 含量高的水泥中，C_3A 吸附了大部分减水剂，而对水泥物理力学性质有重要影响的矿物成分 C_3S、C_2S 吸附的减水剂数量不足，从而导致混凝土拌合物的流变性变差或坍落度损失增大。

研究还表明，当水泥含碱量高（Na_2O 或 K_2O）时，该水泥与减水剂的相容性往往也较差。

2. 改善水泥颗粒粒形和颗粒级配

通过改善水泥粉磨工艺（如摩擦粉磨）可制得表面无裂纹且呈圆球形的水泥熟料颗粒，国外称为"球状水泥"。该球形水泥颗粒平均粒径小而微粉量低，故具有高流动性和填充性，在保持混凝土拌合物坍落度相同条件下，球状水泥的用水量较普通水泥降低 10% 左右。

水泥颗粒级配良好是配制具有较好流动性能混凝土拌合物的又一个条件。水泥中 $3\sim30\mu m$ 的颗粒是决定水泥强度的主要部分，其中小于 $10\mu m$ 的颗粒主要影响水泥的早期强度且需水性较大，大于 $60\mu m$ 的水泥颗粒对强度贡献甚微。国外所谓的"调粒水泥"，即是优化水泥颗粒的粒度分布，在需水性不增加的条件下达到最密实填充，用这种水泥配制的混凝土，不仅流变性能优良，而且具有很好的物理力学性能。

3. 掺加矿物掺合料

以符合相应质量标准的矿物掺合料取代一定量水泥是配制高性能混凝土的关键措施之一。

水泥是混凝土最重要的胶凝材料，但是这不意味着混凝土中的水泥越多越好，大量研究表明，混凝土中的水泥用量越多，混凝土的收缩值越大，体积稳定性越差；水泥水化热总量增加，混凝土的绝热温度升高，增大了出现温度裂缝的可能性；由于水泥水化生成的氢氧化钙数量增加，还将导致混凝土耐腐蚀性能的劣化。此外，水泥用量过多，还会影响到混凝土拌合物的工作性并使得后期强度增进率下降甚至倒缩。因此，在混凝土中掺入一定数量矿物掺合料的质量效果要远远超过经济价值。

（1）矿物掺合料的分类

矿物掺合料可分为四类：

1）有胶凝性（或称潜在活性）的。如粒化高炉矿渣、水硬性石灰。

2）有火山灰活性的。火山灰活性系指本身没有或极少有胶凝性，但在有水的条件下，能与氢氧化钙在常温下发生化学反应而生成具有胶凝性的水化产物。例如粉煤灰、烧页岩、烧黏土、硅灰等。

3）同时具有胶凝性和火山灰活性的。如高钙粉煤灰（含 CaO10% 以上）、增钙液态渣等。

4）其他。如磨细石英砂、石灰岩、白云岩等。

（2）常用矿物掺合料的技术要求

高性能混凝土所用矿物掺合料必须符合国家有关规范的要求，其具体掺量根据所配制混凝土的耐久性要求、强度等级要求以及工程特点由试验确定。

高性能混凝土常用矿物掺合料有粉煤灰、粒化高炉矿渣粉、天然沸石粉和硅灰。

1）粉煤灰 粉煤灰的质量与燃煤品种、燃烧温度、锅炉种类等因素有关。

其主要成分为 SiO_2、Al_2O_3、Fe_2O_3 等，三者总量常达 70% 以上。由于煤粉在高温下瞬间燃烧，急速冷却，所以粉煤灰中玻璃体矿物常占到相当比例，这是粉煤灰具有较高火山灰活性的重要原因之一。据我国 35 个电厂粉煤灰矿物组成的统计资料显示，其玻璃态 SiO_2 占 38.5%，玻璃态 Al_2O_3 占 12.4%，其余还有低铁玻璃体等。在水泥熟料矿物成分中的 C_3S、C_2S 水化反应生成 Ca$(OH)_2$ 并有石膏存在的条件下，这些玻璃态的活性 SiO_2、Al_2O_3 可产生如下反应并生成具有胶凝性的水化产物：

$$x\,Ca(OH)_2 + SiO_2 + m\,H_2O \longrightarrow x\,CaO \cdot SiO_2 \cdot n\,H_2O$$
$$y\,Ca(OH)_2 + Al_2O_3 + m\,H_2O \longrightarrow y\,CaO \cdot Al_2O_3 \cdot n\,H_2O$$

由于该反应发生在水泥熟料矿物成分水化反应之后，故称为二次反应。该火山灰活性反应随龄期延长而加速，随温度提高而加快。

对粉煤灰的主要技术要求如表 3-1。

粉煤灰的技术指标与分级

表 3-1

技 术 指 标		级 别		
		Ⅰ	Ⅱ	Ⅲ
细度（0.045mm 筛余）（%）	≤	12	20	45
需水量比（%）	≤	95	105	115
烧失量（%）	≤	5	8	15
三氧化硫（%）	≤	3	3	3
含水率（%）	≤	1	1	（不要求）

其中烧失量反应了粉煤灰含碳量的高低，含碳量越高，需水量越大，这将导致在相同水灰比条件下，混凝土的强度、耐久性严重下降。烧失量对粉煤灰品质的影响程度超过细度的影响。需水量比反映了粉煤灰需水量的大小，需水量与细度和含碳量有关，最终影响到混凝土的耐久性、强度和施工和易性。Ⅰ级粉煤灰由于含有较多的空心玻璃微珠，其比表面积小于不规则粒形的比表面积，且具有易滑动的特点，所以具有一定的减水效果，故需水量小于 100%。

粉煤灰中 SO_3 含量过多，在混凝土中会形成较多的水化硫铝酸钙而导致安定性不良，但一定量的 SO_3 含量对粉煤灰混凝土的早期强度有利。

粉煤灰一般需经过分选或磨细加工，分选可减少粉煤灰的含碳量，提高细度，但产生二次灰渣；磨细加工可提高细度，使粉煤灰玻璃体破碎，产生新表面而提高活性，也没有二次灰渣，但一般不能减少含碳量。

粉煤灰是高性能混凝土最常用的矿物掺合料。我国早在 1990 年就颁布了《粉煤灰混凝土应用技术规范》（GBJ 146—1990），该规范规定：粉煤灰混凝土设计强度等级的龄期，地上工程宜为 28d；地面工程宜为 28d 或 60d；地下工程宜为 60d 或 90d；大体积混凝土工程宜为 90d 或 180d。在满足设计要求的条件下，以上各种工程采用的粉煤灰混凝土，其强度等级龄期也可采用相应的较长龄期。

粉煤灰取代水泥最大限量因混凝土种类而异，如表 3-2 所列。

粉煤灰取代水泥最大限量（%） 表 3-2

混 凝 土 种 类	水 泥 品 种			
	P. Ⅰ（P. Ⅱ）	P. O	P. S	P. P
预应力混凝土	25	15	10	—
钢筋混凝土 高强混凝土 高抗冻性混凝土 蒸养混凝土	30	25	20	15
中低强度等级、少筋或无筋混凝土 泵送混凝土 大体积混凝土 水下或地下混凝土 压浆混凝土	50	40	30	20
碾压混凝土	65	55	45	30

2）粒化高炉矿渣粉

粒化高炉矿渣粉是将符合 GB/T 203—1994 标准规定的粒化高炉矿渣经干燥、粉磨（或添加少量石膏一起粉磨）而制成的粉体，它是高性能混凝土的优质矿物掺合料。由于冶炼生铁时熔融态的矿渣在急冷过程中形成大量玻璃体结构（常达 95％以上）以及少量钙镁铝黄长石和硅酸一钙、硅酸二钙，因此具有弱水硬性。用于高性能混凝土中的粒化高炉矿渣粉的技术指标应符合表 3-3 的规定。

粒化高炉矿渣粉的技术要求（GB/T 18046—2000） 表 3-3

项 目		级 别		
		S105	S95	S75
密度（g/cm³）	≥	2.8		
比表面积（m²/kg）	≥	350		
活性指数（%） ≥	7d	95	75	55
	28d	105	95	75
流动度比（%）	≥	85	90	95
含水量（%）	≤	1.0		
三氧化硫（%）	≤	4.0		
氯离子（%）	≤	0.02		
烧失量（%）	≤	3.0		

注：氯离子含量和烧失量为非强制性指标。

活性指数系指掺 50％粒化高炉矿渣粉的水泥胶砂与 42.5 级硅酸盐水泥胶砂

同龄期标准养护抗压强度的比值，比值越大，说明矿渣粉的活性越高。

活性指数主要取决于矿渣的化学成分及玻璃体含量。一般矿渣中 Al_2O_3、CaO、MgO 含量越高、玻璃体含量越大则活性越好。我国粒化高炉矿渣的化学成分含量约为：CaO 38% ~ 46%，Al_2O_3 7% ~ 20%，MgO 4% ~ 13%，SiO_2 26% ~ 42%。与硅酸盐水泥熟料的化学组成相比，CaO 含量略低，而 SiO_2 含量稍高，故有弱水硬性。

3）硅灰

硅灰是冶炼硅铁合金或金属硅时，从烟尘中收集下来的飞灰，其主要成分为 SiO_2，常为 90% 以上，堆积密度 200 ~ 250kg/m³，平均粒径约 0.1 ~ 0.3μm，为水泥的 1/100 左右，比表面积 20000m²/kg。硅灰的增强效果十分显著，一般在配制高强度高性能混凝土时，与高效减水剂同时掺用。硅灰的掺量一般为水泥重量的 4% ~ 10%。

4）天然沸石粉

沸石是含水铝硅酸盐的细微结晶矿物。其化学式为：

$$(Na, K)_x \cdot (Mg, Ca, \cdots\cdots)_y \cdot \left[Al_{x+2y}Si_{n-(x+2y)}O_{2n} \right] \cdot mH_2O$$

我国的天然沸石贮量丰富，常用的是斜发沸石和丝光沸石。二者均属钙型沸石。

沸石的格架状结构矿物，使沸石结构中形成了许多孔穴和孔道，通常又被水分子（沸石水）填充。当沸石水脱除后，沸石变成海绵或泡沫状构造，具有很强的吸附性能。另外，沸石中含有活性 SiO_2、Al_2O_3，结构又极特殊，因此，沸石晶体矿物具有比玻璃体更强的火山灰活性。天然沸石、沸石凝灰岩可在粉磨后直接掺入混凝土。

4. 采用低水胶比

耐久性是高性能混凝土的首要问题，而渗透性则是决定耐久性的关键因素。所以高性能混凝土首先应该是密实的、均质的、缺陷极少的混凝土。当耐久性（如抗冻融性等）要求很高时，应通过掺用引气剂的办法来适当增加含气量，改善孔隙分布、形态、减小孔径。

掺用优质高效减水剂是采用低水胶比的必要条件。高性能混凝土的水胶比一般应控制在 0.4 以下。

为了提高混凝土的密实度，防止出现温度应力等裂缝而导致混凝土开裂、渗漏，高性能混凝土也常掺用优质膨胀剂。

5. 采用优质砂石骨料

严格控制砂石的杂质含量是保证混凝土耐久性的重要措施，骨料中的含泥量、泥块含量、SO_3 含量等都将直接影响到混凝土的耐久性。骨料的粒形和颗粒级配与拌合物的和易性有关。粗骨料的强度高低取决于所配制的高性能混凝土的强度等级，强度等级高则要求骨料压碎指标低。在配制高强度高性能混凝土时，对所用砂石骨料的品质指标更应从严掌握。

三、矿物掺合料在高性能混凝土中的作用

1. 改善混凝土拌合物的和易性

流动性大的普通混凝土拌合物很容易出现离析、泌水现象，从而使混凝土的均质性破坏并在内部形成泌水通道等缺陷，掺入矿物掺合料可使拌合物的黏聚性增加，减少离析、泌水现象。

当以一级粉煤灰作矿物掺合料时，在保持混凝土用水量不变的条件下，可以提高拌合物的流动性。以矿渣粉为矿物掺合料时，细度越细、掺量越大，往往使低水胶比的高性能混凝土变得过于黏稠。硅灰由于比表面积极大，故需水性高，当掺量小于 5% 时对拌合物流动性基本无影响。

2. 对混凝土收缩的影响

试验表明，用粉煤灰取代一定量的水泥可以减少混凝土的收缩值，而以硅灰和粒化高炉砂渣粉为掺合料时，则混凝土的收缩值会有不同程度的增加，尤其是硅灰。图 3-1 为粉煤灰掺量对混凝土干燥收缩值的影响曲线。

3. 降低混凝土的温升

水泥矿物成分的水化反应为放热反应，硅酸盐水泥的水化放热量约为 500J/g。水泥水化热将导致混凝土内部温度上升。水泥的矿物组成、混凝土的水泥用量是决定混凝土温升的关键因素。当混凝土内外温差过大，温度应力超过混凝土的抗拉强度时将出现开裂，开裂将使混凝土的耐久性受到严重损害。

在普通混凝土中，为了使低水灰比的混凝土具有高的流动性，一般采取保持

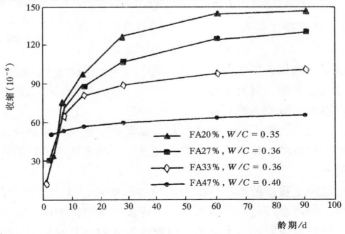

图 3-1　粉煤灰掺量对混凝土干燥收缩的影响

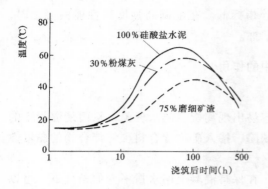

图 3-2 掺合料对温凝土温升的影响

水灰比不变同时增加水和水泥的用量，但水泥用量的增加将直接导致混凝土温升升高，这一现象在厚大体积混凝土中尤为突出，有时混凝土内部温度可达到 80~90℃。掺入矿物掺合料后，由于水泥用量相应减少，水泥水化热总量显著下降，达到最高温度所需的时间明显后延，这对防止混凝土开裂、提高耐久性是十分有利的。

图 3-2 为在混凝土浇筑深度为 2.5m 处测得的温度变化曲线。曲线表明，掺用 30% 粉煤灰的混凝土比纯水泥混凝土的温升降低约 7℃；掺用 75% 矿渣时约降低 12℃，且温峰出现时间推迟约 12h 以上。

然而，在水泥中掺入硅灰或高细度矿渣粉（如比表面积大于 6000cm²/g），则水泥石温升往往会略有提高，温峰出现时间将稍有提前如图 3-3。这是由于这两种矿物掺合料的比表面积很大且火山灰活性较高所致。对需严格控制温升且混凝土强度等级较高的工程，可以将硅灰、超细矿渣粉等高活性的矿物掺合料与粉煤灰、磨细石灰石粉、磨细石英砂粉等复合掺用。其掺入比例应视掺合料的细度、活性大小以及所配制的混凝土强度等级确定。

4. 改变水泥混凝土强度增长规律

在水泥混凝土中掺入不同的矿物掺合料等量取代水泥，混凝土强度将受到不同影响。试验表明，在

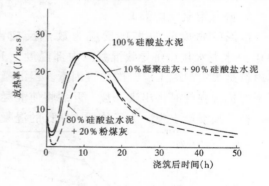

图 3-3 掺入掺合料的硅酸盐水泥
浆体典型的放热曲线

相同水灰比下，硅灰、沸石粉、油页岩灰、偏高岭土等，在掺量合适时可以提高混凝土的强度，矿渣粉、粉煤灰等会使混凝土的早期强度降低，而后期强度却有较大的持续增长。

粉煤灰对混凝土强度的贡献随龄期的增加而增加，随水胶比的降低而增加。故以粉煤灰为矿物掺合料的高性能混凝土，应当相应降低水胶比，以保持早期强度不降低，并且后期强度有显著增长，以充分发挥粉煤灰的作用。西安国际商务中心超高层建筑所用 C60 高强高性能混凝土，42.5R 普通水泥用量 400kg，Ⅱ级

粉煤灰 110kg，膨胀剂 40kg，水胶比 0.35。混凝土 3d 强度为 42.9MPa，达设计强度的 71.5%；28d 强度 61MPa，达设计强度的 101%；60d 强度为 77.6MPa，达设计强度的 129%。

水胶比不变时，混凝土的强度随粉煤灰掺量的增加呈非线型的降低。但这一规律在低水胶比条件下，粉煤灰掺量在一定范围内变化，强度降低并不显著。若水胶比较大，粉煤灰掺量的增加，将使强度明显下降。表 3-4 为用北京Ⅱ级粉煤灰以 8%~24% 不同掺量配制混凝土，在坍落度相同条件下所得到的混凝土强度值。表 3-5 为掺用 30% 比表面积为 9000cm²/g 粒化高炉矿渣粉的混凝土与纯水泥混凝土强度的比较，其 7d 强度约低 14.3%，28d 强度则高约 13.7%。

粉煤灰掺量对混凝土强度和配合比的影响 表 3-4

试验编号	水泥用量 (kg/m³)	粉煤灰掺量 (%)	W/C	坍落度 (mm)	抗压强度（MPa）		
					3d	7d	28d
H513	424	8	0.355	190	47.5	54.0	63.4
H514	396	12	0.359	190	46.5	54.1	64.9
H515	369	18	0.360	190	47.7	54.3	65.3
H516	342	24	0.365	190	41.1	49.0	62.9

掺 30% 超细矿渣的混凝土和空白混凝土强度发展对比 表 3-5

编号	W/C	矿渣掺量 (%)	外加剂 FDN 掺量（%）	坍落度 (mm)	抗压强度（MPa）		
					3d	7d	28d
CH-1	0.264	0	2	210	81.0	94.9	90.3
CH-2	0.248	30	2	210	69.6	81.3	102.7

注：试件尺寸为 100mm×100mm×100mm。

粉煤灰对高性能混凝土强度增长规律的影响与养护温度关系十分密切，如实际结构物内部的混凝土温度，随着水泥水化放热而由低温到高温再缓慢降温。Swee Liang Mak 等人采用专用仪器跟踪实际结构物内部混凝土的实际温度对预留试件进行"跟踪养护"，试验所用配合比如表 3-6 所列。图 3-4 和图 3-5 分别为纯水泥混凝土和掺粉煤灰混凝土的强度发展。

用于温度跟踪养护实验的不同强度混凝土配合比主要参数 表 3-6

强度等级(MPa)	水(kg/m³)	普通水泥(kg/m³)	粉煤灰(kg/m³)	粉煤灰掺量(%)	W/C
20	180	235	—	—	0.766
20	160	170	100	37	0.593
40	185	330	—	—	0.561
40	165	255	100	28	0.465
60	190	435	—	—	0.437
60	170	376	100	21	0.357

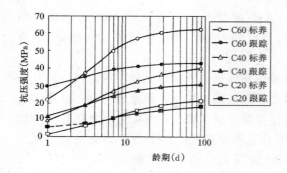

图 3-4 无掺合料的不同强度混凝土强度的发展

图 3-4 表明，纯水泥混凝土在跟踪养护条件下，3d 以前的强度高于标准养护试件的强度，而 3d 以后随龄期的增长越来越低于标准养护试件的强度。强度等级越高，龄期越长，这种差距越大。这表明提高温度不利于纯水泥混凝土强度的发展，强度越高越不利。而图 3-5 则表明，对掺用矿物掺合料的高性能混凝土而言，提高温度有利于强度的发展，跟踪养护试件的强度值始终高于标准养护试件的强度。因此，从更科学的角度看，高性能混凝土的强度应当用跟踪养护的方法进行评价。

5. 提高混凝土的耐久性

不掺矿物掺合料的普通水泥混凝土，在软水、酸、盐以及强碱作用下，侵蚀性介质将和水泥水化产物中的 $Ca(OH)_2$、C_3AH_6 起化学反应，由于生成物溶解或膨胀而导致混凝土破坏。掺入矿物掺合料后，由于降低了水泥用量而使得 $Ca(OH)_2$、C_3AH_6 含量减少，故减轻侵蚀性破坏的程度，使混凝土耐久性得以提高。另一方面，矿物掺合料中的活性 SiO_2、Al_2O_3 尚可和 $Ca(OH)_2$ 起水化反应，也进一步降低了 $Ca(OH)_2$ 的含量。

矿物掺合料含有很多细微颗粒，它们可均匀分散于水泥浆体中并成为二次水化反应的中心，所形成的水化产物及其未水化的细微颗粒可填充于水泥石孔隙之中，一方面改善了混凝土的孔结构，提高了密实

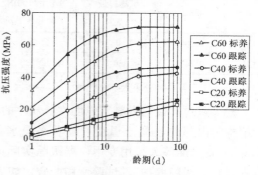

图 3-5 掺粉煤灰的不同强度混凝土强度的发展

度，另一方面在水泥石和骨料的界面区，削弱了 $Ca(OH)_2$ 晶体的定向排列，细化了孔隙，使界面区厚度变薄，结构致密，从而大大改善了混凝土的渗透性，阻碍了侵蚀性介质的侵入，显著改善耐久性。长期试验表明，掺入硅灰或矿渣粉的混凝土对硫酸盐、氯盐和海水的侵蚀有较好的抵抗能力。

矿物细掺料还可以抑制水泥中过量 SO_3 所引起的膨胀性反应破坏。

当混凝土骨料为碱活性骨料时，掺入 30% 粉煤灰或 40% 矿渣粉或 10% 硅灰，可明显抑制碱—骨料反应。

6. 不同品种矿物掺合料的复合掺用

不同品种矿物掺合料在混凝土中的作用不完全相同，如硅灰的增强效果（尤其是早期）十分显著，但需水量大，收缩大，也不能减少混凝土的温升；矿渣粉需水量不大，对强度有利，但易泌水，干缩值较大；优质粉煤灰需水量低，可明显减小混凝土收缩、降低温升，但碳化较快等。试验证明，根据不同混凝土工程的具体要求，恰当地将不同品种的矿物掺合料复合掺用，可以取长补短，有时甚至起到"超叠加效应"。如同时掺用硅灰和粉煤灰，可用粉煤灰来减少需水量、减小收缩，提高后期强度，而用硅灰来提高早期强度。同时掺用粉煤灰和矿渣粉，也可起到类似的作用。

四、高性能混凝土的配合比设计

普通混凝土用水泥、水、砂、石即可配制，影响强度、工作性和耐久性的因素相对较为简单，而高性能混凝土所用原材料至少六种以上，如矿物掺合料和外加剂采用复配技术，则原材料种类更多。影响强度、工作性和耐久性的因素更为复杂、多变，如工作性在用水量不变条件下可通过外加剂和矿物掺合料调节；矿物掺合料的品种、数量、品质将直接影响到耐久性并改变了强度的增长规律，所以高性能混凝土的配合比设计不能简单套用普通混凝土的配合比设计方法而多以试配为主。

1. 配合比设计法则

（1）水胶比法则

高性能混凝土拌合物的水胶比（这里的"胶"包括所有胶凝材料，如水泥、矿物掺合料、膨胀剂）的大小与硬化后的强度成反比，并与耐久性密切相关，水胶比确定后不得随意改动。

（2）混凝土密实体积法则

欲配制均匀、密实的混凝土，应以颗粒级配良好的石子为骨架，以砂子填充石子的空隙并略有富余，又以浆体填充砂石空隙，并包裹砂石表面，以形成砂石的润滑层，减少摩阻力，保证拌合物具有所要求的流动性。该拌合物的总体积为水、水泥、矿物掺合料、砂、石的密实体积之和。

（3）最小单位加水量或最小胶凝材料用量法则

在水胶比固定、原材料一定的情况下，使用满足工作性要求的最小加水量（即最小的浆体量），可得到体积稳定的、经济的混凝土。

（4）最小水泥用量法则

为减少水化热，降低混凝土的温升、提高混凝土抗环境因素侵蚀的能力，在满足混凝土早期强度要求的前提下，应尽量减少水泥用量。

2. 配合比设计的目标

（1）耐久性

耐久性是高性能混凝土配合比设计的首要目标，不管设计要求的强度等级高低，均应首先满足耐久性的要求。欲保证混凝土的耐久性，除采用优质原材料、按配合比设计法则设计配合比外，在混凝土施工阶段首先要保证混凝土拌合物的均匀性、稳定性和密实性。在采用矿物掺合料和减水剂的条件下，即使混凝土强度等级不高，也很容易做到低水胶比、大流动度，从而使成型密实，硬化后无原始裂缝等缺陷。

（2）强度

确保高性能混凝土的强度达到设计强度等级的要求，是保证结构物的使用功能和寿命的重要条件。由于高性能混凝土均掺用矿物掺合料，使得后期强度增长更为显著，所以设计强度的龄期，可参照《粉煤灰混凝土应用技术规范》（GB146—1990）的有关规定精神，结合工程实际情况具体确定，而不一定完全以 28d 龄期为限。这样既符合高性能混凝土的实际情况，也可确保工程质量。

（3）工作性

高性能混凝土的工作性除包括普通混凝土拌合物和易性的概念外，尚包括可泵性、充填性等。拌合物具有良好的工作性是保证混凝土浇筑均匀、密实的关键。良好工作性的拌合物，一般坍落度应在 180mm 以上，免振混凝土应大于250mm。同时，为保证拌合物在高流态条件下不离析、不泌水，其坍落流动度（拌合物坍落终了时铺展的直径，或称铺展度）应大于 450mm。

影响拌合物工作性的主要因素有：水胶比、胶凝材料用量以及砂率、骨料级配、外加剂品种及用量等。除骨料因素外，以上因素的组合反映了浆体的数量和稠度。

高性能混凝土拌合物的工作性还包括拌合物坍落度的经时损失。

3．配合比的参数选择

高性能混凝土配合比的主要参数有：水胶比、浆骨比、砂率和外加剂掺量。由于影响高性能混凝土强度的因素比普通混凝土更为复杂，所以配合比参数的确定主要应参照本地区、本单位经验数据的积累，通过试配确定。

（1）水胶比

如前所述，配制高性能混凝土的重要途径之一是低水胶比，一般不超过0.4。在相同水胶比条件下，可通过矿物掺合料来调节混凝土的强度。高性能混凝土的强度与水胶比的关系，仍近似为正比关系，与普通混凝土不同的是，由于矿物掺合料的使用，强度与水胶比的关系曲线的斜率变小了。高性能混凝土配制强度所需要的水胶比，在很大程度上受原材料的品种、性能以及施工管理水平的影响，反映在强度与水胶比的关系曲线上，即为斜率和截距的变化。表 3-7 为以粉煤灰为矿物掺合料配制高性能混凝土时建议的水胶比值。

掺用粉煤灰的高性能混凝土的建议水胶比　　　　　　　　　表 3-7

设计强度等级	C25	C30	C35	C40	C50	C60
配制强度（MPa）	33	38	43	48	60	70
粉煤灰掺量（%）	40～60	35～45	30～40	30～40	20～30	20～30
建议水胶比（%）	0.38～0.42	0.36～0.40	0.34～0.38	0.33～0.37	0.29～0.32	0.28～0.31

注：粉煤灰掺量超过 40% 时，宜用于非受弯的钢筋混凝土构件。

（2）浆骨比

浆骨比表示单位体积混凝土拌合物中浆体数量（胶凝材料和水用量之和）和骨料（砂石）用量的比值。在浆体浓度一定的条件下，浆骨比增大有利于提高工作性，进而提高耐久性，但过大的浆骨比会引起混凝土弹性模量的降低和收缩值的增大。

在水胶比确定以后，胶凝材料总用量反映了浆体数量，实际上也反映了浆骨比的大小。胶凝材料总量过少，即浆体数量过少，此时不可能得到良好的工作性，且极易离析、泌水，最终削弱了混凝土的耐久性。所以没有足够数量的胶凝材料用量，就不可能得到耐久性良好的混凝土。根据大量工程实践的经验，高性能混凝土的胶凝材料用量应在 300kg/m³ 以上，550kg/m³ 以下。混凝土设计强度等级高，则胶凝材料用量宜较高。在骨料级配良好条件下，配制 C60 以下混凝土，胶凝材料用量控制在 500kg/m³ 以下较为有利。

（3）砂率

砂率反映了细骨料在骨料总用量中的比例。由于高性能混凝土要求大流动度、低水胶比，从砂浆包裹粗骨料表面并填充其空隙来看，砂浆数量应高于普通混凝土，所以高性能混凝土的砂率应有所提高。按照我国《混凝土泵送施工技术规程》（JGJ/T 10—1995）的规定，泵送混凝土的砂率宜控制在 38%～45%。影响砂率的因素有砂子的粗细、颗粒级配、粗骨料的最大粒径等。在保证拌合物工作性的前提下，宜采用较低砂率，这样有利于混凝土的强度和弹性模量提高。

综上所述，与普通混凝土比较，高性能混凝土配合比的特点是：低水胶比、高胶凝材料用量、高浆骨比、低粗骨料用量。图 3-6 为高性能混凝土与普通混凝土配合比比较的示意图。

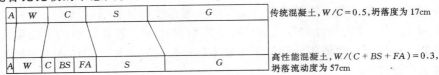

图 3-6　高性能混凝土与传统混凝土配合比比较

A—空气；W—水；C—水泥；S—砂；G—石子；BS—磨细矿渣；FA—粉煤灰

五、高性能混凝土拌合物的工作性及其评价

1. 拌合物的工作性

高性能混凝土是现代高科技生态混凝土。除前述的掺用大量矿物掺合料、具有高耐久性从而具有寿命长、自然资源消耗少、资源再利用、保护环境等优点外，还具有方便泵送施工甚至免振自流平的优异工作性。该工作性的含义并不等同于普通混凝土的和易性，它应包括充填性、可泵性和稳定性（即抗泌水和抗离析性）。充填性表示混凝土拌合物可通过钢筋等狭窄空间并密实充填到模板各个角落而不被堵塞的性质。充填性既要求拌合物具有高流动性，更要求拌合物具有优异的抗离析性。抗离析性在高流态条件下更为重要。因为高性能混凝土拌合物的流动性是在低水胶比条件下依靠高效减水剂来获得的。在拌合物流动性大幅度提高、变形能力增大的条件下，由于拌合物剪切应力减少，黏度下降，使得骨料和浆体之间的黏聚性减小而易于分离。在浇筑混凝土时，在钢筋密集区、管线的弯道及分叉处等狭窄区域，由于砂浆和粗骨料的分离，而使粗骨料堆积成"拱"，低黏度砂浆从粗骨料间隙流出。同理，水泥浆也会在聚集砂粒之间流出，最终导致拌合物的堵塞。图3-7表示拌合物坍落度与充填性之间的关系。说明充填性好的混凝土拌合物必须同时具有较好的变形性和抗离析能力。

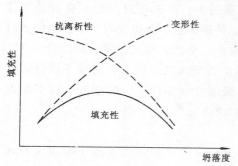

图3-7 坍落度与填充性关系

欲提高混凝土拌合物的充填性，应使所用外加剂具有一定的增稠组分；适当减少粗骨料含量和最大粒径；改善骨料级配等。如上图所用拌合物的水胶比为 0.254，粗骨料最大粒径 15mm，用量为 900kg/m³。

2. 拌合物工作性的试验方法

国内外提出了多种评价高性能混凝土拌合物工作性的试验方法，但目前这些方法均未形成规范和标准。以下简要介绍几种常用试验方法。

（1）坍落流动度试验

按坍落度试验方法，将拌合物分三层装入坍落度筒，每层插捣 5 下，在测定坍落度 sL 之后，测定拌合物停止流动时扩展的直径 sf，该直径的毫米数称为坍落流动度。该试验方法操作简便，不需要增加新的仪器，故在现场施工质量控制中得到了广泛应用。

大量试验数据表明，工作性良好的高性能混凝土拌合物的 sL/sf 值为 0.4。对于泵送混凝土，当坍落度为 180mm 时，坍落流动度应为 450mm；对于免振自密实混凝土，在混凝土结构断面尺寸较大、钢筋间距较大、泵送距离不长的条件下，坍落度应不小于220mm，坍落流动度应不小于550mm；在混凝土结构断面尺寸狭小、钢筋密集、泵送距离长时，坍落度应大于240mm，坍落流动度应大于600mm；非泵送免振自密实混凝土的坍落度应为240～260mm，坍落流动度应为650～700mm。当坍落流动度小于500mm时，流动性不足，无法均匀充填模板；当坍落流动度大于700mm时，流动性过大，很容易产生离析。

对一定原材料和配合比的混凝土拌合物，可参照图3-8所示的情况对工作性进行评价。

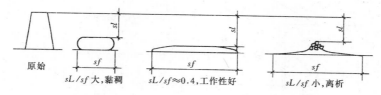

图3-8　混凝土拌合物工作性的评价

（2）L—流动试验

图3-9为L—流动试验装置的示意图。垂直部分和水平部分连接处装有可竖向提升的活动隔板。拌合物从垂直部分上口分两层装入，每层插捣5下。提起活动隔板，拌合物向水平部分流动。分别在距开口处5、10cm处设置传感器，量测拌合物流至该两点的时间，计算其流动速度，以此说明拌合物的黏度；流动停止后，量测垂直部分拌合物的下降高度和在水平部分的流动距离，即L—坍落度和L—流动值，以此说明拌合物的剪应力和黏度。

（3）自密实混凝土拌合物工作性测定仪

免振自密实混凝土必须具有很好通过钢筋等狭窄空间并密实填充模板各个角落而不被堵塞的能力。图3-10为该混凝土拌合物工作性的测定装置。该测定装置由一个300mm×280mm×150mm的立筒和长800mm、宽280mm的敞口水平金属槽组成。立筒和水平槽交接处留有高80mm的开口，设置4φ12钢筋，开口处装有自由升降的活门。水平槽边缘有间距为100mm的刻度。

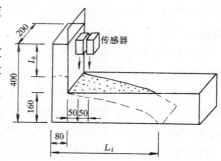

图3-9　L—流动试验装置示意图

将混凝土拌合物装满立筒后，打开活门，混凝土通过钢筋间隙流出，测定拌合物的流速v_d，立筒内混凝土拌合物的坍落高度T和水平部分流动距离L。工作性良好的拌合物的T/L约为0.3；对于自密实混凝土，则L应大于800mm。T小

而 L 大时，拌合物有离析的倾向；T 大而 L 小时，则拌合物黏度过大，难于自流平。$v_d > 75mm/s$ 时，拌合物有离析的倾向；$v_d < 50mm/s$ 时，则拌合物黏度过大。由于该仪器的水平部分长度为 800mm，故命名为 L—800 仪。

用 L—800 仪可定量测定拌合物的流动性、间隙通过性和充填性。工作性良好的自密实混凝土拌合物在 L—800 仪立筒中的下落高度与普通坍落度的差值一般不超过 20mm。

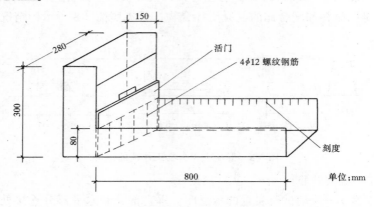

图 3-10　L—800 仪

3．流动性的经时损失

混凝土拌合物的流动性随时间延长而减小的现象称为经时损失。高性能混凝土一般均为泵送施工，而入泵混凝土拌合物必需具有较高的流动性，一般坍落度值不应小于 120mm，多为 160～200mm，适宜坍落度值与泵送高度（或距离）、气温等因素有关。泵送高度越高（或距离越长）入泵坍落度值应越大，气温越高，坍落度值应较大。

高性能混凝土组成的特点之一是低水胶比，其拌合物的高流动性主要依靠减水剂的作用。一般认为，流动性经时损失的主要原因有以下几点：

（1）由于水泥水化反应的不断进行，使得拌合物中的自由水不断减少，流动性降低。水泥矿物成分中的 C_3S、C_3A 越多，细度越细，其水化反应越快，尤其是结晶水含量很高的钙矾石的生成，将消耗较多水分，使流动性下降。

（2）混凝土拌合物中的自由水不断蒸发，自由水量减少，流动性降低。尤其在高温、干燥条件下，更为明显。

（3）随着水泥水化反应的进行，水化硅酸钙凝胶、$Ca(OH)_2$ 晶体等水化产物的生成，减水剂被消耗，有效浓度降低，分散能力减弱，使拌合物的流动性降低。

（4）减水剂与水泥的相容性不好而导致流动性迅速降低。减水剂与水泥的相容性问题，除水泥矿物成分中的 C_3A 含量及碱含量高会导致相容性劣化外，减水剂的品种也是影响相容性的重要因素。在水泥矿物组成不变、水灰比一定的条件下，研究发现：当使用木质素磺酸盐减水剂时，拌合物的流动性经时损失很小，原始坍落度也较低；当用萘系和三聚氰胺系高效减水剂时，拌合物的初始坍落度较大，流动性经时损失较大。研究还发现，使用羧酸系减水剂、氨基磺酸盐系减水剂或将不同类型的减水剂复配使用时，一般均可减小拌合物流动性的经时变化。其作用机理有待进一步研究。

六、高性能混凝土的结构

1. 混凝土中的界面及界面过渡层

混凝土是由水泥石和骨料组成的复合材料，水泥石包括各种水化产物和未水化颗粒、水、气等。各相之间的界面是混凝土内部结构的重要组成部分。界面往往是混凝土破坏或劣化的发源地。

由于水泥石和骨料的弹性模量不同，当温度、湿度变化时，水泥石和骨料的变形不同，在界面处往往出现微裂纹；由于拌合物中的泌水作用，部分水分在泌出过程中常因粗骨料的阻隔而聚集于骨料下面形成"水囊"。另外，在混凝土硬化前，水泥浆中的水分向亲水性骨料表面迁移，在骨料表面形成一层水膜。由于以上原因，在混凝土承受外荷载作用之前，界面处就已存在着微裂纹、孔隙、水囊等缺陷。混凝土受荷载后，随着应力的增长，这些微裂纹不断扩展、延伸至水泥石，最终导致混凝土的开裂破坏。

对水泥石与骨料界面的研究发现，该界面并非是一个"面"，而是具有 $100\mu m$ 以下厚度的一个"层"（或称"区"、"带"）。该层的厚度方向从骨料表面向水泥石本体逐渐延伸、过渡，其结构和性质与水泥石本体有较大区别，称为界面过渡层。过渡层是由于水泥浆体中的水分在向骨料表面迁移中形成水灰比梯度而产生的。从骨料表面到水泥石本体水灰比递减，直到与水泥石本体的水灰比相同。由于过渡层中水灰比的差异，离骨料表面越近，水灰比越大，结晶水化物越易生成，而且尺寸越大，方向性越强。如水泥水化产物中的 $Ca(OH)_2$ 呈六方薄片晶体，其层状平行于骨料表面取向生长，其晶体大小、取向程度随着离骨料表面距离的增加而下降。上述表明，界面过渡层是混凝土整体结构中的易损薄弱环节，它对混凝土的耐久性、力学性能有着十分关键的影响作用。

对混凝土过渡层的大量研究证明，其主要特点如下：

（1）水灰比高于水泥石本体；

（2）孔隙率高于水泥石本体；

（3）$Ca(OH)_2$ 和钙矾石结晶水化产物多，颗粒粗大，取向性强。

图 3-11 为混凝土界面过渡层的示意图。

2. 高性能混凝土的界面结构

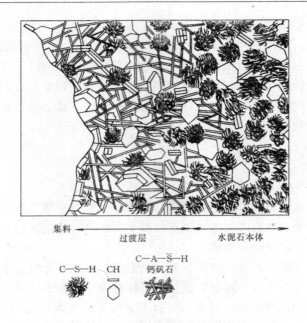

图 3-11 混凝土界面过渡层模型

高性能混凝土由于低水胶比、掺用外加剂和矿物掺合料，使得界面过渡层的结构得以改善。这是因为：低水胶比可提高水泥石的强度和弹性模量，减小了与骨料弹性模量的差值，在温湿度变化时，微裂纹产生的几率下降；低水胶比还使得界面处水膜变薄，过渡层厚度减小，晶体生长的自由空间减小，致使晶体细化，取向性降低；矿物细掺料的掺入，可与 $Ca(OH)_2$ 反应而生成水化硅酸钙凝胶及水化硫铝酸钙，使 $Ca(OH)_2$ 含量减少，富集程度和取向程度降低；矿物掺合料中未水化的细微颗粒（如 $1\mu m$ 以下者）尚可填充过渡层中的孔隙，使过渡层结构趋于密实，较大的未水化的矿物掺合料颗粒则可起微集料效应。由于以上作用，与普通混凝土相比，高性能混凝土的界面过渡层结构得到了改善，物理力学性质、耐久性均得以提高。

3. 高性能混凝土结构特点

综上所述，高性能混凝土的结构特点如下：

（1）孔隙率低，细孔多而大孔（＞100nm）少；

（2）水化产物中 $Ca(OH)_2$ 少，水化硅酸钙凝胶和水化硫铝酸钙针状晶体较多；

（3）未水化的粉料颗粒多，填充孔隙作用强；

（4）界面过渡层厚度薄，孔隙率低，$Ca(OH)_2$ 数量少，取向程度下降，晶粒细化。

由于高性能混凝土具有以上结构，所以水泥石、界面和骨料三个部分的性质趋于均匀。由砂石骨料、未水化矿物掺合料颗粒、未水化水泥颗粒、晶相水化产物构成了高性能混凝土的受力骨架，而水泥水化后的凝胶体则好似连续介质，胶结骨架，使之形成了密实而均匀的高性能混凝土结构。

第二节 再生骨料混凝土

混凝土中的砂石骨料占材料总用量的 70% ~ 80%，我国每年用于混凝土中的砂石骨料量高达 20 ~ 30 亿 t，而砂石材料属于不可再生的自然资源。如果说以高耐久性、少用水泥、掺用矿物掺合料（多为工业废渣）为特征的高性能混凝土节约了自然资源和能耗、保护了生态环境的话，那么，以工业废渣、废混凝土、废砖块等固体废弃物取代天然砂石骨料而配制的再生骨料混凝土，也是符合可持续发展战略要求的生态建筑材料。

事实上，某些发达国家的天然砂石资料已经或已接近枯竭，我国一些大城市的优质砂石骨料正在与日俱减。为此，将大量废弃的工业废渣、混凝土、碎砖块用作混凝土的骨料，配制再生骨料混凝土已经引起社会的广泛关注和重视，也是保证混凝土长期作为主要结构材料的重要保证。

一、矿渣及全矿渣混凝土

矿渣是指金属冶炼过程中排出的非金属渣。高炉炼铁时排出的矿渣叫高炉矿渣，一般作为混凝土骨料（也可称骨料）使用的多为高炉矿渣。按照冷却方式，高炉矿渣又分为水淬矿渣及高炉重矿渣，后者是熔融矿渣经自然缓慢冷却而成。一般把高炉重矿渣经破碎、筛分后作粗骨料，而把水淬矿渣作细骨料，亦称矿渣砂。

矿渣混凝土是以重矿渣碎石为粗骨料、普通砂为细骨料配制的混凝土，粗、细骨料均为矿渣的混凝土称为全矿渣混凝土。

1. 矿渣的化学成分及活性

（1）化学成分 矿渣的化学成分与硅酸盐水泥相近，仅 CaO 含量稍低，而 SiO_2 含量较高。矿渣中含有酸性氧化物（如 SiO_2 等）、碱性氧化物（如 CaO、MgO 等）及中性氧化物（如 Al_2O_3 等）。其中 SiO_2、CaO、Al_2O_3 的含量约占矿渣重量的 90% 以上。此外，矿渣中含有 FeS 等硫化物。

（2）活性 矿渣的活性取决于它的化学成分、矿物组成及冷却条件。一般来说，如果矿渣中的 CaO、Al_2O_3 含量高而 SiO_2 含量低时，矿渣活性较高，一般用以下三个系数来综合评定矿渣的活性。

$$碱性系数\ M_0 = \frac{CaO + MgO}{SiO_2 + Al_2O_3}$$

碱性系数大时矿渣的活性较高。

$$活性系数 \ M_a = \frac{Al_2O_3}{SiO_2}$$

活性系数大时矿渣活性较高。

$$质量系数 \ K = \frac{CaO + MgO + Al_2O_3}{SiO_2 + MnO + TiO_2}$$

质量系数大时矿渣活性较高。

一般来说，水淬矿渣的活性较高，这是由于熔融矿渣急剧冷却时，来不及结晶，使其绝大部分形成不稳定的玻璃体，储有较多的潜在化学能，从而具有较高的活性。

2. 矿渣的矿物成分及稳定性

我国普通重矿渣的矿物成分有 C_2S、铝黄长石 C_2AS、假硅灰石以及钙镁橄榄石 CMS、透辉石 MS_2、镁铝尖晶石等。

C_2S 是水泥熟料的矿物之一，它赋予矿渣以潜在水硬性，可提高混凝土的后期强度。

α-CS 等矿物多为耐火材料中的矿物。所以矿渣是配制耐火混凝土（700℃左右）的优质原料。

高炉重矿渣作为混凝土骨料必须具有良好的稳定性，否则就会因分解和膨胀作用，导致混凝土的破坏。高炉矿渣的分解有硅酸盐分解、铁分解、锰分解及石灰分解等类型。其共同特点是在晶型变化和化学变化条件下，都能引起矿渣的体积膨胀而松碎崩裂。发生硅酸盐分解的原因是高温型的 β—C_2S 转变为低温型的 γ—C_2S，体积增加 11%，随着冷却过程的进行，矿渣内部产生结晶应力而引起矿渣分解。这种分解一般在熔融矿渣冷却过程中就基本结束。矿渣中的硫化物如 FeS 与水反应生成 $Fe(OH)_2$ 时，体积增加 38%，MnS 变为 $Mn(OH)_2$ 时，体积增大 24%，含 3% 以上 FeO 或 MnO 及 1% 以上的硫化物时，矿渣会发生分解而破坏，当 FeO 或 MnO 含量低于 1.5%，以及硫化物含量低于 0.5% 时，一般不会发生这一类分解。矿渣中含有游离石灰时，在潮湿环境中由于 CaO 消解成 $Ca(OH)_2$ 而体积增大，引起矿渣分解，但这种情况比较少见。

3. 矿渣的物理力学性能

（1）矿渣的物理性能

由于熔融矿渣冷却加工方式的不同，其物理性能可能有很大差别，作为混凝土的骨料，矿渣应当坚固、密度大、材质均匀、耐火、含有害杂质少。

表 3-8 是一般高炉矿渣的物理性能。一般来说密度越大的矿渣，作为骨料使用时其性能也越好。高炉重矿渣表观密度以大于 1250kg/m³ 为宜，多数在

1900kg/m³ 以上。

作为混凝土粗骨料使用的分级矿渣的技术要求，见表 3-9。

高炉矿渣骨料的物理性能　　　　表 3-8

最大粒径（mm）	密度（g/cm³）	表观密度（kg/m³）	密实度（%）	吸水率（%）	坚固性重量损失（%）	磨损量（%）	破碎量（%）
25	2.27	1224	57.7	7.01	6.00	41.2	37.0
20	2.61	1507	59.1	2.59	4.24	28.7	24.0

分级高炉重矿渣的技术要求　　　　表 3-9

项次	项　目	混凝土强度等级		
		C40	C20～C30	C15
1	稳定性	合格	合格	合格
2	堆积密度（kg/m³）不小于	1300	1200	1100
3	坚固性，重量损失（%）不大于	3	5	10
4	总含硫量（%）不大于	1.0	1.2	1.5
5	玻璃体含量（%）不大于	10	20	30
6	尘屑含量（%）不大于	2	6	不作规定
7	铁块含量（%）不大于 1. 离心构件、屋架、吊车梁及截面最小尺寸不小于 200mm 的构件 2. 其他截面最小尺寸大于 200mm 的构件	0.5 1.0		
8	杂　质	严禁混入钢渣、煅烧过的白云石、石灰石，亦不得混入泥块、有机物等有害杂质		
9	颗粒级配	与普通碎石相同		
10	抗冻性	与普通碎石相同		

注：本表摘自冶金工业部 1975 年颁发的《高炉重矿渣应用暂行技术规程》。

（2）矿渣的力学性能

重矿渣块的抗压强度随表观密度增大而提高。将矿渣制成直径和高度均为 50mm 的圆柱体试件测定其抗压强度，当表观密度值为 1690～2890kg/m³ 时，其抗压强度为 23.0～62.0MPa。

重矿渣块的磨耗率与天然碎石（石灰岩、花岗岩）的磨耗率相接近，在 20%～30% 之间。这一结果是采用洛杉矶磨耗试验机测试的数据，即以一定规格级配的石料装入带钢球的磨耗鼓内，转动一定次数后，筛除石料磨损部分，以石料质量损失的百分率表示其耐磨性。

当配制混凝土的强度等级较高及要求耐磨时，应选用表观密度较大的矿渣。

4. 矿渣混凝土的工艺及性能特点

矿渣混凝土的工艺及性能特点主要是由于矿渣本身吸水性较大、表面粗糙多孔以及粒形不规则的特点所造成的。矿渣碎石的饱和吸水率因表观密度而异，波动于 0.57% ~ 4.65% 之间；矿渣砂的饱和吸水率波动于 4.9% ~ 7.8% 之间。

（1）矿渣混凝土的用水量等于正常用水量和附加水量之和。附加水量等于矿渣骨料从搅拌开始到浇筑前的吸水量，一般为 1 ~ 2h 的吸水量。

（2）矿渣混凝土宜提高砂率并掺用粉煤灰等矿物掺合料，以减小骨料之间的内摩阻力并改善离析、泌水倾向。

（3）矿渣混凝土应掺用适当的外加剂，主要是减水剂、早强剂，以改善其和易性并节约水泥。

（4）矿渣混凝土宜在潮湿条件下养护，蒸汽养护的效果优于普通混凝土。浇筑后的矿渣混凝土应适当延长保温保湿时间。

（5）由于矿渣碎石和矿渣砂均具有不同程度的潜在水硬性，所以矿渣混凝土中骨料与水泥石的胶结强度良好，界面过渡层结构优于普通混凝土。试验表明，配合比相同的矿渣碎石混凝土的强度比普通混凝土提高 5% ~ 10%，蒸汽养护24h 强度提高 20% ~ 30%。

配合比适宜的矿渣混凝土，在掺用优质泵送剂条件下可应用于泵送施工。

5. 矿渣碎石混凝土配合比示例如表 3-10 和表 3-11。

矿渣碎石混凝土和天然石灰石碎石混凝土的比较   表 3-10

粗骨料品种	粗骨料			水泥品种及等级	砂率（%）	水泥用量（kg/m³）	混凝土表观密度（kg/m³）	维勃稠度（s）	水灰比	抗压强度（MPa）
	粒径（mm）	松散密度（kg/m³）	附加水（%）							
石灰石	5 ~ 20	1435	0	普通酸硅盐水泥32.5R	36	320	—	14.5	0.55	30.3
重矿渣	5 ~ 20	1415	1.0		36	320		13.5	0.55	30.1
重矿渣	5 ~ 20	1300	1.0		38	320		21.5	0.55	33.5
重矿渣	5 ~ 20	1200	1.5		40	320		23.5	0.55	29.8
重矿渣	5 ~ 20	1100	2.5		42	320		29.0	0.55	30.2
石灰石	5 ~ 20	1400	0	普通硅酸盐水泥32.5R	34	360	—	23	0.50	38.1
重矿渣	5 ~ 20	1216	0		36	360		40	0.50	43.4
重矿渣	5 ~ 20	1110	0		38	378		43	0.50	43.9
重矿渣	5 ~ 20	1000	0		40	404		48	0.50	43.9
石灰石	5 ~ 20	1435	0	普通硅酸盐水泥32.5R	34	600	2476	14.0	0.34	60.8
重矿渣	5 ~ 20	1440	1.0		34	600	2397	16.0	0.34	61.3
重矿渣	5 ~ 20	1301	1.5		36	600	2363	19.3	0.34	61.1
重矿渣	5 ~ 20	1200	2.0		36	600	2294	16.9	0.34	62.5

矿渣碎石混凝土和天然石灰石碎石混凝土不同养护效果比较　　　表 3-11

序号	粗骨料种类	混凝土配合比（质量比）	水灰比	42.5普通水泥用量（kg/m³）	抗压强度（MPa）		$R_{蒸}/R_{40}$（%）	蒸养制度（℃）　（h）
					R_{40}	$R_{蒸养}$		
1	石灰石	1:1.53:2.84	0.41	420　32.7	31.1		95.1	3—18—3
2	重矿渣	1:1.50:2.79	0.41	420　34.0	37.7		110.8	85～90℃
								3—18—3
								85～95℃
3	石灰石	1:1.98:2.96	0.60	367　27.7	15.0		54.2	
4	重矿渣	1:1.96:2.71	0.60	367　27.7	18.3		66.1	
5	石灰石	1:1.81:3.36	0.50	360　34.3	20.4		59.5	
6	重矿渣	1:1.81:3.08	0.50	360　37.9	28.6		75.3	
7	石灰石	1:1.69:2.76	0.55	400　21.3	12.6		59.2	3—18—3
8	重矿渣	1:1.68:2.52	0.55	400　26.4	19.0		72.0	85～90℃

注：表中 R_{40} 为标准养护 40d 之强度；3—18—3 表示升温 3h，恒温 18h，降温 3h。

二、再生混凝土

随着城市化进程的加快，拆除、改造的建（构）筑物以及机场道面、桥梁等混凝土结构越来越多，这将出现大量废弃的混凝土。将废弃混凝土破碎、筛分、去除杂物及必要的清洗等工序，加工成一定粒度的骨料或微粉掺合料，再利用于混凝土拌合物，取代全部或部分砂石骨料，这种混凝土称为再生混凝土。再生混凝土实现了混凝土资源的再生利用，它不仅节约了大量砂石资源，也避免了环境污染，保护了生态环境。因此，废弃混凝土的再利用问题已引起我国政府的重视，一些发达国家已取得了成功的经验，如日本已制定了相应的标准规范。我国有关混凝土工程技术人员也进行过初步的研究。

1. 再生混凝土骨料的分类

再生骨料的质量与被破碎的废弃混凝土的类型、强度等级、水灰比及破碎方式等有关。再生骨料一般由三部分组成：

混合骨料。即旧混凝土骨料与水泥砂浆的结合体，呈多棱角状，表面粗糙，约占再生骨料总量的 50% 左右。

纯骨料。即从旧混凝土中脱落与破碎的石料，表面不规则的粘有砂浆，约占 15% 左右。

砂浆块。即旧混凝土中的砂浆料，约占 15% 左右。

此外，被破碎的旧混凝土骨料中往往还含有少量的杂物，如玻璃、木屑、塑料、金属等。这些杂物在使用前应予清除。

（1）按再生骨料品种分类

可分为碎石再生骨料，卵石再生骨料与其他再生骨料（如混合骨料、砂浆块等）。

（2）按再生骨料的品质分类

日本按再生骨料的吸水率和稳定性将再生粗骨料分为 3 类、再生细骨料分为 2 类，如表 3-12。表 3-13 为各类再生骨料适用的结构物类型或部位。

再生骨料的分类 表 3-12

类　别	再生粗骨料			再生细骨料	
	1 类	2 类	3 类	1 类	2 类
吸水率（%）	3 以下	5 以下	7 以下	5 以下	10 以下
稳定性（%）	12 以下	40 以下	—	10 以下	—

再生骨料混凝土的应用范围 表 3-13

混凝土种类	用　途	粗骨料	细骨料
Ⅰ	钢筋混凝土、无筋混凝土等	再生 1 类	普通骨料
Ⅱ	无筋混凝土等	再生 2 类	普通骨料或再生 1 类
Ⅲ	混凝土垫层	再生 3 类	再生 2 类

2. 再生混凝土骨料的性能

表 3-14 为再生骨料与天然河砂、河卵石物理性能的比较。

再生骨料的物理性质 表 3-14

类别	骨料种类	骨料代号	表观密度（g/cm^3）	吸水率（%）	堆积密度（t/m^3）	实体积率（%）	细度模数（μ_f）
细骨料	河砂	NS	2.51	4.1	1.57	66.7	3.00
	再生砂	CS45	2.03	11.9	1.29	63.5	3.99
		CS55	2.08	10.9	1.33	63.9	3.94
		CS68	2.06	11.6	1.30	63.2	3.89
粗骨料	河卵石	NG	2.59	2.1	1.65	63.7	
	再生碎石	CG45	2.31	6.4	1.30	55.4	
		CG55	2.30	6.7	1.29	56.4	
		CG68	2.32	6.2	1.33	57.4	

表中数据说明，再生骨料由于表面不同程度地粘附有水泥砂浆，故吸水率较大，表观密度及堆积密度值较低。

3. 再生混凝土的性能

（1）每立方米混凝土用水量

再生骨料为碎石状，空隙率较大，因此混凝土的砂率较高。且随着再生骨料置换率的提高，砂率也随之提高，如图 3-12 所示。

由于砂率高，达到相同坍落度时比基准混凝土用水多，否则难以形成性能良好的混凝土。

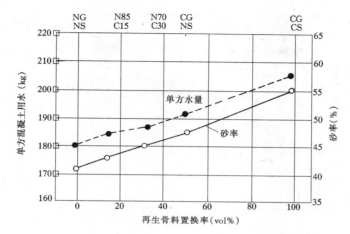

图 3-12　再生骨料置换率、砂率与单方混凝土用水量关系

N—天然骨料；C—再生骨料；G—粗骨料；S—细骨料；数字表示其百分含量

（2）表观密度与含气量

在混凝土中，随着再生骨料对天然骨料置换率的增大，混凝土的含气量增大，表观密度降低。再生骨料与河砂、河卵石相比，密度小，故置换率越高，混凝土的表观密度越小，如图 3-13 所示。

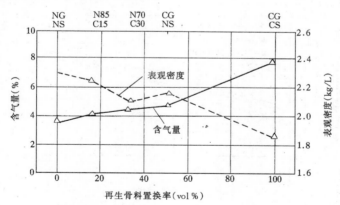

图 3-13　再生骨料置换率与混凝土表观密度及含气量的关系

（3）抗压强度

如图 3-14 所示，曲线①为以河砂、河卵石为骨料的基准混凝土。曲线②～⑤为部分再生骨料置换河砂、河卵石配制的混凝土抗压强度。由图可见，再生骨料的置换率在 30% 以内，抗压强度降低较小，但置换率超过 30% 后，含再生骨

料的混凝土，强度降低很大。

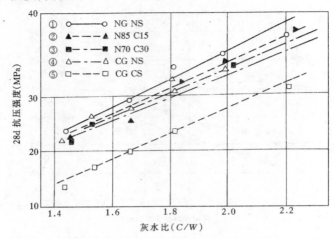

图 3-14 再生骨料混凝土灰水比与抗压强度关系
①—基准混凝土；②—再生骨料置换率 15％；③—置换率 30％；
④—再生粗骨料、天然砂混凝土；⑤—再生骨料（100％）混凝土

（4）抗拉强度

再生骨料混凝土的抗拉强度特性与普通混凝土相比，其变化趋势和其抗压强度相同，如图 3-15 所示。

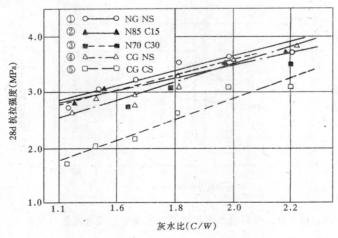

图 3-15 灰水比与抗拉强度的关系

（5）钢筋粘结强度

钢筋粘结强度试验的试件如图 3-16 所示。钢筋水平放置，试验结果如表 3-15

所示，置换率30%以内，下部钢筋粘结强度不受影响，但上部钢筋粘结强度约降低30%。

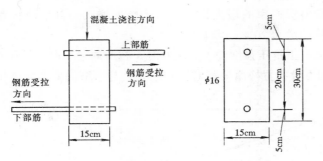

图 3-16　钢筋粘结力试验试件

再生骨料混凝土与钢筋的粘接强度　　　　表 3-15

混凝土种类	抗压强度（MPa）	粘结强度（MPa）	
		上部筋	下部筋
NGNS	29.5	1.08	2.49
N85C15	27.5	0.73	2.40
N70C30	26.3	0.72	2.41
CGNS	25.8	0.83	1.59

（6）弹性模量与最大变形

再生骨料的置换率增大，混凝土的弹性模量降低，几乎呈直线关系下降，如图 3-17 中的曲线①所示。置换率在30%以内时，弹性模量比基准混凝土约降低15%左右。最大变形也随着再生骨料置换率增大而缓慢增大，如图 3-17 曲线②

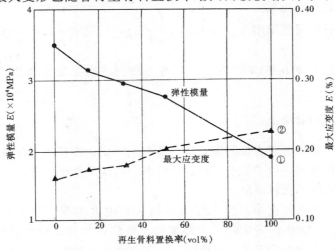

图 3-17　再生骨料置换率与 E 和 ε 的关系

所示。

（7）徐变与收缩

随着再生骨料置换率的增大，干缩值大幅度增大。再生骨料置换率为30%以内时，干缩值约增大20%，影响较小。

压应力为混凝土抗压强度的1/3左右时，在两周龄期时，抗压徐变特性如图3-18所示。从再生骨料置换率的相对影响来说，与干缩的情形大体相同。

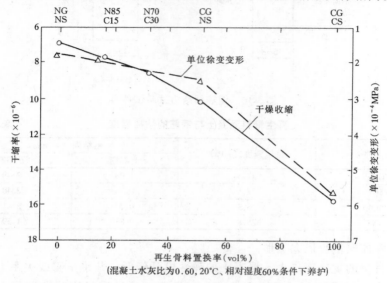

图 3-18　再生骨料置换率与干缩、徐变关系

（8）吸水率与透水性

随着再生骨料置换率增大，含再生骨料混凝土的吸水率几乎呈直线增大，如图 3-19 所示。

再生骨料置换率在50%以内时，其透水量与基准混凝土相比，增加极少。如图 3-20 所示。

三、碎砖骨料混凝土

拆除旧建筑物中的废弃烧结黏土砖、砖瓦生产企业废弃的不合格产品在我国仍大量存在。将其破碎加工成一定粒径的骨料，取代全部或部分天然砂石骨料配制成的混凝土叫碎砖骨料混凝土。

碎砖骨料的表观密度小，为 1.5 ~ 1.8g/cm³；吸水率高，为 6.0 ~ 8.0%；强度较低，为 10 ~ 15MPa；多棱角，空隙率大；导热系数低，约 0.55W／（m·K），所以，碎砖骨料混凝土的工艺与性能特点与矿渣混凝土相近，但保温隔热性能优于矿渣混凝土。

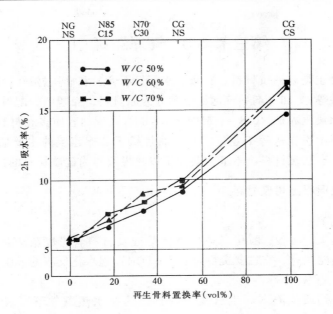

图 3-19　再生骨料置换率与吸水率的关系

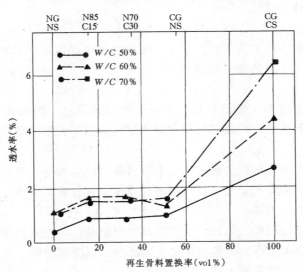

图 3-20　再生骨料置换率和透水性关系

　　碎砖骨料混凝土的强度与水灰比的关系，其规律与普通混凝土相同。弹性模量较低，干缩与徐变性能与天然砂石混凝土接近。

第三节　加气混凝土

　　加气混凝土是以钙质材料（石灰、水泥、石膏）和硅质材料（粉煤灰、水淬矿渣、石英砂等）、加气剂、气泡稳定剂等为原材料，经磨细、配料、搅拌制浆、浇注、切割和蒸压养护（0.8～1.5MPa，6～8h）而成的轻质多孔材料。加气混凝土可以大量利用粉煤灰等工业副产品，而且属于节能建筑的主要墙体和屋面材料，故属于生态建筑材料。本节主要介绍以粉煤灰作为硅质材料的加气混凝土。

一、加气混凝土用原材料

1. 硅质材料

　　常用粉煤灰、河砂、粒化高炉矿渣作为硅质材料。粉煤灰应具有一定的细度，含碳量不能太高，它主要提供可和 $Ca(OH)_2$ 起水化反应的 SiO_2 和 Al_2O_3。

2. 磨细生石灰

　　一般采用钙质生石灰。生石灰中的氧化钙在水热条件下可和粉煤灰中的 SiO_2、Al_2O_3 反应，生成水化硅酸钙和水化铝酸钙。氧化钙水化放热，可提高水化温度，促使坯体的硬化。

3. 水泥

　　加气混凝土常掺用少量水泥。水泥的水化反应可加速坯体的凝结硬化而具有可供切割的早期强度，并缩短静停时间。

4. 石膏

　　在加气混凝土中掺入少量石膏，可提高制品的强度，抑制生石灰的消解速度，以防止过快放热而使料浆迅速稠化影响加气剂的正常发气过程。

5. 加气剂

　　加气混凝土的多孔结构，是由加气剂在料浆中产生的化学反应放出气体而形成的。要求加气剂的发气量大，发气均匀，速度适宜，成本低廉。常用加气剂有铝粉、双氧水、碳化钙等。

　　铝粉是将铝锭熔融后，用压缩空气将其吹成细粒，再在磨机中研磨而成。为防止铝粉氧化并便于储存，研磨时常加入硬脂酸，以使铝粉颗粒表面覆盖一层憎水膜。将铝粉用于加气混凝土前，应将铝粉进行脱脂，以保证正常发气。

　　铝粉在加气混凝中的发气机理如下：

$$2Al + 3Ca(OH)_2 + 6H_2O \longrightarrow 3CaO \cdot Al_2O_3 \cdot 6H_2O + 3H_2 \uparrow$$

　　$Ca(OH)_2$ 是加气混凝土料浆中生石灰的水化产物，也是水泥矿物成分的水化产物。铝粉与碱的反应实质上是与水的反应，碱只是提供了铝置换水中氢的环境条件。所放氢气使料浆膨胀，形成多孔结构。

铝的密度小，产气量大，每克铝粉可产氢气 1.24 升，且发气速度适宜，易于控制。

双氧水在碱性环境中可释放出氧气：

$$2H_2O_2 \longrightarrow 2H_2O + O_2 \uparrow + 170kJ$$

每克双氧水可释放 0.32 升氧气。

碳化钙俗称电石，与水发生强烈反应，生成乙炔气：

$$CaC_2 + 2H_2O \longrightarrow C_2H_2 \uparrow + Ca(OH)_2$$

碳化钙水化反应强烈，难于控制，我国较少采用。

6. 气泡稳定剂

铝粉在加气混凝土料浆中发气后，形成了固—液—气三相体系。气泡是由液体薄膜包裹着的气体，发气使体系内增加了许多新的表面，各相界面的表面积迅速增大。石灰消解使料浆温度上升，气泡受热膨胀，体积增大，进一步扩大了气液界面。如此，体系的表面自由能急剧增大，使体系处于极不稳定状态。由于表面张力的作用，液体的表面呈自动缩小的趋势而迫使气泡破裂。小气泡进而合并成大气泡并向料浆上层运动，大气泡的急剧破裂造成料浆沸腾而塌陷，发气过程失败。

欲在料浆中形成均布而稳定的气泡，唯有降低液体的表面张力，增加气泡外膜的机械强度。气泡稳定剂是典型的表面活性剂，加入料浆后，其亲水基与水相吸引，憎水基与气泡相连接。表面活性剂在气—液两相界面上的定向排列，既降低了液体的表面张力，又增加了液膜的机械强度，致使气泡避免了破裂而稳定分布于料浆中。

常用气泡稳定剂有脂肪酸皂、氧化石蜡皂及含皂素类植物。

二、加气混凝土的生产技术

1. 加气混凝土的配合比

加气混凝土原材料配合比的优劣，直接关系到生产过程的稳定程度、产品质量的好坏以及资源综合利用程度和生产成本的高低。

正确的配合比应达到以下几个目标：

料浆具有良好的浇筑稳定性及稠化速度；

具有恰当的坯体硬化时间；

制品出釜后物理力学性能良好，无裂缝。

（1）钙硅比的确定

加气混凝土硅质材料和钙质材料的化合反应是在高温高压下进行的，故可认为原材料的 CaO 和 SiO_2 全部参加了化合反应。原材料中 CaO 和 SiO_2 的克分子比即为钙硅比。粉煤灰加气混凝土的钙硅比一般为 0.7 左右。

（2）钙质材料用量的确定

加气混凝土常以水泥和石灰为钙质材料。研究表明，当钙质材料用量在35%以下时，制品强度随钙质材料用量增加而提高，但超过35%以后强度将急剧下降。我国加气混凝土中的钙质材料含量一般控制在25%~30%，其中水泥占8%~10%，生石灰占15%~20%。

硅质材料用量可按已确定的钙硅比计算。

（3）石膏用量的确定

综合考虑料浆的浇筑稳定性，制品的强度和干燥收缩因素，一般控制石膏用量占钙质材料的10%左右较为恰当。

（4）用水量的确定

用水量太多，料浆太稀，尽管发气顺畅，但对气泡的支承力不足，气泡容易上逸、破裂，使料浆在膨胀过程中塌陷或坯体下沉，延长硬化时间，蒸压后的制品强度低且易爆裂。

用水量太少，料浆太稠，致使发气困难，产生憋气现象，因膨胀不够而不能满模。

加气混凝土的水料比一段控制在0.7左右。

（5）铝粉用量的确定

铝粉用量取决于加气混凝土制品的表观密度要求。表观密度大则铝粉用量少，反之用量多。因为加气混凝土的体积由两部分组成：一部分为固体材料的绝对体积，另一部分为铝粉发气的气孔体积。

铝粉的发气量可按其发气反应的化学反应式计算并考虑浇筑温度（约40℃）的影响而确定。表观密度为500kg/m^{3}的粉煤灰加气混凝土的铝粉用量约为360g/m^3。

一般配合比为：粉煤灰70%，水泥8%，生石灰18%，石膏3%。

2.加气混凝土的生产工艺流程（如图3-21、图3-22所示）

浇筑并发气后的料浆应在20℃左右的条件下静停一定时间，静停的目的是使料浆进行初步化学反应并产生一定的强度和硬度，以便按制品尺寸要求进行切割。切割时的坯体强度为0.05MPa为宜，强度过高难于切割，强度太低则不宜分开。

切割后的定形制品进入蒸压釜进行蒸压养护。蒸压养护一般要经历：抽真空、升温、恒温和降温四个阶段。

抽真空的目的在于提高蒸压釜内的热交换率，加速坯体升温速度，缩短养护时间。

升温过程即为升压过程，因为蒸汽的温度与压力成正比，当压力达到1.0MPa时，温度为180℃左右。在高温高压下，即使活性很低的SiO$_2$，也可充分

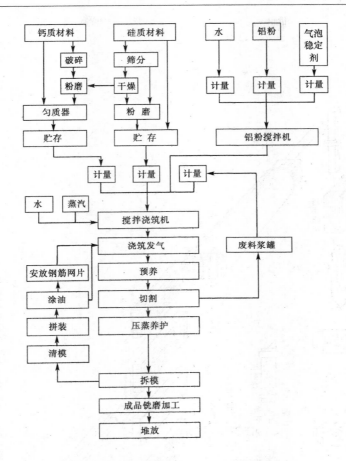

图 3-21　加气混凝土生产工艺流程图

和 CaO 起水化反应而形成水化硅酸钙凝胶体。工业生产中通常使制品在 0.8～
1.2MPa 的高温高压下恒温一定时间，以使硅质材料与钙质材料充分反应而加速
制品强度的发展。

　　保持一定的降温速度是避免加气混凝土因温差过大、失水过快而导致开裂所
必需的，一般降温时间不能少于 1.5～2.0h。

三、加气混凝土的技术性质

　　我国标准《蒸压加气混凝土砌块》（GB 11968—1997）对其尺寸偏差、外观
质量及物理力学性能作了具体规定。

　　1. 规格尺寸如下（mm）：

长度：600；

宽度：100、125、150、200、250、300 及 120、180、240；

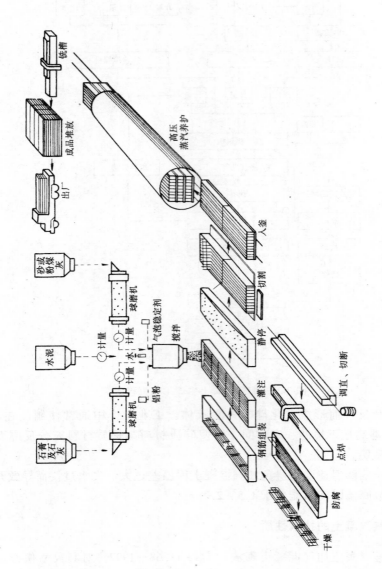

图 3-22 加气混凝土生产工艺流程图

高度：200、250、300。

2. 密度和抗压强度

加气混凝土气泡含量直接影响砌块干密度和抗压强度。砌块干密度分为：300、400、500、600、700、800kg/m³，分别标记为 B03、B04……B08 六个级别。抗压强度分为：1.0、2.0、2.5、3.5、5.0、7.5、10.0MPa，分别标记为 A1.0、A2.0……A10.0，七个级别。不同密度级别的砌块，都有其强度级别的要求，见表 3-16 与表 3-17。测定密度及抗压强度是沿制品膨胀方向（即砌块长 L600mm 方向）中心部位上、中、下锯取一组边长各 100mm 立方体试件进行。

砌块的抗压强度（GB/T 11968—1997）　　　　　　　　　　表 3-16

强　度　等　级	立方体抗压强度（MPa）	
	平均值不小于	单块最小值不小于
A1.0	1.0	0.8
A2.0	2.0	1.6
A2.5	2.5	2.0
A3.5	3.5	2.8
A5.0	5.0	4.0
A7.5	7.5	6.0
A10.0	10.0	8.0

砌块的强度级别（GB/T 11968—1997）　　　　　　表 3-17

体积密度级别		B03	B04	B05	B06	B07	B08
强度级别	优等品（A）			A3.5	A5.0	A7.5	A10.0
	一等品（B）	A1.0	A2.0	A3.5	A5.0	A7.5	A10.0
	合格品（C）			A2.5	A3.5	A5.0	A7.5

3. 干缩值、抗冻性、导热系数

加气砌块的多孔性和生产时浆体 W/B 大，以及蒸压工艺加速固化，致使出釜（高压釜）砌块含水率高，干缩值比较大，可达 0.80mm/m。加气砌块墙体易裂与此有关。检验加气砌块抗冻性，是将试件在 −20℃ 与 20℃ 条件下冻融循环 15 次，合格指标是质量损失 ≤5%，强度损失 ≤20%。B03 级导热系数 ≤0.10W/（m·K），B04 的 ≤0.12W/（m·K），B05 的 ≤0.14W/（m·K），B06 的 ≤0.16W/（m·K）。

四、工程应用

鉴于加气砌块的上述技术性质，工程应用可减轻结构自重，有利于提高建筑物抗震能力。砌块绝热性能优良，可减薄墙厚，增加使用面积。另外，加气砌块表面平整、尺寸精确，可提高墙面平整度。特别是可像木材一样，可锯、刨、钻、钉，施工便捷。

使用加气砌块，应对其强度不高、干缩大、表面易起粉这些特性采取措施，例如，砌块在运输、堆存中应防雨防潮；过大墙面应适当在灰缝中布钢丝网；砌筑砂浆和易性要好；抹面砂浆适当提高灰砂比；基层先刷一道胶；墙面增挂一道钢丝网，网上抹灰浆等。

加气混凝土也可加工成条板，条板中的钢筋应预先进行防锈处理。加筋条板可用于屋面，也可与普通混凝土预制成复合外墙板。

第四节　生态烧结制品

随着人类社会的高度物质文明，人们必然呼唤绿色住宅，必然呼唤绿色建材，而作为住宅主要构成部分的墙体必须采用符合绿色要求的生态建筑材料来建造。

从西周出现，至今已有 3000 余年历史的黏土砖，由于高能耗、毁坏农田等不符合保护生态环境的要求，使用已受到严格限制。据统计，1995 年我国烧结黏土砖达 6000 亿块，每亿块砖毁田平均 $6667m^2$ 左右，耗能 $4077 \times 10^5 kJ$。如果以煤矸石代替黏土制砖，则既不耗能也不需挖土毁田，还利用了煤炭工业排放的废料——煤矸石；以粉煤灰取代 50% 以上的黏土制砖，同样可取得十分显著的节能、节土、利废而保护生态环境的效果。为此，我国墙体材料改革"十五"规划和 2015 年发展规划中明确提出，重点开发和推广全煤矸石空心砖、高掺量粉煤灰空心砖生态建材产品。

一、全煤矸石烧结砖

煤矸石是与煤伴生的岩石，是煤矿和洗煤厂排放的工业废渣。我国每年排放煤矸石 1 亿多吨，历年积存量达 10 亿多吨。

1. 煤矸石的分类

煤矸石的种类很多，有泥质页岩矸石、碳质页岩矸石和砂质页岩矸石等。煤矸石经长期堆放，内部可发生自燃而呈土红色，这种矸石叫红矸或过火矸石，未发生自燃的矸石呈黑色，称为黑矸石。有的矸石在自然环境中发生粉化，解体后成碎块或粉末状，称为风化矸石或陈矸石，未经风化的称为新矸石。刚从矿井排出的称为掘进矸石。

2. 煤矸石的技术性能

（1）煤矸石的物理性能

泥质页岩和碳质页岩矸石为层状结构，有明显的解理面，在自然环境中易风化、疏解，易碎、易磨性好，是制砖的理想材料。砂质页岩矸石粗糙坚硬，解理不完全，很难风化，易碎、易磨性差，塑性差，难以用作制砖原料。有的矸石含有黄铁矿、石灰岩等，是制砖的有害物质。试验表明，当煤矸石中氧化钙超过 2%，颗粒大于 2mm，硫化铁含量超过 3%，颗粒大于 2.5mm 时，将会导致烧结性能严重下降。

（2）煤矸石的化学组成、矿物组成

表 3-18 为三种典型煤矸石的化学组成。

煤矸石的化学组成 （%）　　　　　　　　　　　　　　表 3-18

	SiO$_2$	Fe$_2$O$_3$	Al$_2$O$_3$	CaO	MgO	K$_2$O	Na$_2$O	TiO$_2$	SO$_3$	烧失量
中高铝质煤矸石	37.90	3.71	26.86	0.52	0.32	1.01	0.27	0.45	1.30	26.29
低铝质煤矸石	55.53	4.94	16.06	0.26	2.18	2.91	0.33	0.49	0.75	15.65
砂岩或碳酸盐类煤矸石	51.57	5.68	18.68	3.64	1.00	0.26	1.22	0.37	1.44	14.82

试验表明，低铝质类煤矸石一般都能用作制砖原料，而高、中铝质煤矸石则烧结温度较高，使用时应加入少量助熔矿物（如黏土）。砂岩或碳酸盐类煤矸石，当游离石英和碳酸盐含量过高时不能用作制砖原料。

中、高铝质煤矸石的主要矿物有：高岭石、蒙托石、石英勃姆岩、白云石、方解石、微斜长石、绿泥石、黄铁矿和菱铁矿。

低铝质煤矸石的主要矿物有：伊利石、蒙托石、高岭石、石英、长石、白云石和绿泥石。

砂岩或碳酸岩类煤矸石的矿物成分有：高岭石、石英、微斜长石、伊利石、钠长石、方解石、菱铁矿和蒙托石。

（3）煤矸石的发热量

煤矸石的发热量变化范围很大，多数在 1200 ~ 3400kJ/kg，但也有超过 4200kJ/kg 的。

用作制砖原料的煤矸石，并非发热量越大越好。发热量过大的煤矸石用作制砖原料时，常会出现黑心严重的现象，使砖的抗冻等性能劣化，并使窑炉设计因排放超余热量而复杂化，有时甚至影响窑炉的使用寿命。一般情况下，全煤矸石砖，当采用人工干燥时，每公斤制品热量不宜超过 1670kJ；当采用自然干燥时，每公斤制品发热量不宜超过 1170kJ。

（4）煤矸石的塑性

煤矸石的可塑性是指加适量水搅拌之后，在外力作用下可获得任意形状而不发生裂纹和破裂以及在外力作用停止后，仍能保持该形状的性能。可塑性常用塑性限度（塑限）、液性限度（液限）和可塑性指数和相应含水率表示。

塑限是材料由固态进入塑性状态的含水量；液限是材料由流动状态进入塑性状态的含水量。塑性指数则是液限和塑限之差。煤矸石原料的塑性指数一般控制在 7 ~ 14 之间，其塑性相当于中等塑性黏土。

可塑性指数表示煤矸石能形成可塑料团的水分变化范围。可塑性指数大则成型水分范围大，成型时不易受周围环境湿度及模具的影响，即成型性能好。

煤矸石的可塑性除与所含矿物的种类及数量有关外，还与粉碎后的颗粒级配和细度有关，级配良好、细度较细的可塑性好。煤矸石制多孔砖时的最佳颗粒级配如表 3-19。

制砖煤矸石颗粒级配   表 3-19

粒度（mm）	< 0.1	0.1 ~ 0.25	0.25 ~ 0.5	0.5 ~ 1.0	1.0 ~ 1.5
百分比（%）	10	25	15	20	30

3. 全煤矸石烧结空心砖的主要工艺因素

由于煤矸石的品种多，可塑性、发热量差别大，所以在利用煤矸石制砖时往往将其与适当比例的黏土或页岩等混合配料。为了提高煤矸石的利用率，我国引进了法国西方公司年产 6000 万块全煤矸石空心砖生产线。该生产线采用高挤出压力，低成型水分的双级真空挤出机成型坯体。成型好的坯体即具有一定硬度和强度，故可一次性码放在窑车上直接送入隧道窑进行干燥和焙烧，该工艺称为硬塑挤出一次码窑工艺。它避免了软塑成型时在干燥和焙烧之间需要进行第二次装卸作业，从而提高了成品率和生产效率。

（1）拣选和配料

在煤矸石进入生产线之前，应剔除原料中的石灰石、黄铁矿石等有害杂质，并根据煤矸石的化学成分、可塑性和发热量进行配料，配料后的煤矸石物料应满足塑性指数和发热量的要求。发热量一般控制在 1250 ~ 1700kJ/kg，最高不超过 2300kJ/kg。

（2）粉碎工艺及原料的颗粒级配

应根据煤矸石的软硬情况，选择适当的粉碎工艺，粉碎后物料的颗粒级配应满足表 3-19 的要求。

（3）原料粒度与成型、干缩和烧结的关系

原料粒度愈细，越易于紧密堆积，塑性好而易于成型，易烧结并可降低烧结温度。但过细物料将使干燥收缩增大，且焙烧时易于变形。

（4）陈化的作用

将粉碎后的煤矸石加水搅拌后，在一定的温湿度环境中放置一段时间的过程称为陈化。陈化的主要作用是：

1）通过毛细管作用使原料中的水分分布更加均匀；

2）使黏土质矿物颗粒充分疏解，以提高可塑性。不易疏解的长石、绿泥石等矿物在水的长期作用下转变为黏土质矿物。

3）增加腐殖酸物质的含量并通过氧化还原反应使原料松散而均匀，从而提高成型性能。

陈化 48h 即有明显效果。为保证生产的连续性，一般在陈化库中陈化 7 ~ 10d。

（5）硬塑挤出成型的主要工艺参数

硬塑挤出成型的挤出压力是保证坯体强度的关键。对塑性指数为 7 ~ 9 的低塑性煤矸石，挤出压力为 3MPa 以上；对塑性指数为 10 ~ 14 的中塑性煤矸石，挤出压力达 2MPa 即可。

为降低泥料中的空气量，提高密实度，一般在砖机中对泥料进行抽真空处理，真空度为 0.090MPa。

硬塑挤出成型工艺的泥料成型水分一般为 12% ~ 14%。

4. 煤矸石砖的烧结

硬塑挤出成型的坯体，在隧道窑中将产生一系列的物理化学变化而最终达到烧结。烧结是决定产品质量的关键环节之一，可分为以下几个阶段。

（1）干燥干馏阶段

坯体在 130℃ 以前排除水分，固体颗粒紧密靠拢而产生少量干燥收缩，干缩并不能完全填补失水遗留的空间，故孔隙率增加，且多为开口孔隙。130℃ 以后，煤矸石中的挥发成分逸出而产生干馏，孔隙率继续增加，干馏过程约在 500℃ 结束。

（2）分解氧化阶段

分解氧化阶段发生的主要化学反应如下：

①碳的氧化燃烧

$$C + O_2 \xrightarrow{350 \sim 750℃} CO_2 \uparrow$$

②铁的硫化物及其硫酸盐的分解与氧化

$$FeS_2 + 2O_2 \xrightarrow{350 \sim 450℃} FeS + 2SO_2 \uparrow$$

$$4FeS + 9O_2 \xrightarrow{500 \sim 800℃} 2Fe_2O_3 + 4SO_3 \uparrow$$

$$Fe_2(SO_4)_3 \xrightarrow{560 \sim 770℃} Fe_2S_3 + 6O_2 \uparrow$$

③碳酸盐的分解

$$MgCO_3 \xrightarrow{500 \sim 580℃} MgO + CO_2 \uparrow$$

$$CaCO_3 \xrightarrow{850 \sim 1050℃} CaO + CO_2 \uparrow$$

$$MgCO_3 \cdot CaCO_3(白云石) \xrightarrow{740 \sim 950℃} CaO + MgO + 2CO_2 \uparrow$$

由于碳酸盐的分解反应，使坯体重量进一步减轻，孔隙率增加，而且在

573℃发生 β 石英与 α 石英之间的晶型转变，870℃发生 α 石英与方石英之间的晶型转变。

（3）烧结阶段

当温度达到 900℃以后，煤矸石颗粒表面熔融而产生少量液相物，液相物填塞孔隙或使开口孔隙变为闭口孔隙，总孔隙率下降，体积收缩并产生强度而烧结。

煤矸石砖的烧结与普通黏土砖烧结的不同之处是，前者是"超热焙烧"，即坯体中含有大量可燃成分，其热值大大超过焙烧制品自身所需要的热量，而且可燃成分在 350℃以后即开始燃烧，使焙烧带大幅度前移，甚至预热带全面起火，制品表层在内部氧化还原反应未能充分进行的情况下已达烧结而玻璃化，表层玻璃化更使坯体内部缺氧而不能充分燃烧，其结果是在制品相互接触面及制品内部的氧化亚铁无法氧化为三氧化二铁而产生压花和欠火黑心，这将直接导致产品的强度和耐久性下降。

为避免超热焙烧所导致缺陷的产生，设法抽出窑内多余热量，控制窑内焙烧带的正确位置是十分必要的。

5. 全煤矸石烧结砖的技术性能

全煤矸石烧结普通砖、多孔砖及空心砖均可达到黏土普通砖、多孔砖和空心砖相应的强度等级要求，且强度值偏高，表观密度较小，导热系数偏低，耐久性可满足要求。

全煤矸石烧结砖容易产生因原料中含有石灰石而导致使用过程中砖体出现石灰爆裂的质量缺陷。通常可在煤矸石砖出厂前于水中浸泡一定时间予以检验。

二、高掺量粉煤灰烧结砖

用粉煤灰取代 10%～30%黏土制作烧结普通砖的历史已有 30 多年。这主要着眼于利用粉煤灰中残存的未燃尽的碳，在砖坯烧结过程中所起的"内燃"作用，以节约能源并提高砖的烧结质量。另外，粉煤灰还可减少黏土砖在烧结过程中的收缩变形。

将粉煤灰掺量提高到 50%以上（体积比 60%以上）制作的烧结砖称为高掺量粉煤灰烧结砖。高掺量粉煤灰烧结砖的主体原料是粉煤灰，而粉煤灰没有可塑性，塑性指数为零。所以，高掺量粉煤灰烧结砖中必须掺用一定量的、可塑性良好的胶粘剂，经充分加工制得的泥料才可满足成型的要求。制作高掺量粉煤灰烧结多孔砖（或空心砖）对泥料的可塑性要求更高。

1. 高掺量粉煤灰烧结砖用原材料

（1）粉煤灰

火力发电厂的湿排原状灰或干排原状灰均可利用。粉煤灰的热值多为 1300

~1800kJ/kg，也有高达 3000kJ/kg 以上者，使用时应予区别。粉煤灰的密度、表观密度、化学成分等技术性质详见本章第一节高性能混凝土有关内容。

（2）胶粘剂

最廉价易得的胶粘剂为黏土、煤矸石、页岩等。膨润土的塑性优良，但成本较高。

（3）外加剂

在粉煤灰掺量很高，仅靠黏土等难于满足成型塑性要求时，可掺入适量具有增塑、黏结、润滑作用的外加剂，如纸浆废液、水玻璃、甲基纤维素等。

为降低生产成本，外加剂应尽量不用或少用。

2. 高掺量粉煤灰烧结砖的工艺因素

我国已用真空挤出法生产出高掺量粉煤灰烧结多孔砖。以下简要介绍生产时的工艺因素。

（1）泥料制备

将没有塑性的粉煤灰玻璃质颗粒与黏土等胶粘剂混合均匀，是保证坯体质量的技术关键之一。

1）第一次混合、粉碎

选取适宜的粉碎、混合机械，将粉煤灰，黏土等粉碎、混合，使原料初步均匀，混合时加入成型水量 80% 的水，使物料颗粒表面均布水膜并湿润。

2）陈化

经加水混合的泥料，在陈化期间，水分经传质过程，逐步向颗粒内部扩散、渗透，使泥料更加均匀并充分疏解。

3）第二次混合

加入剩余成型水分并充分混合，进一步提高泥料的均匀度。

（2）挤出成型

一般采用半硬塑或硬塑挤出机。挤出压力为 1.0 ~ 2.0MPa，泥料含水率 18% ~ 20%。

（3）焙烧

粉煤灰的含碳量不同，热值不同。用发热量低的粉煤灰时需外投煤，用发热量高的粉煤灰时，坯体发热量超过焙烧所需热量，则需将余热即时抽出，否则易出现黑心、压印等缺陷。

3. 高掺量粉煤灰烧结砖的技术性能

（1）高掺量粉煤灰烧结普通砖、烧结多孔砖和烧结空心砖的强度等级均可达到相应烧结黏土砖的强度等级要求，且强度等级偏高。如高掺量粉煤灰烧结普通砖的强度等级可以达到 MU20 要求；高掺量粉煤灰烧结多孔砖的强度等级可达到 MU15 以上。

（2）高掺量粉煤灰烧结砖的表观密度小于烧结黏土砖，绝热性能优于烧结黏土砖。如高掺量粉煤灰烧结多孔砖外型尺寸为 240mm × 115mm × 90mm，孔洞率30%，单块砖重 3.0kg 左右，导热系数 0.558W／（m·K），而同样规格的烧结黏土多孔砖，单块砖重 4.2kg，导热系数 0.872W／（m·K）。所以用高掺量粉煤灰烧结多孔砖砌筑的 240 墙的保温效果相当于烧结黏土多孔砖砌筑的 370 墙的保温效果，并增加了有效使用面积。

（3）高掺量粉煤灰烧结砖的耐久性符合国家标准要求，外观质量优于烧结黏土砖。

（4）节土、节能并利用了工业废渣，保护了生态环境。

思 考 题

3-1   简述高性能混凝土的基本概念。

3-2   配制高性能混凝土的主要技术途径有哪几个？

3-3   矿物掺合料在高性能混凝土中起什么作用？常用矿物掺合料有哪几种？各有什么技术要求？

3-4   高性能混凝土配合比设计法则是什么？

3-5   如何评价高性能混凝土的工作性？

3-6   高性能混凝土的结构特点如何？

3-7   何谓再生骨料混凝土？它有哪几种？

3-8   简述矿渣混凝土、再生混凝土、碎砖骨料混凝土的主要技术性能特点？

3-9   何谓加气混凝土？加气混凝土是用哪些原材料生产的？

3-10   加气混凝土是如何形成多孔结构的？主要生产工序有哪几个？

3-11   蒸压加气混凝土砌块密度等级和强度等级是如何划分的？如何标示？

3-12   蒸压加气混凝土砌块的主要技术性能有哪些？

3-13   何谓全煤矸石烧结砖和高掺量粉煤灰烧结砖？它们的技术性能如何？

3-14   煤矸石烧结砖在烧结过程中，起了哪些化学变化？

第四章 化学建筑材料

学 习 要 点

本章着重介绍了合成高分子材料、建筑涂料、防水材料、建筑塑料、竹、木材和胶粘剂的概念、分类、构成、主要品种的技术性能以及工程应用知识。其中合成高分子材料（聚合物）的命名，技术性能与建筑涂料、建筑塑料、胶粘剂、高分子防水材料等密切相关。

第一节 合成高分子材料

分子量高达几千至几百万的化合物称为高分子化合物，由高分子化合物构成的材料称为高分子材料。高分子化合物又称高聚物或聚合物。

高分子化合物存在于自然界，如植物中的纤维，动物中的蛋白质。随着社会的进步，天然高分子化合物的品种、性能不能满足人类的需要，人类创造性地合成了可满足不同要求的各种性能的高分子化合物，即合成高分子化合物。

一、高分子化合物的分类

1.根据来源分类

可分为天然高分子化合物，如天然橡胶、淀粉、植物纤维等；合成高分子化合物，如聚氯乙烯等。

2.根据分子结构分类

可分为"线型"和"体型"两种结构。线型结构分子中碳原子（有时可能有氧、硫等原子）彼此连接成长链，有时带有支链，如聚氯乙烯。体型结构分子中长链之间通过原子或短链连接起来而构成三维网状结构，如酚醛树脂。图 4-1 为高分子化合物的结构示意图。

3.根据对热的作用分类

可分为热塑性和热固性。热塑性高分子化合物受热软化，冷却时硬化，可以反复塑制，如聚乙烯。线型结构多属热塑性，它们有较大的溶解性能。热固性高分子化合物受热时软化，受热至一定温度后发生化学反应，致使相邻的分了相互交联而逐渐硬化。加热成型后受热不再软化，即成型固化过程具有不可逆性。热

图 4-1 高分子化合物的结构示意

（a）线型；（b）支链型；（c）体型

固性高聚物多为体型结构，耐热和机械强度较好。如环氧树脂。

4. 根据制备时的反应类型分类

可分为加聚反应和缩聚反应。加聚反应无副产品，加聚反应产物的化学组成和反应物（单体）的化学组成基本相同，如聚氯乙烯的制备。缩聚反应一般由两种或两种以上含有官能团的单体，在以酸或碱作催化剂的条件进行反应，反应常有低分子化合物出现，如水、氨、甲醇等。缩聚反应生成物的化学组成与反应物的化学组成完全不同。

5. 根据高分子材料的用途分类

一般分为塑料、纤维和橡胶。

塑料是有机高聚物，在一定条件下（加热、加压）可塑制成型，而在常温常压下可保持固定形状的材料叫塑料。塑料的主要材料是合成树脂，它决定着塑料的基本性能。其次还有增塑剂、填料、颜料等辅助材料。

合成纤维为合成树脂制成的纤维。

合成橡胶是指物理性能类似天然橡胶的有弹性的合成高分子化合物。

塑料、合成纤维和合成橡胶只是用处的差异，其聚合物成分可能是相同的。如聚酰胺类化合物通常用作合成纤维，但也可用作工程塑料。

二、聚合物的命名

聚合物的命名方法比较多，有些也相当复杂。其中较为简单的是习惯命名法。该法主要是根据聚合物的化学组成来命名的。

对于由一种单体经加聚反应而制得的聚合物，通常是在其单体名称前冠以"聚"字。如聚乙烯、聚氯乙烯、聚苯乙烯等。而由两种或两种以上单体经加聚反应而得到的共聚物，则称为××共聚物（也可采用各单体英文名称的第一个字母缀于共聚物名称之前），如丙烯腈—苯乙烯的共聚体，可称为腈苯共聚物（或AS 共聚物）。而丙烯腈—丁二烯—苯乙烯的三元共聚体，称为腈丁苯共聚物（或

ABS 共聚物）。但对于共聚物也常有仿照均聚物命名法而直接在两种单体名称之前冠以"聚"字的。如聚甲基丙烯酸甲酯（有机玻璃）、聚对苯二甲酸乙二醇酯（俗称涤纶）等。对于经缩合反应而得的聚合物，常常是在其原料的名称之后缀加"树脂"二字。如苯酚和甲醛的缩聚物被称为酚醛树脂，脲与甲醛的缩合物被称为脲醛树脂等。此外，"树脂"二字在习惯上也用来泛指化工厂所合成出来的、尚未经加工成型的任何高分子化合物，即工业原料高分子的泛称。

聚合物还常用一些习惯名称或商业名称，如将聚对苯二甲酸乙二醇酯叫做涤纶，聚丙烯腈叫做腈纶等。

聚合物一般是由许多同样的单元结构重复组成的。组成聚合物的基本单元结构叫链节，聚合物所含链节数目叫聚合度，用"n"表示，如：

$$n\,CH_2\!=\!CH \xrightarrow{\text{聚合}} \{\!-CH_2\!-\!CH\!-\!\}_n$$
$$\qquad\quad |\qquad\qquad\qquad\quad |$$
$$\qquad\quad Cl\qquad\qquad\qquad\ Cl$$
$$\quad\ \text{氯乙烯}\qquad\qquad\ \text{聚氯乙烯}$$

并不是任何一个低分子化合物都能成为单体。一般单体必须具有两个或两个以上的官能团，或者具有活泼中心的化合物，如不饱和键的化合物。

由于聚合反应本身及反应条件的控制等多方面原因的影响，同一种合成聚合物的分子链的长短总是不同的，所以聚合物的分子量只能是平均分子量，聚合度也只能是平均聚合度。聚合物中分子量大小不一的现象称为高分子化合物的多分散性（即不均一性），分散性越大，高分子化合物的性能越差。

三、聚合物的结晶

固态聚合物也存在着晶态和非晶态两种聚集状态。但与低分子量晶体有很大的不同。由于线型高分子难免有弯曲，故聚合物的结晶为部分结晶，即在结晶聚合物中存在"晶区"和"非晶区"，且大分子链可以同时跨越几个晶区和非晶区。晶区所占的百分比称为结晶度。一般来说，结晶度越高，则聚合物的密度、弹性模量、强度、耐热性、折光系数等越高，而冲击韧性、粘附力、断裂伸长率、溶解度等越低。晶态聚合物一般为不透明或半透明状，非晶态聚合物则一般为透明状。体型聚合物只有非晶态一种。

四、聚合物的变形与温度

非晶态聚合物的变形与温度的关系如图 4-2 所示。非晶态聚合物在低于某一温度时，由于所有分子链段和大分子链均不能自由转动而成为硬脆的玻璃体，即处于玻璃态。聚合物转变为玻璃态的温度称为玻璃化温度 T_g。当温度超过 T_g 时，由于分子链段可以运动（大分子仍不能运动），使聚合物产生变形而具有高弹性，即进入高弹态。当温度继续升高至某数值时，由于分子链段和大分子链均发生运动，使聚合物产生塑性变形，即进入黏流态。此时温度称为黏流态温度 T_f。

玻璃化温度 T_g 低于室温的称为橡胶，高于室温的称为塑料。玻璃化温度是塑料的最高使用温度，但却是橡胶的最低使用温度。

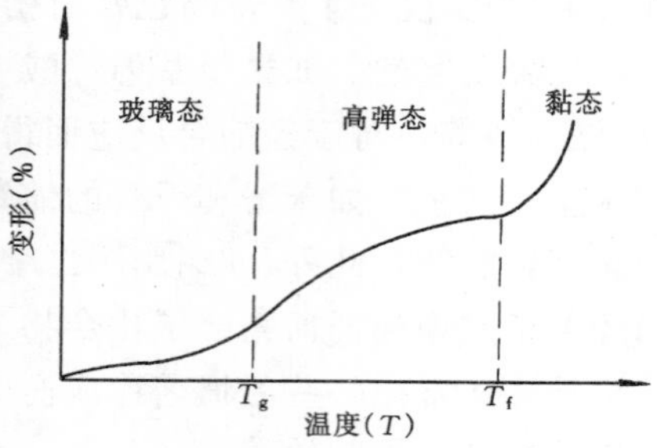

图 4-2　非晶态线型聚合物的变形与温度的关系

五、聚合物材料的老化

在使用过程中，聚合物会由于光、热、空气（氧和臭氧）等的作用而发生结构或组成的变化，从而出现各种性能劣化现象，如出现变色、变硬、龟裂、发黏、发软、变形、斑点以及机械强度降低等，这种现象被称为合成高分子材料的老化。

合成高分子材料的老化是一个复杂的，包含众多因素和多种作用的过程。一般地，可将其分为两种类型，即聚合物分子的交联与降解。交联指的是聚合物的分子从线型结构变为体型结构的过程。当发生这种老化作用时，表现为聚合物失去弹性、变硬、变脆，并出现龟裂现象。降解指的是聚合物的分子链发生断裂，其分子量降低，但在这一过程中其化学组成并不发生变化。当老化过程以降解为主时，聚合物在性能上的变化是失去刚性，变软、发黏及出现蠕变等现象。

依据老化机理不同，可将合成高分子材料的老化分为热老化和光老化两类。光老化是指聚合物在阳光（特别是紫外线）的照射下，其中一部分分子（或原子）将被激活而处于高能的不稳定状态，并可与其他分子发生光敏氧化作用，致使聚合物的结构和组成发生变化，并且性能逐渐恶化的现象。热老化是指聚合物受热时，尤其是在较高温度下暴露于空气中时，聚合物的分子链会由于氧化、热分解等作用而发生断裂、交联，其化学组成与分子结构将发生变化，从而使其各项性能也随之发生变化的现象。因此，大多数合成高分子材料的耐高温及大气稳定性都较差。

目前，通过采用一些技术措施，可以防止或延缓聚合物的老化，从而延长合成高分子材料的使用寿命，在这方面的研究与实践已经取得了相当多的经验。

六、常用聚合物简介

合成树脂的种类很多，而且随着有机合成工业的发展和新聚合方法的不断出现，合成树脂的品种还在继续增加。但是，真正获得广泛应用的合成树脂，不过

20种左右。在此，仅介绍一些在建筑材料中经常使用的合成树脂。

1.热塑性树脂

（1）聚乙烯（PE）

聚乙烯是由乙烯单体聚合而成，按合成时的压力分为高压聚乙烯和低压聚乙烯。高压聚乙烯又称低密度聚乙烯，分子量较小，支链较多，结晶度低，质地柔软。低压聚乙烯又称高密度聚乙烯，其分子量较高，支链较少，结晶度较高，质地较坚硬。

聚乙烯具有良好的化学稳定性及耐低温性，强度较高，吸水性和透水性很低，无毒，密度小，易加工，但耐热性较差，且易燃烧。聚乙烯主要用于生产防水材料（薄膜、卷材等）、给排水管材（冷水）、电绝缘材料、水箱和卫生洁具等。

（2）聚氯乙烯（PVC）

聚氯乙烯是建筑材料中应用最为普遍的聚合物之一。在室温条件下，聚氯乙烯树脂是无色、半透明、坚硬而性脆的聚合物。但通过加入适当的增塑剂和添加剂，便可制得软硬和透明程度不同，色调各异的聚氯乙烯制品。

聚氯乙烯的机械强度较高，化学稳定性好，具有优异的抗风化性能及良好的抗腐蚀性，但耐热性较差，使用温度范围一般为 $-15 \sim 55℃$。

硬质聚氯乙烯主要用作天沟、落水管、外墙覆面板、天窗及给排水管。软质聚氯乙烯常加工为片材、板材、型材等，如卷材地板、块状地板、壁纸、防水卷材和止水带等。

（3）聚苯乙烯（PS）

聚苯乙烯为无色透明树脂，易于着色，易于加工成型，耐水、耐光、耐腐蚀，绝热性好。但其性脆，耐热性差（不超过80℃），并且易燃。

聚苯乙烯在建筑中主要用于制作泡沫塑料，其隔热保温性能优异。此外，聚苯乙烯也常用于涂料和防水薄膜的生产。

（4）聚丙烯（PP）

聚丙烯为白色蜡状体，密度较小，为 $0.90 \sim 0.91g/cm^3$；其耐热性好（使用温度可达110~120℃），抗拉强度较高，刚度较好，硬度高，耐磨性好。但耐低温性差，易燃烧，离火后不能自熄。聚丙烯制品较聚乙烯制品坚硬，因此，聚丙烯常用于制作管材、装饰板材、卫生洁具及各种建筑小五金件。

（5）聚醋酸乙烯酯（PVAC）

聚醋酸乙烯酯在习惯上称为聚醋酸乙烯。这种聚合物的耐水性差，但粘结性能好。在建筑上，聚醋酸乙烯被广泛应用于胶粘剂、涂料、油灰、胶泥等的制作之中。

（6）聚甲基丙烯酸甲酯（PMMA）

聚甲基丙烯酸甲酯具有较好的弹性、韧性及耐低温性。其抗冲击强度较高，并具有极高的透光性。因此，广泛地用于制造有机玻璃。在建筑上则广泛地用于各种具有采光要求的围护结构中，以适当方式对其增强后，也可用于制作透明管材及其他建筑制品。

（7）丙烯腈—丁二烯—苯乙烯共聚物（ABS）

丙烯腈—丁二烯—苯乙烯共聚物是丙烯腈（A）、丁二烯（B）及苯乙烯（S）的共聚物，简称 ABS 共聚物或 ABS 树脂。它具有聚苯乙烯的良好加工性，聚丁二烯的高韧性和弹性，聚丙烯腈的高化学稳定性和表面硬度等。

ABS 树脂为不透明树脂，具有较高的冲击韧性，且在低温下其韧性也不明显降低，耐热性高于聚苯乙烯。ABS 树脂主要用于生产压有花纹图案的塑料装饰板和管材等。

（8）苯乙烯—丁二烯—苯乙烯嵌段共聚物（SBS）

苯乙烯—丁二烯—苯乙烯嵌段共聚物是苯乙烯（S）和丁二烯（B）的三嵌段共聚物（由化学结构不同的较短的聚合链段交替结合而成的线型共聚物称为嵌段共聚物）。SBS 树脂为线型分子，是具有高弹性、高抗拉强度、高伸长率和高耐磨性的透明体，属于热塑性弹性体。

SBS 树脂在建筑上主要用于沥青的改性。

2. 热固性树脂

（1）酚醛树脂（PF）

酚醛树脂具有良好的耐热、耐湿、耐化学侵蚀性能，并具有优异的电绝缘性能。在机械性能上，表现为硬而脆，故一般很少单独作为塑料使用。此外，酚醛树脂的颜色深暗，装饰性差。

酚醛树脂除广泛用于制作各种电器制品外，在建筑上，主要用于制造各种层压板和玻璃纤维增强塑料，以及防水涂料、木结构用胶等。

（2）脲醛树脂（UF）

脲醛树脂是目前各种合成树脂中价格最低的一种树脂，其性能与酚醛树脂基本相仿，但耐热性和耐水性差。脲醛树脂着色性好，粘结强度比较高，而且固化以后相当坚固，表面光洁如玉，有"电玉"之称。

脲醛树脂主要用于生产木丝板、胶合板、层压板等。经发泡处理后，可制得一种硬质泡沫塑料，用作填充性绝缘材料。经过改性处理的脲醛树脂还可用于制造涂料、胶粘剂等。

（3）不饱和聚酯树脂（UP）

不饱和聚酯树脂的透光率高，化学稳定性好，机械强度高，抗老化性及耐热性好，并且可在室温下成型固化。但固化时收缩大（一般为 7%～8%），不耐浓酸和浓碱的侵蚀。

不饱和聚酯树脂多以液态低聚物形式存在，被广泛地用于涂料、玻璃纤维增强塑料，以及聚合物混凝土的胶结料中。

（4）环氧树脂（EP）

环氧树脂实际上是线型聚合物，但由于环氧树脂固化后交联为网状结构，故将其归入热固性树脂之中，环氧树脂化学稳定性好（尤其以耐碱性突出），对极性表面或金属表面具有非常好的粘结性，且涂膜柔韧。此外，环氧树脂还具有良好的电绝缘性、耐磨性和较小的固化收缩量。

环氧树脂被广泛地应用于涂料、胶粘剂、玻璃纤维增强塑料及各种层压和浇铸制品中。在建筑上，环氧树脂还用于制备聚合物混凝土，以及用于修补和维护混凝土结构。

（5）有机硅树脂（SI）

分子主链结构为硅氧链（—Si—O—）的树脂称为有机硅树脂，亦称聚硅氧烷、聚硅醚、硅树脂等。有机硅树脂耐热性高（$400 \sim 500℃$），耐寒性及化学稳定性好，有优良的防水、抗老化和电绝缘性能。有机硅树脂的另一个重要优点是能够与硅酸盐类材料很好地结合，这一特点，使得它作为一种特殊高分子材料而被广泛应用。

有机硅树脂主要用于层压塑料和防水材料。在各种有机硅树脂中，硅酮在建筑方面最具实际意义，且发展迅速，被广泛地应用于涂料、胶粘剂及弹性嵌缝材料中。

七、合成橡胶

1. 橡胶的概念及其分类

（1）橡胶的概念

橡胶是一种在室温下具有高弹性的高分子材料，其玻璃化温度 T_q 较低。橡胶的主要特点是：在 $-50 \sim 150℃$ 范围内能保持其极为优异的弹性，即在外力作用下的变形量可以达到百分之几百，并且外力取消后，变形可完全恢复，但不符合虎克定律。此外，橡胶还具有良好的抗拉强度、耐疲劳强度及良好的不透水性、不透气性、耐酸碱腐蚀性和电绝缘性等。由于橡胶具有上述良好的综合性能，故在建筑工程中被广泛用作防水卷材及密封材料等。

（2）橡胶的分类

橡胶按其来源，可以分为天然橡胶、合成橡胶及再生橡胶三大类。

1）天然橡胶

天然橡胶是由橡胶类植物（如橡胶树）所得的胶乳经适当加工而成。其密度为 $0.91 \sim 0.93 g/cm^3$，软化温度为 $130 \sim 140℃$，熔融温度为 $220℃$，分解温度为 $270℃$。天然橡胶在常温下具有很高的弹性，且有良好的耐磨耗性能。目前，尚没有一种合成橡胶在综合性能方面优于天然橡胶。

2）合成橡胶

合成橡胶是以石油、天然气、木材等为原料制得各种单体，然后再以人工合成的方法制成的人造橡胶。因此，合成橡胶是具有橡胶特性的一类聚合物。

3）再生橡胶

再生橡胶，或称为再生胶，是将废旧橡胶制品或橡胶制品生产中的下脚料经机械加工、化学及高温处理后所制得的、具有生橡胶某些特性的橡胶材料。这种再生橡胶由于再生处理的氧化解聚作用而获得了一定的塑性和黏性，它作为生胶的代用品用于橡胶制品生产中，可以节约生胶，降低成本，而且对改善工艺条件，提高产品质量也有益处。

2. 常用合成橡胶简介

（1）丁基橡胶

丁基橡胶是由异丁烯和异戊二烯共聚而得，为无色弹性体。丁基橡胶的耐化学腐蚀性、耐老化性、不透气性、抗撕裂性能、耐热性和耐低温性好（使用温度范围：$-58 \sim 204℃$）。但丁基橡胶的弹性较低，工艺性能较差，而且硫化速度慢，粘性和耐油性等也较差。

丁基橡胶在建筑上主要用作防水卷材和防水密封材料。

（2）氯丁橡胶

氯丁橡胶是由氯丁二烯单体聚合而成的弹性体，为浅黄色或棕褐色。这种橡胶的原料来源广泛，其抗拉强度较高，透气性、耐磨性较好，硫化后不易老化，耐油、耐热、耐臭氧、耐酸碱腐蚀性好，粘结力较强，难燃，脆化温度为 $-55 \sim -35℃$，密度为 $1.23g/cm^3$。但是，这种橡胶对浓硫酸及浓硝酸的抵抗力较差，且电绝缘性也较差。

在建筑上，氯丁橡胶被广泛地用于胶粘剂、门窗密封条、胶带等。

（3）三元乙丙橡胶

三元乙丙橡胶是由乙烯、丙烯、二烯炔（如双环戊二烯）共聚而得的弹性体。由于双键在侧链上，受臭氧和紫外线作用时主链结构不受影响，因而三元乙丙橡胶的耐候性很好。三元乙丙橡胶具有优良的耐热性、耐低温性、抗撕裂性、耐化学腐蚀性、电绝缘性、弹性和着色性。此外，该橡胶密度小，仅为 $0.86 \sim 0.87g/cm^3$。

三元乙丙橡胶价格便宜，在建筑上主要用作防水材料。

（4）丁腈橡胶

丁腈橡胶是由丁二烯与丙烯腈共聚而得的弹性体。在常用橡胶中，丁腈橡胶是耐油性最强的一种，因此常被用于制作耐油橡胶制品。该类橡胶具有良好的耐热性、耐老化性、耐磨性、耐腐蚀性和不透水性。但其耐寒性和耐酸性较差，抗拉强度和抗撕裂强度较低，且电绝缘性很差。

第二节 建 筑 涂 料

涂料是一种涂覆在物体表面并能在一定条件下形成牢固附着的连续薄膜的功能材料的总称。早期的涂料以天然油脂和天然树脂为主要原料，故被称为油漆。现在各种高分子合成树脂广泛用作涂料的原料，油漆产品的品种和性能都发生了根本的变化。现在习惯将以天然油脂、树脂为主要原料经合成树脂改性的涂料称为油漆，将以合成树脂为主要原料的称为涂料。建筑涂料是指用于建筑物上起装饰、保护、防水等作用的一类涂料。

一、建筑涂料的组成

建筑涂料由主要成膜物质、次要成膜物质、辅助成膜物质等三部分组成，见图 4-3。

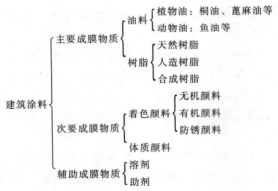

图 4-3 建筑涂料的组成

涂料中不含着色和体质颜料的透明体称为清漆，含着色和体质颜料的不透明体称为色漆（如磁漆、调和漆、底漆等），加有大量体质颜料的稠厚浆状体称为腻子。

1. 主要成膜物质

主要成膜物质又称基料、漆料、漆基等，可以单独成膜。其作用是将涂料中其他组分粘结在一起，牢固地附着在基层表面形成连续均匀、坚韧的保护膜，故又称为粘结剂。

· 　主要成膜物质的性质决定了涂膜的主要特性。根据建筑涂料所处的环境，主要成膜物质应耐碱、能常温固化成膜、有较好的耐水性、耐候性并且资源丰富、价格低廉。

目前我国建筑涂料主要以合成树脂为主要成膜物质，在少量油基漆和清漆中也有使用某些植物油（桐油、亚麻子油等）为主要成膜物质的。

按使用的分散介质不同，主要成膜物质分为水性和溶剂性两大类，水性成膜物质包括水溶性和乳液型两种成膜物质。

（1）水性成膜物质

1）水溶性成膜物质

由水溶性高分子物质均匀地溶解在水中的基料称水溶性成膜物质。常用的品种有聚乙烯醇、碱金属硅酸盐（水玻璃）和硅溶胶等。

2）乳液型成膜物质

一种物质以微细粒子均匀地分散在另一种液体中形成的稳定系统称为乳液。用于建筑涂料的乳液是粒径为 $0.1 \sim 10 \mu m$ 的各种高分子聚合物均匀地分散于水中形成的乳液。乳液中高分子聚合物一般称油相，以 O 表示；另一相为水，以 W 表示。油分散于水中的乳液以 O/W 表示，水分散于油中的乳液以 W/O 表示。目前建筑涂料用的乳液都是 O/W 体系。

常用的乳液品种有聚醋酸乙烯乳液、丙烯酸酯乳液、氯偏乳液等。

（2）溶剂型成膜物质

溶剂型成膜物质由高分子物质溶解或分散于有机溶剂中形成。有机溶剂的价格贵、污染环境、对人体健康有危害、易燃，运输、保管和贮存困难，涂料施工时对基层的含水率要求高。但涂料的流平性好、光泽度高、装饰效果好。常用的品种有氯化橡胶、过氯乙烯、聚氨酯、丙烯酸酯、环氧树脂等。

2. 次要成膜物质

次要成膜物质为本身不能成膜，分散在涂料中能给涂料以某些性质如颜色、遮盖力、耐久性、强度及金属基材的防腐性等的固体物质。次要成膜物质按其在涂料中的作用分为颜料和体质颜料两类。

（1）颜料

颜料分着色颜料和防腐颜料。

1）着色颜料

着色颜料赋予涂料各种颜色。常用的无机颜料品种有：

氧化铁红（Fe_2O_3），红色颜料。耐碱和有机酸，着色力较高。

氧化铁黄（$Fe_2O_3 \cdot H_2O$），黄色颜料，又称地黄。着色力和遮盖力强，耐碱、耐光、耐候性好，不耐无机酸。

氧化铁黑（$Fe_2O_3 \cdot FeO$）和炭黑，黑色颜料。遮盖力强，主要做底漆的着色剂。

钛白粉（TiO_2），白色颜料。有金红石型和锐钛矿型两种晶型，分别用于室内和室外涂料。

锌钡白（$BaSO_4 \cdot ZnS$），俗称立德粉，白色颜料，耐碱，但耐候性差。

有机颜料品种多、颜色齐全、色泽鲜艳、着色力强，但遮盖力较差。

2）防腐颜料

防腐颜料用于保护金属基层免受腐蚀，有盐类和金属类两种类型。

盐类防腐颜料主要有铅和铬的盐类，如硅铬酸铅（$PbO\text{-}CrO_3 \cdot SiO_2$）、碱式硫酸铅（$2PbSO_4 \cdot PbO$）、铅酸钙（$2CaO \cdot PbO_2$）、红丹（$PbO_2 \cdot 2PbO$），这些颜料均有一定的毒性，对环境有污染，近年来开发的低毒或无毒的防腐颜料有铬酸钙、磷酸锌、磷酸钙、钼酸钙等。

铝、不锈钢、铅和锌等金属可用作防腐颜料。

（2）体质颜料

体质颜料又称填料。能提高涂料的厚度和机械性能，常用的体质颜料有：

碳酸钙（$CaCO_3$）。有重质碳酸钙（大白粉）和轻质碳酸钙等。

滑石粉（$3MgO \cdot 4SiO_2 \cdot H_2O$）。天然滑石矿磨成的粉末。用于涂料中可改善涂料的施工性能，易于涂刷，并使涂膜具有良好的流平性、柔韧性，降低透水性。

重晶石粉（$BaSO_4$）。耐酸、碱，可增加涂膜的硬度和耐磨性。

云母（$K_2O \cdot 2Al_2O_3 \cdot 6SiO_2 \cdot 2H_2O$）。可降低涂膜的透气、透水性，减少涂膜的开裂和粉化。

3．辅助成膜物质

（1）溶剂

溶剂是溶解主要成膜物质或分散涂料组分的分散介质。溶剂的作用是降低涂料黏度，改善施工性能，提高涂膜的附着力、光泽和流平性等。目前使用的建筑涂料以水性涂料为主。以有机溶剂为分散介质的溶剂型涂料具有许多水性涂料不具备的独特性能。

选用溶剂时，除了应根据不同的成膜物质选择不同的溶剂品种外，要求溶剂对成膜物质的溶解能力强、毒性小、闪点低、挥发速度适宜。常用的有机溶剂有烃类、醇和醚类、酯和酮类等。主要品种有：

1）烃类溶剂

200号汽油，又称溶剂油。挥发速度较慢，能溶解大多数天然树脂、油基树脂和中油度、长油度醇酸树脂，可用作该类涂料的溶剂和稀释剂。

二甲苯 [$C_6H_4(CH_3)_2$]。具有良好的溶解性能和中等蒸发速度，广泛用作醇酸树脂、乙烯基树脂、氯化橡胶和聚氨酯的溶剂，为目前溶剂型涂料的主要溶剂之一。

2）醇类和醚类溶剂

乙醇（CH_3CH_2OH），也称酒精。挥发速度较快，易燃。能溶解天然树脂虫胶制成清漆，也能用作聚乙烯醇丁醛或硝基漆的混合溶剂。

丁醇（C_4H_9OH），主要是正丁醇和异丁醇。挥发性较慢，主要用作油性和合成树脂（特别是氨基树脂和丙烯酸树脂）涂料的溶剂，也可用作硝基涂料的混合溶剂。

3）酮类和酯类溶剂

丙酮（$CH_3 \cdot COCH_3$）。挥发快、溶解力强。常用作乙烯类树脂和硝酸纤维素涂料的溶剂。

乙酸丁酯（$CH_3COO \cdot C_4H_9$）。挥发速度适中，溶解力略低于酮类溶剂。广泛用于硝酸纤维素和合成树脂（如丙烯酸酯、聚氨酯等）涂料的溶剂。

（2）助剂

助剂在涂料中的用量一般很少，但对涂料的生产、成膜过程、施工性能和涂膜的性能有很大的影响，有时甚至起到关键的作用。主要的助剂有：

1）催干剂

催干剂也称干燥剂。催干剂能促进油的氧化和聚合反应，从而加速涂膜的固化。常用的催干剂有环烷酸、辛酸、松香酸和亚油酸的铅盐、钴盐和锰盐。

2）增塑剂

增塑剂能使涂膜的伸长率、韧性和附着力提高，降低涂膜的硬度和脆性。常用的增塑剂有氯化石蜡、邻苯二甲酸二丁酯、邻苯二甲酸二辛酯等。

3）其他助剂

有用于船舶防污涂料、水性涂料中的防腐、防霉剂；用于改变涂料流变性的触变剂和增稠剂；颜料分散剂等。

二、建筑涂料的分类和命名

在我国，建筑涂料是近 20 年来才发展形成的一类专用涂料，目前尚无统一的分类和命名方法，通常采用如下习惯的分类、命名方法。

1．按主要成膜物质的化学成分分类

（1）有机涂料

常用的有三种类型：

1）溶剂型涂料

由溶剂型成膜物质加适量颜料和助剂经研磨而成。

2）水溶性涂料

由水溶性成膜物质加适量颜料和助剂，经研磨而成。这种涂料的耐水性、耐候性和耐洗刷性较差，一般只用于室内。

3）乳液型涂料

又叫乳胶漆。由乳液型成膜物质加适量的颜料、助剂经研磨而成。与水溶性涂料一样，乳胶漆无毒、不燃，涂布时不需要基层很干燥。施工温度宜在 10℃

以上，用于潮湿部位易发霉。乳胶漆耐水、耐擦洗性优于水溶性涂料，可用作内外墙涂料。

（2）无机涂料

以硅溶胶、水玻璃为成膜物质，加适量的颜料和助剂，经研磨而成。无机涂料资源丰富，成本较低，环境污染少，粘结力较强，耐久性好，遮盖力强，不燃，无毒。

（3）有机无机复合涂料

复合涂料综合有机、无机涂料的优点，使涂料的性能得以改善。如硅溶胶、丙烯酸系列复合外墙涂料，其涂膜的柔韧性及耐候性等性能更能适应大气温差的变化。

2. 按主要成膜物质分类

按涂料主要成膜物质的品种可将涂料分为聚乙烯醇系建筑涂料、丙烯酸系建筑涂料、氯化橡胶外墙涂料、聚氨酯建筑涂料和水玻璃及硅溶胶建筑涂料等。

3. 按建筑物的使用部位分类

按建筑物的使用部位不同可将涂料分为外墙涂料、内墙涂料、顶棚涂料、地面涂料和屋面防水涂料等。根据它们涂刷于建筑物的部位不同，对涂料性能的要求各有不同的侧重。

4. 其他分类方法

比如按功能分为装饰涂料、防火涂料、防水涂料、防腐涂料、防霉涂料等；按涂膜状态分为薄质涂料、厚质涂料、花纹复层涂料等。

三、建筑涂料的生产过程

建筑涂料的生产包括基料制备，颜、填料的磨细分散，涂料配制、过滤、称量及包装等工艺过程，见图4-4。

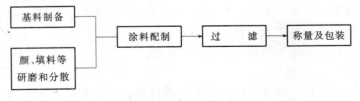

图4-4　建筑涂料生产工艺流程示意图

1. 基料制备

基料的制备过程是指通过高分子聚合反应获得涂料的成膜物质，或将高聚物作进一步改性处理的过程。基料制备主要有以下四个方面的工作：

（1）将合成树脂溶解在有机溶剂或水中，配成溶液

如丙烯酸树脂溶于二甲苯或醋酸丁酯中形成溶液；聚乙烯树脂溶于热水中形

成聚乙烯树脂水溶液。

（2）通过溶液聚合制成合成树脂溶液

如将甲基丙烯酸甲酯、丙烯酸丁酯、苯乙烯等单体在二甲苯溶剂中经溶液聚合成苯—丙树脂溶液，用来配制苯—丙树脂溶剂型外墙涂料。

（3）通过乳液聚合获得高分子聚合物树脂乳液

如用醋酸乙烯、丙烯酸丁酯单体通过乳液聚合制得乙—丙共聚乳液，用来配制乙—丙乳胶漆。

（4）高分子树脂溶液的改性

如聚乙烯醇溶于90℃热水后加甲醛进行缩醛反应，制取聚乙烯缩甲醛水溶液，用作聚乙烯醇系内墙涂料的基料。

2．颜、填料的分散、研磨

将颜、填料等固体物质经研磨或分散，制成色浆后才能均匀地分布在成膜物质中，从而形成连续、均匀的涂膜。

3．配制涂料

把基料、色浆及其他辅助成分按配方制成均匀涂料的过程，一般在带有不同搅拌速度的调制设备中完成。

4．涂料过滤

除去涂料中的粗粒及其他杂质的过程，可使用不同规格的筛网完成过滤过程。

5．称量与包装

不同的涂料，应采用不同的容器进行包装，同时进行称量。这是建筑涂料生产的最后一道工序。

四、外墙涂料

外墙涂料的主要功能有两方面，一是装饰外墙面，美化环境；二是保护被覆墙体，延长其使用寿命。为此，外墙涂料必须具有良好的装饰性、耐水性、耐候性和耐沾污性，并应施工及维修方便。

外墙涂料的主要类型及品种如图4-5所示。

1．溶剂型外墙涂料

溶剂型涂料是以高分子合成树脂为主要成膜物质，有机溶剂为稀释剂，加入适量颜、填料及助剂，经混合、搅拌溶解、研磨而配制成的一种挥发性涂料。涂刷后，随着溶剂的挥发，成膜物质与其他不挥发组分共同形成均匀连续的薄膜。溶剂型涂料涂层较致密，通常具有较好的硬度、光泽、耐水性、耐酸碱性、耐候性及耐污染性，但有机溶剂通常易燃、有毒、易污染环境且价格较贵。

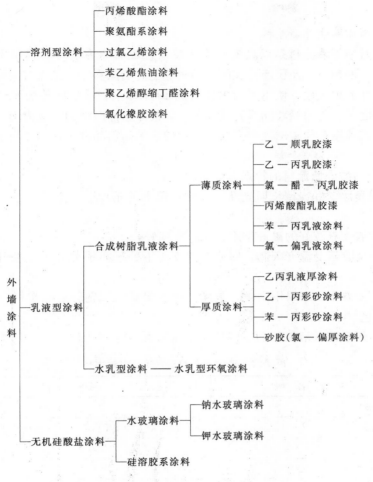

图 4-5 外墙涂料的分类

目前生产和使用的外墙涂料有氯化橡胶、丙烯酸酯、聚氨酯丙烯酸酯、丙烯酸酯—有机硅外墙涂料等。

（1）氯化橡胶外墙涂料

氯化橡胶外墙涂料又称氯化橡胶水泥漆。是由氯化橡胶、溶剂、增塑剂、颜料、填料和助剂等配制而成的溶剂型外墙涂料。

氯化橡胶涂料干燥快，数小时后可复涂第二道漆，比一般油漆快干数倍。能在 - 20 ~ 50℃环境中施工，施工基本不受季节影响。但施工中应注意防火和劳动保护。涂料具有优良的耐碱、耐酸、耐候性、耐水性、耐久性和维修重涂性，并且有一定的防霉功能。涂料对水泥、混凝土、钢铁表面均有良好的附着力，上下涂层因溶剂的溶解浸渗作用而紧密地粘在一起。是一种较为理想的溶剂型外墙涂料。

(2) 丙烯酸酯外墙涂料

丙烯酸酯外墙涂料是以热塑性丙烯酸酯合成树脂为主要成膜物质，加入溶剂、填料、助剂等，经研磨而成的一种溶剂型外墙涂料，它是靠溶剂挥发而成膜的，有很好的耐久性，使用寿命估计可达 10 年以上，是目前外墙涂料中较为优良的品种之一，与丙烯酸酯系乳液如苯丙乳液涂料同时得到广泛应用，是我国目前高层建筑外墙及与装饰混凝土饰面应用较多的涂料品种之一。常用于外墙的罩面涂料。

1) 丙烯酸外墙涂料的特点

① 耐候性良好，在长期光照、日晒、雨淋的条件下，不易变色、粉化或脱落。

② 对墙面有较好的渗透作用，结合牢度好。

③ 使用时不受温度限制，即使在零度以下的严寒季节施工，也可很好地干燥成膜。

④ 施工方便，可采用刷涂、滚涂、喷涂等施工工艺，可以按用户要求配制成各种颜色。

2) 丙烯酸酯外墙涂料的主要技术指标见表 4-1。

丙烯酸酯外墙涂料的主要技术性能指标   表 4-1

指 标 名 称	指 标
固体含量（%）	≥45
干燥时间（h）	表干：≤2；实干：≤24
细度（μm）	≤45
遮盖力（白色或浅色）（g/m²）	≤140
耐水性（23±2）℃，144h	无气泡，不剥落，允许稍有变色
耐碱性（23±2）℃，浸泡饱和氢氧化钙溶液，24h	无气泡，不剥落，允许稍有变色
耐洗刷性，0.5%皂液，2000 次	无气泡，不剥落，允许稍有变色，不露底
耐沾污性（白色或浅色），5 次循环反射系数下降	≤15%
耐候性（人工加速），250h	无气泡，不剥落，无裂纹，变色及粉化均不大于 2 级

(3) 聚氨酯系外墙涂料

聚氨酯系外墙涂料是以聚氨酯或聚氨酯与其他合成树脂复合体为主要成膜物质，添加颜料、填料、助剂组成的优质外墙涂料。主要品种有聚氨酯—丙烯酸酯外墙涂料和聚氨酯高弹性外墙涂料。

聚氨酯涂料由双组分按比例混合固化成膜，其固含量高，与混凝土、金属、木材等粘结牢固，涂膜柔软，弹性变形能力大，可以随基层的变形而伸缩，即使基层裂缝宽度达 0.3mm 以上也不至于将涂膜撕裂。涂膜的耐化学药品侵蚀性及耐候性好，经 1000h 的加速耐候实验，其伸长率、硬度、抗拉强度等性能几乎没有降低，经 5000 次以上伸缩疲劳试验而不断裂，而丙烯酸系厚质涂料在 500 次时就断裂。

聚氨酯涂料有极好的耐水、耐酸碱、耐沾污性，涂膜光洁度好，呈瓷状质感，价格较贵。

聚氨酯系外墙涂料可做成各种颜色，一般为双组分或多组分涂料，施工时现场按比例配合，要求基层含水量不大于 8%。施工时有溶剂挥发，应注意防火和劳动保护。

常用的聚氨酯—丙烯酸酯外墙涂料为三组分涂料，施工前将甲、乙、丙三组分按比例充分搅拌均匀后即可施工，涂料应在规定的时间内用完。涂料的主要技术指标见表 4-2。

聚氨酯—丙烯酸酯外墙涂料主要技术性能指标   表 4-2

指 标 名 称	指 标
干燥时间（表干）（h）	≤2
耐水性，(23 ± 2)℃，144h	无变化
耐碱性，(23 ± 2)℃，48h	无变化
耐酸性，(23 ± 2)℃，96h	变色不大于 2 级
10% HCl	无变化
10% H_2SO_4	无变化
耐洗刷性，0.5% 皂液，2000 次	无变化
耐沾污性（白色或浅色），5 次循环反射系数下降率，不大于，%	10
耐候性（人工加速），1000h	无气泡，不剥落，无裂缝，无粉化

（4）丙烯酸酯有机硅涂料

丙烯酸酯有机硅外墙涂料是由有机硅改性丙烯酸树脂为主要成膜物质，添加颜料、填料、助剂组成的优质溶剂型涂料。因有机硅的改性，使丙烯酸酯的耐候性和耐沾污性等性能大大提高。

丙烯酸酯有机硅涂料渗透性好，能渗入基层，增加基层的抗水性能，涂料的流平性好，涂膜光洁、耐磨、耐沾污、易清洁。涂料施工方便，可刷涂、滚涂和喷涂。一般涂刷二道，间隔 4h 左右。涂刷前基层含水量应小于 8%，故在涂刷时和涂层干燥前应注意防止雨淋和尘土污染。因溶剂挥发，施工时注意防火、防毒。

丙烯酸酯有机硅涂料主要技术性能指标见表 4-3。

丙烯酸酯有机硅涂料主要技术性能指标　　　　　　　　　　表 4-3

指　标　名　称	指　标
细度（μm）	≤45
遮盖力（白色或浅色）（g/m²）	≤140
干燥时间（表干）（h）	≤2
耐碱性 24h	无变化
耐水性 144h	无变化
耐沾污性（白色及浅色），5 次循环反射系数下降率，不大于，%	5
耐洗刷性，0.5% 皂液，2000 次	无变化
耐候性（人工加速），1000h	无气泡，不剥落，无裂缝，粉化及变色均不大于 2 级

丙烯酸酯有机硅涂料适用于高级公共建筑和高层建筑外墙的装饰，使用寿命估计可达 10 年以上。

（5）水溶性氯磺化聚乙烯涂料

水溶性氯磺化聚乙烯涂料以氯磺化聚乙烯为基料，加入适量活性剂、分散剂、增韧剂、防老剂、颜料、填料等，经研磨而成。

氯磺化聚乙烯涂料的突出特点是具有优异的粘结性、耐老化、耐候、耐碱、耐污染、耐水，耐 5% 的皂液洗刷可达 8000 次不露底，抗裂及低温成膜性能好。它是近年来开发的一种性能较好的外墙涂料，适用于高层建筑的外墙装饰。

2．乳液型涂料

乳液型涂料俗称乳胶漆，是采用乳液型成膜物质，将颜料、填料及各种助剂分散于其中形成的一种水性涂料。涂料以水为分散介质，无毒、不燃、节约溶剂资源、施工方便、装饰效果好，又有良好的耐水性、耐候性和耐沾污性，有很好的发展前途。

目前，乳液型涂料的光泽、流平性、附着力等性能尚不及溶剂型涂料。另外，太低温度下不能形成优质的涂膜，固不宜冬季施工。

（1）苯—丙乳胶漆

由苯乙烯和丙烯酸类单体、乳化剂、引发剂等，通过乳液聚合反应，得到苯—丙共聚乳液，以此乳液为主要成膜物质，加入颜料、填料和助剂组成的涂料称为苯—丙乳胶漆，是目前应用较普遍的外墙乳液型涂料之一。

苯—丙乳胶漆具有丙烯酸酯类涂料的高耐光性、耐候性、不泛黄等特点，并具有优良的耐碱、耐水、耐湿擦洗等性能，外观细腻色彩艳丽，质感好。苯—丙乳胶漆与水泥基材的附着力好，适用于外墙面的装饰。但其施工温度不宜低于 8℃，施工时如涂料太稠可加入少量水稀释，两道涂料的施工间隔时间不小于 4h。1kg 涂料可涂刷 2～4m²。使用寿命为 5～10 年。

（2）丙烯酸酯乳液涂料

丙烯酸酯乳液涂料是由甲基丙烯酸甲酯、丙烯酸丁酯、丙烯酸乙酯等丙烯系单体经乳液共聚而制得的纯丙烯酸酯系乳液为主要成膜物质，加入填料、颜料及其他助剂而制得的一种优质乳液型外墙涂料。

这种涂料的特点，是较其他乳液型涂料的涂膜光泽柔和，耐候性与保光性、保色性优异，耐久性可达 10 年以上，但价格较贵。

施工温度应在 4℃以上，第一道涂层干燥需 2～6h，第二道干燥需 24h。1kg 涂料可涂刷 4～5m²。丙烯酸酯乳液涂料的性能指标见表 4-4。

有光丙烯酸酯乳液涂料主要技术性能指标　表 4-4

指 标 名 称		指 标
光泽度（%）		≥80
干燥时间（h）		≤2
对比率（白色和浅色）		≥0.90
耐水性，96h		无异常
耐碱性，48h		无异常
耐洗刷性（次）		≥10000
耐人工老化性，1000h	粉化，级	1
	变色，级	2
涂料耐冻融性		不变质
涂层耐温变性（10 次循环）		无异常

（3）水乳型环氧树脂乳液外墙涂料

水乳型环氧树脂乳液涂料由环氧树脂配以适当的乳化剂、增稠剂、水，通过高速机械搅拌分散而成的稳定乳状液为主要成膜物质，加入颜料、填料和助剂配制而成的一类外墙涂料。这类涂料以水为分散介质，无毒无味，生产施工较安全，对环境污染少。施工时，将环氧树脂涂料（A 组分），配以固化剂（B 组分），混合均匀后通过特制的双管喷枪一次喷成仿石纹的装饰涂层，是目前高档涂料之一。

这种涂料与基层粘结性能好，不易脱落，涂层的耐老化、耐候性和耐久性好，能施工出双色或多色仿石花纹，装饰效果好。但涂料的价格贵，施工难度较大（其主要技术性能见表 4-5）。

水乳型环氧树脂乳液外墙涂料的主要技术性能　　　表 4-5

指 标 名 称	指 标
花纹图案	双色及多色仿花岗石装饰效果的凹凸花纹，凸起部分厚度在 0.5～1mm
喷涂量（kg/m²）	1.0～1.2
涂料贮存期	常温（室内）6 个月以上
抗裂纹性	在 77m/s 的气流下，6h 涂层不产生裂纹
耐水性	浸水 10d 后涂膜仍未见裂纹、鼓泡、皱纹、剥落等现象
耐碱性	饱和 $Ca(OH)_2$ 水溶液浸 10d 后无变化，无破裂、鼓泡、剥落、穿孔、软化和溶解现象
粘结强度（MPa）	标准状态下 7d 龄期大于 1.8

3. 硅酸盐无机涂料

硅酸盐无机涂料指以水溶性碱金属硅酸盐或水分散性二氧化硅胶体（俗称硅溶胶）为主要成膜物质的建筑涂料，适合作为建筑物的外墙装饰。涂料的耐候性、耐热性好，遇火不燃、无烟；耐污染性较好，不易吸灰；施工中无挥发性有机溶剂产生，不污染环境；原料丰富。目前国内生产和使用的主要品种有：硅酸钠水玻璃和硅酸钾水玻璃以及硅溶胶外墙涂料等品种。

（1）碱金属硅酸盐系涂料

俗称水玻璃涂料。这类涂料以硅酸钾、硅酸钠为胶粘剂，加入固化剂、颜料、填料及分散剂经搅拌混合而成。根据所用水玻璃类型的不同，可分为钠水玻璃涂料，钾水玻璃涂料和钾、钠水玻璃涂料共三种。

JH80-1 无机外墙涂料是常用的硅酸盐无机涂料的一种。该涂料以硅酸钾为主要胶粘剂，加入颜料、填料及助剂，经混合、搅拌、研磨而成。该涂料为双组分固化型，用缩合磷酸铝或氟硅酸钠为固化剂。涂料与固化剂分装，施工时按比例混合均匀后使用。

JH80-1 涂料耐老化、耐紫外线辐射性能好。成膜温度低、色彩丰富（有48 种颜色）。不用有机溶剂，价格便宜，施工安全。可刷涂、滚涂、喷涂、弹涂。

JH80-1 无机外墙涂料适用于工业与民用建筑外墙和内墙的饰面工程，也可用于水泥制品，石膏制品、面砖等基层。

（2）硅溶胶外墙涂料

硅溶胶外墙涂料以胶体二氧化硅为主要成膜物质，加入颜料、填料及各种助剂，经混合、研磨而成。这类涂料的成膜机理是胶体二氧化硅单体在空气中失去水分逐渐聚合，随水分进一步蒸发而形成 Si-O-Si 涂膜。

JH80-2 无机外墙涂料为常用的硅溶胶涂料。涂料以硅溶胶（胶体二氧化硅）为主要成膜物质，加入成膜助剂、颜料、填料等均匀混合、研磨而制成的一种新型外墙涂料。涂料的特点与性能与 JH80-1 无机外墙涂料相似。

五、内墙涂料

内墙涂料的主要功能是装饰和保护建筑物内墙。为了达到这个目的，对内墙涂料有以下要求：① 色彩丰富、细腻、调和。由于众多的居住者对颜色的喜爱不同，内墙涂层与人们的距离比外墙涂层近，因此要求内墙涂料色彩丰富、调和，质地细腻、平滑。② 耐碱性好，并有一定的耐水及耐洗刷性。③ 透气性良好，以减少墙面的结露、挂水。④ 施工简便，重涂容易，以适应人们翻修墙面、改善居住环境的需要。

1. 内墙涂料的分类

一般外墙涂料均可用于内墙。因使用环境和要求与外墙不同，内墙涂料的耐候性、耐久性、耐水性等要求可低于外墙涂料。因此，外墙涂料中一般不用的水溶性涂料也可用于内墙，而无机硅酸盐类涂料一般不用于内墙。内墙涂料大致分类如图 4-6。

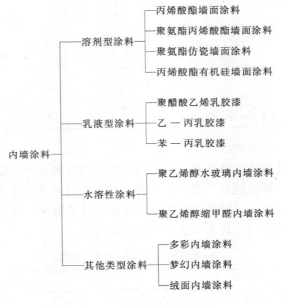

图 4-6　内墙涂料的分类

2．溶剂型内墙涂料

溶剂型内墙涂料的组成、性能与溶剂型外墙涂料基本相同。其透气性差、易结露，施工时有溶剂逸出，应注意防火和通风。但涂层光洁度好，易于冲洗，耐久性也好，多用于厅堂、走廊等，较少用于住宅内墙。

3．乳液型涂料

乳液型外墙涂料均可用于内墙。乳胶漆按其光泽可分为平光、哑光、半光、高光等几种。通常将半光到高光涂料称为有光涂料。有光涂料的乳液含量高，涂膜光洁细腻，抗污染性好，多用于外墙涂料以及在特殊场合使用。平光、哑光乳胶漆用于内墙装饰。

（1）聚醋酸乙烯乳液内墙涂料

该涂料以聚醋酸乙烯乳液为主要成膜物质，加入适量颜料、填料及助剂加工而成。

该涂料无毒、无味、不燃，易于施工、干燥快、透气性好、附着力强，其涂膜细腻、色彩鲜艳、装饰效果好、价格适中，但耐碱性、耐水性、耐候性等较差。涂料的主要技术指标如表 4-6。

聚醋酸乙烯乳胶漆主要技术性能 表 4-6

项　　　目	技术性能指标
固体含量（%）	≥45
干燥时间（25℃，相对湿度（65±5）%）（h）实干	≤2
遮盖力（g/m²）	白色及浅色，≤170
耐热性（80℃，6h）	无变化
耐水性 96h	漆膜无变化
附着力（划格法）（%）	100
抗冲击功（N·m）	≥4
硬度（刷干玻璃板干后，48h 摆杆法）	≥0.3

（2）乙—丙有光乳胶漆

乙—丙有光乳胶漆是以聚醋酸乙烯与丙烯酸酯共聚乳液为主要成膜物质，加入适量的填料及少量的颜料及助剂经研磨、分散配制而成的半光或有光的内墙涂料。其耐碱性、耐水性、耐久性都优于聚醋酸乙烯乳胶漆，并具有光泽，是一种中高档的内墙装饰涂料。其主要技术特点见表 4-7。

乙—丙乳胶漆涂料主要技术性能 表 4-7

项　　　目	技术性能指标
粘度（涂 4—粘度计 25℃）（s）	20～50
光泽（%）	≤20
固含量（%）	≥45
韧性（mm）	1
冲击功（N·m）	≥4
耐水性（浸水 96h，板面破坏）（%）	不超过 5
最低成膜温度（℃）	≥5
遮盖力（g/m²）	≤170

（3）苯—丙乳胶漆

苯—丙乳胶漆涂料是由苯乙烯、丙烯酸酯、甲基丙烯酸等三元共聚乳液为主要成膜物质，加入适量的填料，颜料和助剂经研磨、分散后配制而成的无光内墙涂料。其耐碱、耐水、耐擦洗性及耐久性都优于上述各类内墙涂料，是一种高档内墙装饰涂料，同时也是外墙涂料中较好的一种。苯—丙乳胶漆涂料的主要技术性能见表 4-8。

（4）丙烯酸酯内墙乳胶漆

常采用增加涂料中乳液的含量来配制有光乳胶漆。纯丙烯酸酯乳液具有优良的耐候性和光泽，因而可用来配制高级半光及有光内墙乳胶漆。

苯—丙乳胶漆涂料主要技术性能 表 4-8

项　　目	技术指标
粘度（涂—4）（s）	≥20
光泽（％）	≤10
固含量（％）	≥51±2
遮盖力（g/m²）	白色及浅色：≥130，其他色：≥110
最低成膜温度（℃）	>3
冻融循环（−15～15℃，5次）	无变化
耐水性（96h）	无变化
耐擦洗性（次）	≥2000

高级丙烯酸酯内墙乳胶漆特点、组成、配制方法、涂料性能和施工要点同丙烯酸乳胶漆。其光泽大于70％。

4．水溶性内墙涂料

目前用于内墙的水溶性涂料主要是聚乙烯醇类涂料。聚乙烯醇涂膜的耐水性差、易脱粉，单独成膜的综合性能很差，属淘汰品种。经改性后，聚乙烯醇涂料性能得以改善，故至今仍有广泛的应用。

（1）聚乙烯醇水玻璃内墙涂料

聚乙烯醇水玻璃内墙涂料（又称106涂料）是以聚乙烯醇树脂和水玻璃为基料，加入适量颜料、填料及表面活性剂，经研磨而成的一种水溶性内墙涂料，广泛用于住宅和一般公共建筑的内墙饰面。

这种涂料原料资源丰富，价格低廉，生产工艺简单，设备要求不高。涂料为水溶性，无毒、无味、不燃、施工方便；涂层干燥快，表面光洁平滑，能配成多种色彩，与基层有一定的粘结力，有一定的装饰效果，但涂层耐洗刷性较差，易脱粉。

（2）聚乙烯醇缩甲醛涂料

该涂料以聚乙烯醇与甲醛不完全缩合反应而生成的聚乙烯醇半缩醛水溶液为成膜物质，加入颜料、填料及其他助剂，经混合、搅拌、研磨、过滤等工序制成。俗称803内墙涂料。该涂料是106涂料的改进产品，其耐水性、耐擦洗性有所提高，用于一般建筑的内墙装饰。

六、地面涂料

地面涂料用于装饰和保护室内地面。对地面涂料有如下要求：① 良好的耐磨性；② 良好的耐碱性；③ 良好的耐水洗性；④ 良好的抗冲击性；⑤ 施工方便，容易重涂，价格合理。

1. 地面涂料的分类

按被涂覆基层材料的不同，地面涂料分为木地面涂料和水泥地面涂料两大类。木质基层用溶剂型涂料在一般的油漆书籍中有详细的介绍，本节主要介绍用于水泥砂浆基层的地面涂料。由于现在地面装修普遍采用各种陶瓷地砖、天然石材、复合木地板和实木地板，使用水泥砂浆加涂料层的装饰不多，与墙面涂料相比，地面涂料品种较少。

2. 常用地面涂料

（1）聚氨酯—丙烯酸酯地面涂料

聚氨酯—丙烯酸酯地面涂料是以聚氨酯—丙烯酸酯树脂溶液为主要成膜物质，加入适量颜料、填料、助剂等配制而成的一种双组分固化型地面涂料。该涂料的特点是：涂膜光亮平滑，有瓷质感，又称仿瓷地面涂料，具有很好的装饰性、耐磨性、耐水性、耐碱及耐化学药品性能。

聚氨酯—丙烯酸酯地面涂料的主要技术性能指标　表 4-9

指 标 名 称	指 标
干燥时间（h）：表干	≤2
实干	≤24
遮盖力（白色及浅色）（g/m²）	≤170
光泽	≥75
附着力，级	1
硬度	≥0.6
柔韧性，曲率 0.5mm 半径	不破裂
冲击强度，3J	不破裂
耐沸水，5h	无变化
耐磨性（g/m²）	≤0.02
耐沾污性（白色及浅色），5 次循环	合格

因涂料由双组分组成，施工时需按规定比例现场调配，施工比较麻烦，要求严格。该涂料的主要性能见表 4-9。

（2）丙烯酸硅树脂地面涂料

丙烯酸硅树脂地面涂料是以丙烯酸酯树脂和硅树脂复合作为主要成膜物质，加入颜料、填料、助剂、溶剂等配制而成的溶剂型地面涂料。该涂料的特点是：对水泥、砂浆、混凝土、砖等材料表面有很高的渗透性，与基层粘结牢固，涂层不剥落、不粉化、不褪色；涂层具有优良的耐水性、耐污染性、耐洗刷性、耐候性以及较好的耐化学药品性能，因此可用于室内地面装饰。此外，涂料的重新涂刷施工方便，只要在旧的涂层上清除掉表面灰尘和沾污物后即可涂刷涂料。该涂料的主要技术性能见表 4-10。

（3）聚氨酯地面涂料

聚氨酯地面涂料分薄质罩面和厚质弹性地面涂料两类。薄质涂料主要用于木质地板或其他地面的罩面上光，厚质涂料用于涂刷水泥混凝土地面，形成无缝并具有弹性的耐磨涂层，故称之为弹性地面涂料，在这里仅介绍这种涂料。

丙烯酸硅树脂地面涂料的主要技术性能　　　　　　　　表 4-10

指 标 名 称	指　　　标
固体含量（%）	≥35
细度（μm）	≤40
遮盖力（g/m²）	≤100
耐擦洗性（次）	>2000
耐沾污性	≤12
耐人工老化性，2000h	不起泡、不剥落、无裂缝、粉化 1 级、变色 1 级

聚氨酯弹性地面涂料是双组分常温固化型橡胶类涂料。甲组分是聚氨酯预聚体，乙组分是由固化剂、颜料、填料及助剂按一定比例混合，研磨均匀制成。施工时按一定比例将两组分混合、搅拌均匀后涂刷，两组分固化后形成具有一定弹性的彩色涂层。

涂料的特点：

1）聚氨酯地面涂料固化后，具有一定的弹性，且可加入少量的发泡剂形成含有适量泡沫的涂层。脚感舒适，用于高级住宅的地面；

2）涂料与水泥、木材、金属、陶瓷等地面的粘结力强，整体性好；

3）涂层的弹性变形能力大，不会因地基开裂、裂纹而导致涂层的开裂；

聚氨酯地面涂料的主要技术性能　表 4-11

指 标 名 称	指　标
邵氏硬度	74 ~ 91
断裂强度（MPa）	3.8 ~ 19.2
伸长率（%）	103 ~ 272
永久变形（%）	0 ~ 12
阿克隆磨耗（cm³/1.6km）	0.108 ~ 0.16

4）耐磨性好，并且耐油、耐水、耐酸、耐碱，是化工车间较为理想的地面材料；

5）色彩丰富，可涂成各种颜色，也可做成各种图案；

6）重涂性好、便于维修；

7）施工较复杂、原材料具有毒性，施工中应注意通风、防火及劳动保护。价格较贵。

主要技术性能见表 4-11。

七、特种建筑涂料

特种建筑涂料不仅具有保护和装饰功能，而且可赋予建筑物某些特殊功能，如防水、防火、防霉、防腐、保温、隔热等。

1. 防霉涂料

在普通涂料中添加适量抑菌剂或杀菌剂即成防霉涂料。涂料中加入的霉菌抑制剂应符合下列要求：

1）不与涂料中其他组分反应而失去抑菌功能；

2）能均匀分散在涂料中，不使涂料染色或使涂料褪色；

3）在涂膜中能较长时间地保持抑菌功能；

4）对人体无害。

常用的防霉剂有多菌灵、百菌清、福美双、防霉剂 TBZ 等。自然环境中霉菌的种类较多，一种防霉剂往往只对一种或几种霉菌有抑制作用，所以在配制防霉涂料时应根据需抑制的霉菌种类，选用合适的防霉剂，同时涂料的其他组分也应选用不适于霉菌生长的物质，才能获得满意的效果。

常用的防霉涂料有丙烯酸乳胶防霉涂料、醇酸聚氨酯防霉涂料、沥青及氯化橡胶系防霉涂料、聚醋酸乙烯防霉涂料、氯—偏共聚乳液防霉涂料等。

2. 防腐蚀涂料

涂于建筑物表面，能够保护建筑物避免酸、碱、盐及各种有机物侵蚀的涂料称为建筑防腐蚀涂料。

防腐蚀涂料的主要作用原理是把腐蚀介质与被涂基层材料隔离开来，使腐蚀介质无法渗入到被涂覆基层中去，从而达到防腐蚀的目的。

防腐蚀涂料应具备如下基本性能：

1）长期与腐蚀介质接触具有良好的稳定性；

2）涂层具有良好的抗渗性，能阻挡有害介质的侵入；

3）具有一定的装饰效果；

4）与建筑物表面粘结性好，便于涂层维修、重涂；

5）涂层的机械强度较高，不会开裂和脱落；

6）涂层的耐候性好，能长期保持其防腐蚀能力。

防腐蚀涂料的生产方法与普通涂料一样，但在选择原材料时应根据环境的具体要求，选用防腐蚀性和耐候性好的原料。如成膜物质应选用环氧树脂、聚氨酯等；颜料、填料应选用化学稳定性好的瓷土、石英粉、刚玉粉、硫酸钡、石墨粉等。常用的防腐蚀涂料有聚氨酯防腐蚀涂料、环氧树脂防腐蚀涂料、乙烯树脂类防腐蚀涂料、橡胶树脂防腐蚀涂料、改性呋喃树脂防腐蚀涂料等。

3. 建筑防火涂料

建筑防火涂料指能降低被涂基层材料可燃性的一类功能涂料。防火涂料本身不燃或难燃，其涂层能使基层与火隔离，从而延长热侵入被涂物和到达被涂物另一侧所需的时间，达到延迟和抑制火焰蔓延的作用。热侵入被涂物所需时间越长，涂料的防火性能越好。故防火涂料的主要作用是阻燃，如遇大火，防火涂料就几乎不起作用。

防火涂料通常按涂层受热后的状态分为膨胀型和非膨胀型防火涂料两

类。

（1）膨胀型防火涂料

防火涂料涂层受热达到一定温度后即发生膨胀（10～100倍或更多），在被涂物表面与火源之间形成海绵状碳化层，阻止热量向被涂基层传导，同时产生不燃性气体，使可燃性基层的燃烧速度和温度明显降低。此类涂料有下列性质：

1）成膜物质在需要的温度下熔化，以利于膨胀；

2）膨胀时产生稳定的泡沫；

3）涂料不易燃或自身能熄灭。

防火涂料的主要组分有热塑性成膜物质、发泡剂、触媒（又称脱水剂）、碳化剂（受热后能均匀地变成发泡碳化层的物质）及其他组分。常用的膨胀型防火涂料为丙烯酸乳胶防火涂料。该涂料以丙烯酸乳液为基料，磷酸铵和三聚氰胺为发泡剂，季戊四醇为碳化剂，水为分散介质，加入难燃颜料、填料和适量难燃剂配制而成。

（2）非膨胀型防火涂料

非膨胀型防火涂料由难燃或不燃树脂及难燃剂、防火填料等组成。其涂层难燃，能阻止火焰蔓延。

常用的难燃性树脂有卤化的醇酸树脂、聚氨酯、环氧、酚醛、氯化橡胶、氯丁橡胶乳液、聚丙烯酸酯乳液等。水玻璃、硅溶胶、磷酸盐等无机材料亦可作为防火涂料的成膜物质，由它们组成的涂料涂层具有不燃性、不发烟和无毒等特点。

能增加涂膜难燃性的物质称为难燃剂。常用的难燃剂有氯化石蜡、十溴联苯醚、磷酸三氯乙醛酯等，还有锑系、硼系、铝系等无机难燃剂。

第三节　防　水　材　料

防水工程的质量首先取决于防水材料的优劣，同时也受到防水构造设计、防水工程施工等因素的影响。随着科学技术的进步，防水材料的品种、质量都有了很大发展，一些防水功能差、使用寿命短或有损于环境质量的旧防水材料逐步被淘汰，如纸胎沥青油毡、焦油型聚氨酯防水涂料等；一些防水效果好，寿命长且不污染环境的新型防水材料不断涌现并得到了推广。

防水材料可分为柔性防水材料，刚性防水材料和瓦片类防水材料三大类。刚性防水材料主要包括防水混凝土和防水砂浆以及在其表面加涂渗透型的或憎水型的防水涂层。防水混凝土和防水砂浆配制的捷径是掺入化学外加剂，如膨胀剂、防水剂、减水剂、引气剂等。瓦片类防水材料包括黏土瓦、水泥瓦、石棉瓦、琉璃瓦、金属瓦等。

在柔性防水材料中主要包括沥青防水材料、聚合物改性沥青防水材料和高分子防水材料。本节主要介绍柔性防水材料中的后两种防水材料，也是工程中应用最为广泛的防水材料。

防水材料的分类列于表4-12。

防 水 材 料 分 类 表 4-12

材性	类别	品种	材性类型		品　名	序号
柔性防水材料	防水卷材	合成高分子卷材	橡胶型	硫化型	三元乙丙—丁基橡胶卷材	1
					三元乙丙橡胶卷材	2
					丁基橡胶卷材	3
					氯化聚乙烯橡胶共混卷材	4
					氯磺化聚乙烯卷材	5
				非硫化型	氯化聚乙烯卷材	6
					三元乙丙—丁基橡胶卷材	7
				增强型	氯化聚乙烯 LYX—603 卷材	8
				再生型	硫化型橡胶卷材	9
					三元丁橡胶卷材	10
				自粘型	自粘型高分子卷材	11
			橡塑类		氯化聚乙烯橡塑共混卷材	12
					三元乙丙—聚乙烯共混卷材	13
			树脂型		聚氯乙烯卷材	14
					低密度聚乙烯卷材	15
					高密度聚乙烯卷材	16
					EVA 卷材	17
		聚合物改性沥青卷材	弹性体改性		丁苯橡胶改性沥青卷材	18
					SBS 橡胶改性沥青卷材	19
					再生胶粉改性沥青卷材	20
			塑性体改性		APP（APAO）改性沥青卷材	21
					PVC 改性焦油沥青卷材	22
			自粘型卷材		自粘型改性沥青卷材	23
		沥青卷材	普通沥青		纸胎油毡	24
			氧化沥青		氧化沥青油毡	25

续表

材性	类别	品种	材性类型		品　名	序号
柔性防水材料	防水涂料	合成高分子涂料	橡胶型	双组分（反应型）	彩色聚氨酯涂料（PU）	26
					石油沥青聚氨酯涂料	27
					焦油沥青聚氨酯涂料（851）	28
				单组分（挥发型）	氯磺化聚乙烯涂料	29
					硅橡胶涂料	30
			树脂型（挥发型）		丙烯酸涂料	31
					EVA涂料	32
			有机无机复合型		聚合物水泥基涂料	33
		聚合物改性沥青涂料	溶剂型		SBS改性沥青涂料	34
					丁基橡胶改性沥青涂料	35
					再生橡胶改性沥青涂料	36
					PVC改性焦油沥青涂料	37
			水乳型		水乳型氯丁胶改性沥青涂料	38
					水乳型再生橡胶改性沥青涂料	39
		沥青基涂料	水乳型		石灰乳化沥青防水涂料	40
					膨润土乳化沥青防水涂料	41
					石棉乳化沥青防水涂料	42
	密封材料	合成高分子密封材料	不定型	橡胶型	硅酮密封膏	43
					改性硅酮密封膏	44
					聚硫密封膏	45
					氯磺化聚乙烯密封膏	46
					丁基密封膏	47
				树脂型	水性丙烯酸密封膏	48
					聚氨酯密封膏	49
			定型	橡胶类	橡胶止水带	50
					遇水膨胀橡胶止水带	51
				树脂类	塑料止水带	52
				金属类	金属止水带	53
		高聚物改性沥青密封材料	石油沥青类		丁基橡胶改性沥青密封胶	54
					SBS改性沥青密封胶	55
					再生橡胶改性沥青密封胶	56
			焦油沥青类		塑料油膏	57
					聚氯乙烯胶泥（PVC胶泥）	58

一、石油沥青

石油沥青是原油提炼多种工业用油后的副产品，属憎水性材料。它具有防水可靠、粘结力强、耐化学腐蚀等特性，主要用于屋面防水、地下防水以及耐腐蚀地面及路面工程。它的主要缺点是对温度变化比较敏感。建筑工程中广为应用的是石油沥青，偶尔也用到煤沥青（属焦油沥青）。煤沥青的防腐性能优于石油沥青，但主要工程性质不如石油沥青。

1. 石油沥青的组成

石油沥青含有多种碳氢化合物。从工程应用出发，常将石油沥青中具有某些共同性质（如密度、分子量等）的碳氢化合物作为一个"组分"或"组丛"，不同组分的碳氢化合物对沥青性质的影响不同。表4-13列出了石油沥青各组分的名称、特性及其对沥青性质的影响。

石油沥青各组分的特性　　　　　　　　　表 4-13

组分名称	颜色	状态	密度（g/cm³）	分子量	含量（%）	特点	作用
油分	无色至淡黄色	液体	0.7～1.0	300～500	45～60	溶于苯等有机溶剂，不溶于酒精	赋予沥青以流动性，但含量多时，沥青的温度稳定性差
树脂	黄色至黑褐色	半固体	1.0～1.1	600～1000	15～30	溶于汽油等有机溶剂，难溶于酒精和丙酮	赋予沥青以塑性，树脂组分含量高，不但沥青塑性好，粘性也好
地沥青质	深褐色至黑色	固体	1.1～1.5	1000～6000	5～30	溶于三氯甲烷、二硫化碳，不溶于酒精	赋予沥青温度稳定性和粘性，地沥青质含量高，温度稳定性好，但其塑性降低，沥青的硬脆性增加

石油沥青中尚含有少量石蜡。石蜡为固态烷烃，是沥青的有害成分，它会降低石油沥青的粘性、塑性和温度稳定性。

石油沥青在热、阳光、空气和水等外界因素作用下，各个组分会不断递变，低分子量化合物将逐步向高分子量化合物转变，即油分和树脂逐渐减少，地沥青质逐渐增多，使沥青随着时间的推移表现为黏性和塑性逐渐变小，硬脆性逐渐增大，直到脆裂。这个过程称为石油沥青的老化。老化缩短了沥青的使用寿命，劣化了使用效果。

2. 石油沥青的技术性质

石油沥青的技术性质主要包括黏性、塑性、温度稳定性和大气稳定性等。

（1）黏性

黏性是指沥青在外力作用下，抵抗变形的能力。它是沥青的主要技术性质之一。沥青的黏性不但与组分有关，而且受温度的影响较大，一般随地沥青质含量增加而增大，随温度升高而降低。

对于黏稠或固体石油沥青的相对黏度，可用针入度仪测定并以针入度表示。用重量为 100g 的标准针，贯入 25℃ 的沥青中，经 5s 贯入的深度，即为针入度，以 1/10mm 为单位表示。针入度值愈大，表明沥青抵抗变形能力愈小，黏性愈小。图 4-7 为针入度测定示意图。

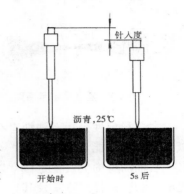

图 4-7 针入度测定示意图

（2）塑性

塑性指石油沥青在外力作用下，产生变形而不破坏，除去外力后，仍保持变形后的形状的性质，是沥青主要技术性质之一。

沥青的塑性和黏性与组分含量、温度变化有关。地沥青质的含量增加，黏性增大，塑性降低；树脂含量较多，沥青胶团膜层增厚，则塑性提高；沥青塑性随其温度的升高而增大。在常温下，塑性较好的沥青在产生裂缝时，也可能由于特有的黏塑性而自行愈合。故塑性还反映了沥青开裂后的自愈能力。沥青之所以能制造出性能良好的柔性防水材料，很大程度上取决于这种性质。沥青的塑性对冲击振动荷载，有一定吸收能力，并能减少摩擦时的噪声，故沥青也是一种优良的路面材料。

用以衡量塑性的指标是延度。

延度可用延伸仪测定。将沥青制成"8"字形试件，在 25℃ 温度下，以 5cm/min 的速度拉至断裂时的伸长值即为延度，以 cm 为单位表示。沥青的延度越大，塑性越好。图 4-8 为测定示意图。

（3）温度稳定性

温度稳定性是指石油沥青的黏性和塑性随温度升降而变化的性能。是评价沥青质量的重要性质之一。

用以衡量温度稳定性的指标是软化点。软化点是沥青由高弹态向黏流态转化的温度。用环球法测定。将沥青试样熔融后装入直径约 16mm 的铜环内，冷却后在上面放置一标准钢球（直径 9.5mm，重 3.5g），浸入水或甘油中，以规定升温速度（5℃/min）加热，使沥青软化下垂，当下垂距离为 25.4mm 时的温度即为软化点，以 ℃ 为单位表示（图 4-9）。

上述三项性质是石油沥青的主要技术性质。主要依据这三项性质指标确定石油沥青牌号。

（4）大气稳定性

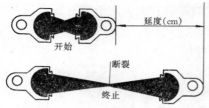
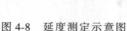

图 4-8 延度测定示意图

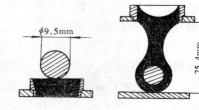

图 4-9 软化点测定示意图

大气稳定性是指石油沥青在热、阳光、氧气和潮湿等因素的长期综合作用下抵抗老化的性能。

石油沥青的大气稳定性常以蒸发损失和蒸发后针入度比来评定。测定方法是先测定沥青试样的重量及其针入度，然后将试样置于加热损失试验专用烘箱中，在 160℃ 下蒸发 5h，待冷却后再测其重量及针入度。计算蒸发损失重量占原重量的百分数，称为蒸发损失；计算蒸发后针入度占原针入度的百分数，称为蒸发后的针入度比。蒸发损失愈小和蒸发后针入度比愈大，则表示大气稳定性愈高，老化愈慢。

3．石油沥青的技术标准及应用

（1）石油沥青的技术标准

石油沥青分道路石油沥青、建筑石油沥青和普通石油沥青三种。技术指标见表 4-14。

从表 4-14 可看出，三种石油沥青都是近似按针入度指标来划分牌号的，牌号数字约为针入度的平均值。每个牌号还应保证相应的延度和软化点。此外，为全面了解石油沥青的性质，对溶解度、蒸发损失、闪点等也有相应的规定。

石油沥青的技术标准   表 4-14

名 称 指 标　　牌 号	道路石油沥青 （SY 1661—1985）							建筑石油沥青 （GB 494—1985）		普通石油沥青 （SY 1665—1977）		
	200	180	140	100甲	100乙	60甲	60乙	30	10	75	65	55
针入度（25℃，100g）（1/10mm）	201～300	161～200	121～160	91～120	81～120	51～80	41～80	25～40	10～25	75	65	55
延度（25℃），不小于（cm）	—	100	100	90	60	70	40	3	1.5	2	1.5	1
软化点（环球法），不低于（℃）	30	35	35	42～50	42	45～50	45	70	95	60	80	100
溶解度（三氯乙烯，四氯化碳，或苯）不小于（%）	99	99	99	99	99	99	99	99.5	99.5	98	98	98

续表

名 称 牌 号 指 标	道路石油沥青 (SY 1661—1985)							建筑石油沥青 (GB 494—1985)		普通石油沥青 (SY 1665—1977)		
	200	180	140	100甲	100乙	60甲	60乙	30	10	75	65	55
蒸发损失（160℃，5h）不大于（%）	1	1	1	1	1	1	1	1	1	—	—	—
蒸发后针入度比不小于（%）	50	60	60	65	65	70	70	65	65	—	—	—
闪点（开口），不低于（℃）	180	200	230	230	230	230	230	230	230	230	230	230

（2）石油沥青的应用

1）石油沥青的选用

常用的建筑石油沥青和道路石油沥青的牌号与主要性质之间的关系是：牌号愈高，其黏性愈小（即针入度越大），塑性愈大（即延度越大），温度稳定性愈低（即软化点愈低）。为了有效地使用沥青，一般应根据当地气候条件、工程性质及工程的具体部位，妥善选用沥青的品种和牌号。

建筑石油沥青主要用于屋面及地下防水、沟槽防水和防腐工程。道路石油沥青主要用于道路路面或车间地面等工程。对高温地区及受日晒部位，为了防止沥青受热软化，应选用牌号较低的沥青；如作为屋面的沥青，其软化点应比本地区屋面可能达到的最高温度高 20～25℃，以免夏季流淌。对寒冷地区，不仅要考虑冬季低温时沥青易脆裂而且要考虑受热软化，故宜选用中等牌号的沥青；对不受大气影响的部位，可选用牌号较高的沥青；如用于地下防水工程的沥青，其软化点可不低于 40℃。当缺乏所需牌号的沥青时，可用不同牌号的沥青进行掺配。

普通石油沥青含石蜡较多（一般大于 5%，有的高达 20%）故又称多蜡石油沥青。其黏性小，塑性差，特别是温度稳定性差，"一软即流"，在建筑工程中不宜直接使用，一般可与建筑石油沥青掺配使用。

2）石油沥青的掺配

沥青在实际使用中，某一牌号的沥青不一定能完全满足工程要求，因此需用不同牌号沥青进行掺配。

掺配时应保证掺配量与软化点之间呈比例关系，通常按直线律（图 4-10）进行两种沥青掺配计算。

$$Q_1 = \frac{T_2 - T}{T_2 - T_1} \times 100$$

$$Q_2 = 100 - Q_1$$

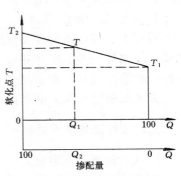

图 4-10 沥青掺配比例图

式中 Q_1——牌号较高沥青的掺量,%;

$\quad\quad Q_2$——牌号较低沥青的掺量,%;

$\quad\quad T$——掺配后所需的软化点,℃;

$\quad\quad T_1$——牌号较高沥青的软化点,℃;

$\quad\quad T_2$——牌号较低沥青的软化点,℃。

【例】 某工程需用软化点为60℃的石油沥青,现有30号和200号两种石油沥青,试计算这两种石油沥青的掺量。

【解】 已知200号石油沥青软化点为30℃,30号石油沥青软化点为70℃;

则 200号沥青掺量 $\quad Q_1 = \dfrac{70-60}{70-30} \times 100 = 25$ (%)

$\quad\quad$ 30号沥青掺量 $\quad Q_2 = 100 - 25 = 75$ (%)

由计算公式求出的掺量,应进行试配,试配前应按计算的比例进行±5%~10%的调整,然后分别测定混合后沥青的软化点,绘制"掺配比—软化点"曲线,从曲线上可确定所要求的掺配比例。

二、石油沥青的改性

防水工程所用沥青材料应具备良好的综合性能。如在高温条件下,应具有一定的强度和热稳定性而不流淌;在低温条件下,具有一定的弹性和塑性而不脆断,以及在使用条件下的抗老化能力,还应与各种矿物质材料有良好的粘结性。沥青本身不能完全满足这些要求,故常给沥青中掺入一定量的橡胶、树脂等高分子材料对沥青进行改性,并以这些改性沥青作基材加工成防水卷材,防水涂料及密封材料。

1. 橡胶改性沥青

常用于沥青改性的合成橡胶有丁基橡胶、氯丁橡胶、三元乙丙橡胶以及再生橡胶等,这些合成橡胶的性能详见本章第一节。改性后的沥青具有了橡胶的一些优点,使其低温柔性、耐热性、粘结性、抗老化性等得到了明显改善。

2. 树脂改性沥青

常用于沥青改性的合成树脂(高聚物)有聚乙烯、聚氯乙烯、聚丙烯以及苯乙烯—丁二烯—苯乙烯(SBS)等,这些合成树脂的结构、性能详见本章第一节。改性后的沥青具有了相应树脂的一些特点,使其温度稳定性,粘结性、抗老化性、弹性和塑性得到大幅度提高。

三、改性沥青防水材料

1. 改性沥青防水卷材

传统的纸胎石油沥青卷材是以原纸做胎体,以石油沥青做涂盖料构成的卷材。它无延伸率，低温易脆裂，高温易流淌，拉力低，易腐烂，寿命短且施工工艺复杂、落后。高聚物改性沥青防水卷材是它的换代产品，属中档防水材料，在我国已获得广泛应用，品种达20余种。

（1）改性沥青防水卷材的构成

改性沥青防水卷材由涂盖料、胎体材料和覆面材料三部分构成。涂盖料系用不同高聚物改性后的沥青，主要品种如表4-15。胎体材料有聚酯毡（高拉力，较高延伸率）和玻纤毡（中等拉力、低延伸率且质地较脆）两类，覆面材料有不同颜色的矿物粒（片）料、细砂、铝箔、聚乙烯膜等。覆面材料除对卷材起保护作用外，尚可降低卷材表面温度，如表4-16。

改性沥青防水卷材的涂盖料　　　　　　　　　　　　表4-15

涂盖料名称	改 性 高 聚 物		类　属
	代 号	化 学 名 称	
SBS改性沥青	SBS	苯乙烯—丁二烯嵌段物	弹性体
APP改性沥青	APP	无规聚丙烯	塑性体
SBR改性沥青	SBR	丁苯橡胶	弹性体
EPDM改性沥青	EPDM	三元乙丙橡胶	弹性体
EVA改性沥青	EVA	乙烯—醋酸乙烯	塑性体
PVC改性沥青	PVC	聚氯乙烯	塑性体
再生橡胶改性沥青	—	—	弹性体

不同覆面材料卷材的夏季　　表4-16
表面温度（北京地区）

序　号	覆 面 材 料	卷材表面温度，℃
1	无覆面层（黑色）	90
2	黑色页岩片	82
3	绿色页岩片	70
4	白色页岩片	55
5	铝　箔	< 50

同一种涂盖料的卷材，改变胎体材料或覆面材料，可以制成不同品种、不同性能的改性沥青防水卷材。所以在设计选材时，除注明防水卷材名称外，尚应注明胎体类别及覆面材料种类。

（2）改性沥青防水卷材的质量标准

我国标准《弹性体改性沥青防水卷材》（GB 18242—2000）和《塑性体改性沥青防水卷材》（GB 18243—2000）详细规定了该类防水材料的分类、技术要求、试验方法、检验规则等。所谓弹性体改性沥青防水卷材是以苯乙烯—丁二烯—苯乙烯（SBS）为改性剂的改性沥青为涂盖料，以聚酯毡或玻纤毡为胎体，以聚乙烯膜或细砂或矿物粒（片）料为覆面材料而制成的防水卷材。所谓塑性体改性沥青防水卷材是以无规聚丙烯（APP）或聚烯烃类聚合物（APAO·APO）为改性剂的改性沥青为涂盖料，以聚酯毡或玻纤毡为胎体，以聚乙烯膜或细砂或矿物粒（片）料为覆面材料而制成的防水卷材。

各材料代号如下：聚酯胎（PY）；玻纤胎（G）；聚乙烯膜（PE）；细砂（S）；矿物粒（片）料（M）。

改性沥青防水卷材按其物理力学性能分为Ⅰ型和Ⅱ型。Ⅰ型产品质量水平为国际一般水平，Ⅱ型为国际先进水平。产品幅宽 1.0m，聚酯毡胎体卷材厚度为 3mm 或 4mm，玻纤毡胎体卷材厚度为 2mm 或 3mm 或 4mm。产品卷重、面积及厚度允许偏差如表 4-17。

弹性体改性沥青防水卷材和塑性体改性沥青防水卷材的物理力学性能应分别符合表 4-18，表 4-19 的规定。

改性沥青防水卷材的卷重、面积及厚度（GB 18242—2000）　　表 4-17

厚度（mm）		2		3			4					
覆 面 材 料		PE	S	PE	S	M	PE	S	M	PE	S	M
面积（m²/卷）	公称面积	15		10			10			7.5		
	偏　差	± 0.15		± 0.10			± 0.10			± 0.10		
最低卷重（kg/卷）		33.0	37.5	32.0	35.0	40.0	42.0	45.0	50.0	31.5	33.0	37.5
厚度（mm）	平均值 ≥	2.0		3.0		3.2	4.0		4.2	4.0		4.2
	最小值	1.7		2.7		2.9	3.7		3.9	3.7		3.9

弹性体改性沥青防水卷材的物理力学性能（GB 18242—2000）　　表 4-18

序号	胎　基		PY		G	
	型　号		Ⅰ	Ⅱ	Ⅰ	Ⅱ
1	可溶物含量（g/m²）≥	2mm	—		1300	
		3mm	2100			
		4mm	2900			
2	不透水性	压力（MPa）≥	0.3		0.2	0.3
		保持时间（min）≥	30			
3	耐　热　度（℃）		90	105	90	105
			无滑动、流淌、滴落			
4	拉力（N/50mm）≥	纵　向	450	800	350	500
		横　向			250	300
5	最大拉力时延伸率（%）≥	纵　向	30	40		
		横　向				

续表

序号	胎　基		PY		G	
	型　号		Ⅰ	Ⅱ	Ⅰ	Ⅱ
6	低　温　柔　度　（℃）		− 18	− 25	− 18	− 25
			无　裂　纹			
7	撕裂强度（N）≥	纵　　向	250	350	250	350
		横　　向			170	200
8	人工气候加速老化，（氙弧光灯法，720h）	外　观	无滑动、流淌、滴落			
		纵向拉力保持率（%）≥	80			
		低温柔度（℃）	− 10	− 20	− 10	− 20
			无　裂　纹			

注：表中 1～6 项为强制性项目。

塑性体改性沥青防水卷材的物理力学性能（GB 18243—2000）　**表 4-19**

序号	胎　基		PY		G	
	型　号		Ⅰ	Ⅱ	Ⅰ	Ⅱ
1	可溶物含量（g/m²）≥	2mm	—			1300
		3mm	2100			
		4mm	2900			
2	不透水性	压力（MPa）≥	0.3		0.2	0.3
		保持时间（min）≥	30			
3	耐　热　度　（℃）		110	130	110	130
			无滑动、流淌、滴落			
4	拉力（N/50mm）≥	纵　　向	450	800	350	500
		横　　向			250	300
5	最大拉力时延伸率（%）≥	纵　　向	25	40	—	
		横　　向				
6	低　温　柔　度　（℃）		− 5	− 15	− 5	− 15
			无　裂　纹			
7	撕裂强度（N）≥	纵　　向	250	350	250	350
		横　　向			170	200
8	人工气候加速老化，（氙弧灯法，720h）	外　观	无滑动、流淌、滴落			
		纵向拉力保持率（%）≥	80			
		低温柔度（℃）	3	− 10	3	− 10
			无　裂　纹			

注：表中 1～6 项为强制性项目。

2. 改性沥青防水涂料

改性沥青防水涂料的成膜物是高聚物改性沥青。常用高聚物为各类橡胶或胶乳,如氯丁橡胶沥青防水涂料(水乳型)、丁基橡胶沥青防水涂料(溶剂型)、丁苯胶乳沥青防水涂料(水乳型)、再生橡胶沥青防水涂料(溶剂型)等。由于高聚物的改性作用,使得改性沥青防水涂料的性能优于沥青基防水涂料(如乳化沥青类防水涂料等)。

(1)防水涂料的特点

防水涂料是依靠成膜物形成涂膜而防水的,其主要特点如下:

1)防水涂料呈液态施工,故能适应各种复杂的表面并可形成无接缝的完整防水涂膜;

2)施工时不需加热,不污染环境,便于施工操作,改善了劳动条件;

3)在形成防水层的过程中,同时与基层粘结良好,既保证了粘结质量,又节省了胶粘剂;

4)由于防水层与基层粘结紧密,故工程渗漏点与防水层破损点较为一致,方便维修;

5)涂料多需现场配制,故成膜质量受现场条件、操作水平影响较大;

6)涂膜薄,耐穿刺性差。

(2)改性沥青防水涂料的质量标准

考虑到防水涂料品种繁多,在参照主要品种技术规范和国外有关涂料技术标准的条件下,国家标准《屋面工程质量验收规范》(GB 50207—2002)对改性沥青防水涂料的质量指标规定如表4-20。

质量标准中的"固体含量"是各类防水涂料的主要成膜物质,它的多少直接关系到防水涂膜质量的优劣;"耐热度"不低于80℃是沥青黑色屋面吸收太阳辐射热条件下不产生流淌的基本要求,"延伸性"主要是为了保证涂膜具有适应基层变形的能力,保证防水效果;"柔性"主要保证涂膜对低温有一定的适应性,以保证低温条件下的防水效果。

高聚物改性沥青防水涂料 **表 4-20**
质量标准(GB 50207—2002)

项　　目		质量要求
固体含量(%)不小于		43
耐热度(80℃,5h)		无流淌,起泡和滑动
柔性,−10℃,3mm 厚,ϕ20mm		无裂纹,断裂
不透水性	压力(MPa)不小于	0.1
	保持时间(min)不小于	30,不渗透
延伸,20±2℃(mm)不小于		4.5

目前国内应用最多的改性沥青防水涂料是氯丁橡胶沥青防水涂料和再生橡胶沥青防水涂料,均为水乳型,一般稠度小,涂膜薄,在防水要求较高的工程中,不宜作为单独防水层,也不宜用于浸水环境的防水。

四、高分子防水材料

高分子防水材料主要包括高分子防水卷材、高分子防水涂料和高分子密封材料。

1. 高分子防水卷材

高分子防水卷材系以橡胶或高聚物为主要原料，掺入适量填料、增塑剂等改性剂经混练造粒、压延等工序制成的防水卷材，属高档防水材料。

高分子防水卷材具有抗拉强度高、延伸率大、自重轻（$2kg/m^2$）、使用温度范围宽（$-40 \sim 80℃$）、可冷施工等优点，主要缺点是耐穿刺性差（厚度 $1 \sim 2mm$）、抗老化能力弱。所以其表面常施涂浅色涂料（少吸收紫外线）或以水泥砂浆、细石混凝土、块体材料作卷材的保护层。

（1）高分子防水卷材的分类

目前国内高分子防水卷材的分类如表4-21。

（2）高分子防水卷材的质量标准

高分子防水卷材的分类（GB 18173—2000）　　　　表 4-21

分　类		代　号	主　要　原　材　料
均质卷材	硫化橡胶类	JL1	三元乙丙橡胶
		JL2	橡胶（橡塑）共混
		JL3	氯丁橡胶、氯磺化聚乙烯、氯化聚乙烯等
		JL4	再生胶
	非硫化橡胶类	JF1	三元乙丙橡胶
		JF2	橡塑共混
		JF3	氯化聚乙烯
	树脂类	JS1	聚氯乙烯等
		JS2	乙烯醋酸乙烯、聚乙烯等
		JS3	乙烯醋酸乙烯改性沥青共混等
复合卷材	硫化橡胶类	FL	乙丙、丁基、氯丁橡胶、氯磺化聚乙烯等
	非硫化橡胶类	FF	氯化聚乙烯、乙丙、丁基、氯丁橡胶、氯磺化聚乙烯等
	树脂类	FS1	聚氯乙烯等
		FS2	聚乙烯等

《高分子防水材料》（GB 18173.1—2000）对高分子防水卷材（也称片材）的技术要求如下：

1）规格

卷材的厚度，橡胶类为 $1.0 \sim 2.0mm$，树脂类为 $0.5mm$ 以上；卷材的宽度，橡胶类为 1.0～1.2m，树脂类为 1.0～2.0m；卷材的长度为 20m 以上。

2）外观质量

① 卷材表面应平整，边缝整齐，不能有裂纹、机械损伤、折痕、穿孔及异常粘着部分等影响使用的缺陷。

② 在不影响使用的条件下，表面缺陷应符合下列规定：

凹痕深度不得超过卷材厚度的 30％，树脂类卷材不得超过 5％；

杂质，不得超过 $9mm^2/m^2$；

气泡深度不得超过卷材厚度的 30％，含量不得超过 $7mm^2/m^2$，但树脂类卷材不允许。

3）物理力学性能应符合表 4-22、表 4-23 的要求。

均质高分子卷材的物理力学性能（GB 18173.1—2000）　　表 4-22

项　目		指　标									
		硫化橡胶类				非硫化橡胶类			树脂类		
		JL1	JL2	JL3	JL4	JF1	JF2	JF3	JS1	JS2	JS3
断裂拉伸强度（MPa）	常温 ≥	7.5	6.0	6.0	2.2	4.0	3.0	5.0	10	16	14
	60℃ ≥	2.3	2.1	1.8	0.7	0.8	0.4	1.0	4	6	5
扯断伸长率（％）	常温 ≥	450	400	300	200	450	200	200	200	550	500
	−20℃ ≥	200	200	170	100	200	100	100	150	350	300
撕裂强度（kN/m）≥		25	24	23	15	18	10	10	40	60	60
不透水性，30min 无渗漏（MPa）		0.3	0.3	0.2	0.2	0.3	0.2	0.2	0.3	0.3	0.3
低温弯折（℃）≤		−40	−30	−30	−20	−30	−20	−20	−20	−35	−35
加热伸缩量（mm）	延伸 ≤	2	2	2	2	2	4	4	2	2	2
	收缩 ≤	4	4	4	4	4	6	10	6	6	6
热空气老化，80℃，（68h）	断裂拉伸强度保持率（％）≥	80	80	80	80	90	60	80	80	80	80
	扯断伸长率保持率（％）≥	70	70	70	70	70	70	70	70	70	70
	100％伸长率外观	无　裂　纹									
耐碱性，10% Ca(OH)₂，常温 168h	断裂拉伸强度保持率（％）≥	80	80	80	80	80	70	70	80	80	80
	扯断伸长率保持率（％）≥	80	80	80	80	90	80	70	90	90	90
臭氧老化 40℃，168h	伸长率,40％,500pphm	无裂纹	—	—	—	无裂纹	—	—	—	—	—
	伸长率,20％,500pphm	—	无裂纹	—	—	—	—	—	—	—	—
	伸长率,20％,500pphm	—	—	无裂纹	—	—	—	—	—	—	—
	伸长率,20％,500pphm	—	—	—	无裂纹	—	无裂纹	无裂纹	—	—	—

续表

项　目		指　　标									
		硫化橡胶类				非硫化橡胶类			树脂类		
		JL1	JL2	JL3	JL4	JF1	JF2	JF3	JS1	JS2	JS3
人工候化	断裂拉伸强度保持率(%)≥	80	80	80	80	80	70	80	80	80	80
	扯断伸长率保持率(%)≥	70	70	70	70	70	70	70	70	70	70
	100%伸长率外观	无　裂　纹									

注：1. 厚度小于 0.8mm 的性能允许达到规定性能的 80%以上。

2. 卷材纵横向性能均应满足。

复合高分子卷材的物理力学性能（GB 18173.1—2000）　　　表 4-23

项　　目		种　　类			
		硫化橡胶类	非硫化橡胶类	树脂类	
		FL	FF	FS1	FS2
断裂拉伸强度（N/cm）	常　温　≥	80	60	100	60
	60℃　≥	30	20	40	30
胶断伸长率（%）	常　　温　≥	300	250	150	400
	−20℃　≥	150	150	10	10
撕裂强度（N）		40	20	20	20
不透水性，30min，无渗漏（MPa）		0.3	0.3	0.3	0.3
低温弯折（℃）　≤		−35	−20	−30	−20
加热伸缩量（mm）	延　伸　≤	2	2	2	2
	收　缩　≤	4	4	2	4
热空气老化，80℃，168h	断裂拉伸强度保持率(%)≥	80	80	80	80
	胶断伸长率保持率(%)≥	70	70	70	70
耐碱性,10%Ca(OH)₂,常温 168h	断裂拉伸强度保持率(%)≥	80	60	80	80
	胶断伸长率保持率(%)≥	80	60	80	80
臭氧老化,40℃,168h,200pphm		无　裂　纹			
人工候化	断裂拉伸强度保持率(%)≥	80	70	80	80
	胶断伸长率保持率(%)≥	70	70	70	70

注：1. 以胶断伸长率为其扯断伸长率。

2. 带织物加强层的复合卷材,其主体材料厚度小于 0.8mm 时,不考核胶断伸长率。

3. 卷材纵横向性能均应满足。

4. 厚度小于 0.8mm 的性能允许达到规定性能的 80%以上。

2.高分子防水涂料

我国目前应用较多的高分子防水涂料有：聚氨酯防水涂料、硅橡胶防水涂料、氯磺化聚乙烯橡胶防水涂料和丙烯酸酯防水涂料等。高分子防水涂料的质量应符合表4-24的规定。

合成高分子防水涂料物理性能（GB 50207—2002）　　　　表4-24

项　　目		性　能　要　求		
		反应固化型	挥发固化型	聚合物水泥涂料
固体含量（%）		≥94	≥65	≥65
拉伸强度（MPa）		≥1.65	≥1.5	≥1.2
断裂延伸率（%）		≥350	≥300	≥200
柔　性　（℃）		−30,弯折无裂纹	−20,弯折无裂纹	−10,绕 ϕ10mm 棒无裂纹
不透水性	压力（MPa）	≥0.3		
	保持时间（min）	≥30		

聚氨酯防水涂料按成膜物质分为：煤焦油聚氨酯、沥青聚氨酯和纯聚氨酯。由于煤焦油聚氨酯污染环境，以它为成膜物的聚氨酯防水涂料已禁止使用。

五、建筑密封材料

建筑密封材料主要用于混凝土等构配件的拼接缝，各种防水材料的接缝和接头的密封防水处理，常和防水卷材、防水涂料、刚性防水等配合使用，很少单独做防水层。

建筑密封材料有定形和非定形之分。非定形密封材料为黏稠膏状体，称为密封膏或密封胶；定形密封材料是将密封材料按密封部位的不同要求制成带、条、垫片等形状的密封材料。建筑密封材料按所用材料成分分为高聚物改性密封材料和合成高分子密封材料。密封材料按性能不同可分为弹性密封材料和塑性密封材料，可为单组分密封材料，也可以为双组分密封材料。

为保证防水密封的效果，建筑密封材料应具有水密性和气密性，良好的粘结性，良好的耐高低温性和耐老化性能，一定的弹塑性和拉伸—压缩循环性能。密封材料的选用，应首先考虑它的粘结性能和使用部位。密封材料与被粘基层的良好粘结，是保证密封的必要条件。因此，应根据被粘基层的材质、表面状态和性质来选择粘结性良好的密封材料。建筑物中不同部位的接缝，对密封材料的要求不同，如室外的接缝要求较高的耐候性，而伸缩缝则要求较好的弹塑性和拉伸—压缩循环性能。

1. 非定形密封材料

常用的非定形密封材料，改性沥青的有沥青嵌缝油膏；合成高分子密封材料有丙烯酸酯密封膏、聚氨酯密封膏、硅酮密封膏和有机硅橡胶密封膏等。

（1）沥青嵌缝油膏

沥青嵌缝油膏是以石油沥青为基料，加入废橡胶粉等改性材料、稀释剂及填充料混合制成的密封膏。

（2）丙烯酸酯密封膏

丙烯酸酯密封膏是在丙烯酸酯乳液中掺入表面活性剂、增塑剂、分散剂、填料等配制而成，通常为水乳型。它具有良好的粘结性能、弹性和低温柔性，无溶剂污染，无毒，具有优异的耐候性。适用于屋面、墙板、门、窗嵌缝。

（3）聚氨酯密封膏

聚氨酯密封膏一般用双组分配制。使用时，将甲乙两组分按比例混合，经固化反应成弹性体。聚氨酯密封膏的弹性、粘结性及耐候性好，可做屋面、墙面的水平或垂直接缝，尤其适用于水池、公路及机场跑道的补缝、接缝，也可用于玻璃、金属材料的嵌缝。

（4）硅酮密封膏

硅酮密封膏是以聚硅氧烷为主要成分的单组分或双组分室温固化型的建筑密封材料。目前大多为单组分，它以硅氧烷聚合物为主体，加入硫化剂、硫化促进剂以及增强填料组成。硅酮密封膏具有优异的耐热、耐寒性和良好的耐候性；与各种材料都有较好的粘结性能；耐拉伸—压缩疲劳性强，耐水性好。

改性沥青密封材料和合成高分子密封材料的物理性能应分别符合表 4-25 和表 4-26 的规定。

改性石油沥青密封材料物理性能（GB 50207—2002）　　表 4-25

项　目		性　能　要　求	
		Ⅰ	Ⅱ
耐热度	温　度（℃）	70	80
	下垂值（mm）	≤4.0	
低温柔性	温　度（℃）	−20	−10
	粘结状态	无裂纹和剥离现象	
拉伸粘结性（%）		≥125	
浸水后拉伸粘结性（%）		≥125	
挥发性（%）		≤2.8	
施工度（mm）		≥22.0	≥20.0

注：改性石油沥青密封材料按耐热度和低温柔性分为Ⅰ类和Ⅱ类。

合成高分子密封材料物理性能（GB 50207—2002）　　表 4-26

项　目		性　能　要　求	
		弹性体密封材料	塑性体密封材料
拉伸粘结性	拉伸强度（MPa）	≥0.2	≥0.02
	延伸率（%）	≥200	≥250

续表

项　　　目		性　能　要　求	
		弹性体密封材料	塑性体密封材料
柔性（℃）		－30，无裂纹	－20，无裂纹
拉伸—压缩循环性能	拉伸—压缩率（％）	≥±20	≥±10
	粘结和内聚破坏面积（％）	≤25	

2. 定形密封材料

定形密封材料包括密封条带和止水带，如铝合金门窗橡胶密封条、丁腈胶—PVC 门窗密封条、自粘性橡胶、水膨胀橡胶、橡胶止水带、塑料止水带等。定形密封材料按密封机理的不同可分为遇水非膨胀型和遇水膨胀型两类。下面简要介绍止水带的性能及用途。

止水带也称为封缝带，是处理建筑物或地下构筑物接缝（伸缩缝、施工缝、变形缝等）用的一种定形防水密封材料。橡胶止水带是以天然橡胶或合成橡胶为主要原料，掺入各种助剂及填料加工制成。它具有良好的弹性、耐磨性及抗撕裂性能，变形能力强，防水性能好。一般用于地下工程、小型水坝、贮水池、地下通道等工程的变形接缝部位的隔离防水以及水库、输水洞等处的闸门密封止水，不宜用于温度过高、受强烈氧化作用或受油类等有机溶剂侵蚀的环境中。塑料止水带目前多为软质聚氯乙烯塑料止水带，是由聚氯乙烯树脂、增塑剂、稳定剂等原料加工制成。塑料止水带的优点是原料来源丰富、价格低廉、耐久性好，可用于地下室、隧道、涵洞、溢洪道、沟渠等水工构筑物的变形缝的防水。

六、防水材料的选用

防水工程质量受诸多因素的影响，是一个系统工程。除防水材料质量低劣可导致渗漏外，防水工程设计、施工及维护等因素均直接关系着防水工程的寿命。

防水材料品种繁多，形态各异，性能有高、中、低档之分，价格也相差悬殊，应"因地制宜，按需选材"，考虑以下几点。

1. 按屋面防水等级和设防要求进行选择

国家标准《屋面工程质量验收规范》（GB 50207—2002）按建筑物的类型、重要程度、使用功能、结构特点等，将屋面防水工程分为四个等级，如表4-27。

屋面防水等级不同，防水层的耐用年限不同，所使用的防水材料以及防水层的组成也应不同。防水层可以由一种或两种以上不同防水材料构成的防水性能不同的"层次"，即所谓一道防水设防、二道防水设防、三道或三道以上防水设防。防水等级为Ⅰ级的建筑物，是特别重要的建筑物，如储存国家文物库、纪念馆等类建筑，应确保25年之内不渗漏；Ⅱ级属重要建筑，如星级宾馆饭店、展览馆、影剧院、体育馆、商场、高层建筑、高精密度厂房等,应确保15年内不渗漏;Ⅲ级防水用于一般工业与民用建筑,防水层寿命应达到10年;Ⅳ级防水主要用于使用期仅3~5年的非永久性建筑屋面防水。

屋面防水等级和设防要求　　　　　　　　　　表 4-27

项　　目	屋 面 防 水 等 级			
	Ⅰ	Ⅱ	Ⅲ	Ⅳ
建筑物类别	特别重要或对防水有特殊要求的建筑	重要的建筑和高层建筑	一般的建筑	非永久性的建筑
防水层合理使用年限	25 年	15 年	10 年	5 年
防水层选用材料	宜选用合成高分子防水卷材、高聚物改性沥青防水卷材、金属板材、合成高分子防水涂料、细石混凝土等材料	宜选用高聚物改性沥青防水卷材、合成高分子防水卷材、金属板材、合成高分子防水涂料、高聚物改性沥青防水涂料、细石混凝土、平瓦、油毡瓦等材料	宜选用三毡四油沥青防水卷材、高聚物改性沥青防水卷材、合成高分子防水卷材、金属板材、高聚物改性沥青防水涂料、合成高分子防水涂料、细石混凝土、平瓦、油毡瓦等材料	可选用二毡三油沥青防水卷材、高聚物改性沥青防水涂料等材料
设防要求	三道或三道以上防水设防	二道防水设防	一道防水设防	一道防水设防

2. 按气候作用强度进行选择

气候作用强度是指屋面最高温度与最低温度之差。我国气候作用强度可分为四个区:强作用区的温差大于65℃（包括黑龙江省、辽宁省、吉林省、河北省、内蒙古、新疆、宁夏及北京市）;较强作用区的极端温差为55~65℃（包括山西省、甘肃省、青海省、陕西省、安徽省、山东省、河南省、湖北省和天津市）;中作用区的极端温差为45~55℃（包括江苏省、湖南省、江西省、贵州省、西藏和上海市）;弱作用区的极端温差小于45℃（包括四川省、福建省、广东省、云南省、广西和重庆市）。对极端温差大的地区,应选择耐高、低温性能优良和延伸率大的防水材料,使防水层适应温差引起的热胀冷缩变化,防止防水层破坏而渗漏。

3. 按建筑物结构特点和施工条件进行选择

结构特点和施工条件包括:屋面结构是现浇混凝土还是预制构件,是保温屋面还是非保温屋面,顶层结构各跨是否均匀,设备等管道多少以及建筑物受振动情况、是否处于化学侵蚀环境等。对于屋面变截面大、设备管道多的应选择防水涂料,以方便施工。对受振动大的应选用抗拉强度高、延伸率大的防水卷材,当屋面层处于侵蚀性环境时,防水材料还应具有相应的耐酸碱侵蚀能力。

4. 按防水层的暴露程度进行选择

外露屋面所用防水材料应具有耐紫外线的能力，种植屋面所用防水材料还应具耐霉性等。

地下室防水工程的防水等级按其工程重要性和使用要求分为四级：一级不允许渗水，结构表面无湿渍；二级不允许漏水，结构表面有少量湿渍；三级有少量漏水点，但不得有线流和漏泥砂；四级有漏水点，但不得有线流和漏泥砂。所用防水材料的选择原则同屋面用防水材料。

第四节 建 筑 塑 料

一、概述

塑料是一种以有机高分子材料为基体的固体材料，由于塑料在一定的温度和压力下具有较大的塑性，并可加工成各种形状和尺寸的产品，且在常温下可保持既得的形状、尺寸和一定的强度，因此塑料可被加工成许多制品。又由于塑料有许多性能能满足建筑的需要，因此塑料制品已经渗透到建筑中各个部位，在一些国家，塑料建材已占全部建材的 11% 以上，我国虽然起步较晚，但近年来发展十分迅速，塑料新品种不断涌现，促进了我国建筑业进一步的发展。

1. 塑料的分类

塑料的品种很多，分类方法主要有以下几种：

（1）按使用性能分类

塑料按使用性能可分为通用塑料及工程塑料两类。通用塑料的特点是用途广泛、产量大、价格较低，如日用塑料和建筑塑料；机械制造业常用的塑料为工程塑料，其特点是机械性能优异，如 ABS 塑料能代替金属制造机械零部件。

（2）按塑料的热性能分类

塑料按受热时的行为不同分为热塑性塑料及热固性塑料两大类。热塑性塑料在加工过程中，受热时软化、熔融，冷却后硬化、固结，冷热过程中不起化学变化，塑化和硬化过程是可逆的，可反复重塑。这种塑料的特点是机械强度高，加工成型简便，耐热性及刚度较低。热固性塑料在加工过程中，受热软化，随着发生化学变化而固化成型，变硬后不能再软化，也不能溶解在溶剂中，塑化和硬化过程是不可逆的，因此只能在初期加热时塑制成型。其特点是耐热性及刚度较高，机械强度较低。

（3）按塑料是否含添加剂分类

塑料按是否含添加剂分为单组分塑料和多组分塑料，仅有合成树脂不含添加剂的塑料为单组分塑料，如赛璐珞；由合成树脂与填充料、增塑剂、固化剂、着色剂及其他添加剂组成的塑料称为多组分塑料，建筑工程中常用的是后者。

2. 塑料的特性

(1) 装饰性优越

在建筑装饰工程中，装饰效果主要根据材料的质感、色彩、线型三要素来加以评定。而塑料则具备了这三方面要素。如塑料在生产中可用着色剂着色，使塑料获得鲜艳的色彩；可加入不同品种的填料构成不同的质感，或给人如脂似玉的感觉，或坚硬如石，刚柔相宜，润手实用等。也可用先进的印刷、压花、电镀、烫金技术制成具有各种图案、花型和具有立体感、金属感的制品。

(2) 质轻高强

塑料一般都比较轻，其密度在 $0.8 \sim 2.2 \text{ g/cm}^3$ 之间，而泡沫塑料的密度仅为 $0.01 \sim 0.5 \text{g/cm}^3$。这一性质非常有利于高层建筑，如用泡沫塑料做芯材构成的复合材料，既保温又大大降低结构自重。一般常用建筑塑料的强度值并不高，如抗拉强度在 $10 \sim 66\text{MPa}$，抗弯强度为 $20 \sim 120\text{MPa}$，然而塑料的比强度值（强度与表观密度之比）却远远高于水泥混凝土，甚至高于结构钢，因此塑料是一种质轻高强的材料。

(3) 绝热性好

塑料的导热系数较低，一般为 $0.23 \sim 0.70\text{W/(m·K)}$，泡沫塑料的导热系数更低，只有 $0.02 \sim 0.046 \text{ W/(m·K)}$，是最好的绝热材料，建筑上常将其用做复合墙板的芯材，以提高墙板的保温性能。

(4) 耐化学腐蚀性好

金属材料易发生电化学腐蚀，其主要原因是金属具有失去自由电子的特性。然而塑料分子都是由饱和的化学价键构成的，缺乏与介质形成电化学作用的自由电子或离子，因而不会发生电化学腐蚀。塑料对一般的酸、碱、盐及油脂也有较好的耐腐蚀性。

(5) 电绝缘性好

塑料材料的大分子结构中既无自由电子，又无足够的自由运动的离子等其他载流子，因此一般塑料都无导电能力，其电绝缘性能良好。在建筑上常用做建筑电气材料。

(6) 抗变形性能差

塑料是一种黏弹性材料，弹性模量较低，因此塑料在荷载作用下易发生变形，长期荷载作用下，还会发生徐变。特别是受热以后，随温度升高变形更大。在工程中，不易选为结构材料。

除以上所述外，塑料还具有易老化、易燃、耐热性差、有些塑料有毒等缺点。针对这几种缺点，人们在生产中加入不同品种、不同数量的添加剂，使塑料的缺点得以改善，使用的范围大大加宽。

二、塑料的组成

塑料的主要成分是合成树脂，另外还有某些具有特定用途的添加剂，如填充剂、增塑剂、稳定剂、固化剂、阻燃剂、发泡剂、着色剂等。

1. 树脂

树脂分为天然树脂和合成树脂。1868 年，人们利用天然高分子材料进行化学加工得到的第一个塑料品种，叫硝酸纤维素塑料，又名赛璐珞。然而，今天的塑料主要是以合成树脂为主要成分制得的。

合成树脂在塑料中所起的作用是：把其他组成成分牢固地胶结起来，能够成型及硬化。由于合成树脂在塑料中的重量占 30% ~ 60%，因此塑料的性质主要取决于合成树脂的种类、性质和数量，通常塑料也常以合成树脂的品种而命名，如聚乙烯塑料（PE）、聚氯乙烯塑料（PVC）、酚醛塑料（UF）、不饱和聚酯塑料（UP）等，本章第一节已对合成树脂性质作过介绍，本节不再重述，以下仅讨论塑料中的添加剂。

2. 填充剂

塑料中的填充剂又称为填料、体质颜料，主要是一些粉状、纤维状和片状的无机化合物材料，也有一些如纸、棉短绒、木粉、木屑等有机材料。

填充剂在塑料中的作用既有技术性又有经济性。由于填充剂价格便宜，在塑料中所占的比例约为 40% ~ 70%，故除能使塑料的价格大大降低外，还可以显著地改善塑料的物理机械性能，大幅度地改善耐温低、强度低、刚性低、脆性大等性能。如粉状填充剂（金属粉末、石英类、氧化铝粉、天然石墨、玻璃粉等）的改性作用主要是提高塑料的刚度、硬度和强度，降低热膨胀系数，提高尺寸稳定性和热变形温度；加入石墨、铜粉、铅粉可提高耐磨性和导热性。

而纤维状填充剂如石棉纤维、玻璃纤维、碳纤维、硼纤维等，均有不同程度的增强、提高硬度和耐温性的效果，如玻璃纤维增强塑料可使塑料的强度接近钢材，这种塑料又称为玻璃钢（GRP）。

3. 增塑剂

塑料中的增塑剂，主要是一些被称之为小分子的物质，如樟脑、二苯甲酮、甘油、邻苯二甲酸二丁酯类、磷酸酯等。

塑料中的增塑剂的作用是：提高塑料在较低温度和压力下的可加工性能，并且可改进塑料的机械性能，使塑料具有要求的强度、韧性和柔软性。

其增塑的原理是：小分子增塑剂是作为类"溶剂"导入塑料的，因而使高分子链间的相互作用力或者相对几何状态和距离有了改变，使树脂的黏流态温度 T_f 下降，弹性、塑性增加，柔韧性提高。

4. 稳定剂

塑料中的稳定剂主要有抗氧剂（酚类化合物等）、光稳定剂（炭黑、乙—羟基二苯甲酮、水杨酸苯酯等）、热稳定剂（硬脂酸铝、三盐基亚磷酸铝等）。其在塑料中的主要作用是阻止塑料因在加工过程中受热，在使用过程中受氧、光的作用过早发生降解、氧化断链、交联现象，稳定塑料的质量，延长塑料的使用寿命。

5. 着色剂

着色剂包含了各种染料或颜料，有时也包含能产生荧光或磷光的颜料，如 Cu、Co、Fe 等金属氧化物。着色剂的主要作用是使塑料具有鲜艳的颜色和美观的光泽。

染料是有机物，它溶解在溶液中靠离子和化学作用使塑料着色，但易分解褪色，持久性差；颜料是微细粉末状物质，与树脂的混合体是一种多相分散体系，两者相亲性较好的也往往只是亚微观的分散相体系，能达到分子分散的不多。因此颜料除了具有着色作用外还兼有填充剂、稳定剂的作用。

6. 其他添加剂

（1）润滑剂

其作用是使塑料能顺利加工和容易脱模，润滑剂主要有内润滑剂和外润滑剂。内润滑剂有低分子量聚乙烯树脂，作用是降低大分子间的内聚力或黏度。外润滑剂有硬脂酸及其金属盐类，作用是使塑料熔体能离开加工设备的热金属表面，有利于料流的流动。

（2）发泡剂

发泡剂有有机发泡剂（如某些偶氮化合物）和无机发泡剂（如碳酸氢钠）。其主要作用是使塑料成为有许多微泡结构的泡沫塑料。

（3）阻燃剂

阻燃剂是通过产生一种可闷熄火焰、吸收燃烧热量、提供隔氧涂层、产生阻止燃烧反应的游离基等方式来降低塑料的燃烧性的，常用的阻燃剂有卤化物和磷化物等。

此外，在塑料中还可根据使用及加工的需要，添加可以减少或消除成品表面电荷形成和积聚的抗静电剂；可使某些合成树脂的线型结构交联成体型结构的固化剂；可使塑料带有磁性的磁性剂及可使塑料能射出浅绿、淡蓝色柔和冷光的荧光剂等等。

三、常用塑料的加工方法

1. 压延法成型

压延法是将配制好的混合料经预塑化后，喂入压延机的加热辊筒间进行压延，制得塑料卷材、片材。片材经退火冷却后，可冲切成地砖；若压延后还有压

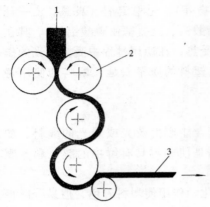

图 4-11 压延成型示意图
1—预塑化塑料；2—装在压延机架上
的压延辊筒；3—薄膜或片

花印花装置，则可生产压花印花地砖，如图4-11 所示。

2．挤出成型

把颗粒状或粉状原料连续输入到挤出机料筒中，在料筒中完成加热加压过程，靠螺杆的轴向直线运动，高压、快速将熔融物料推向机头，经装在机头上的成型口模挤出，如图 4-12 所示。从而得到具有一定截面形状的连续制品，如管、板及门、窗异形制品等。

3．层压法

层压法是将作为基材的塑料薄片半成品若干张层叠在一起，夹在不锈钢板之间，连同不锈钢板推入层压机，经加热、加压、冷却三个步骤而制得。

除上述三种成型方法外，塑料地板的成型还有模压法、注塑法等，生产板材常用层压法，灯具、壳体和小型装饰制品常用注塑法；浴缸、椅子等常用模压法。

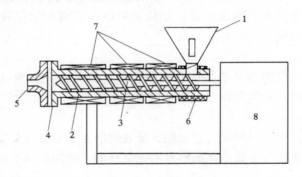

图 4-12　挤出成型示意图
1—加料斗；2—料筒；3—螺杆；4—机头；5—口模；
6—冷却套；7—加热器；8—减速箱

四、常用建筑塑料

1．装饰装修用塑料

（1）装饰地面塑料

1）塑料地板的优缺点

①足够的耐磨性。据日本建材试验测试中心测试，以 12 万人次通行的实测

数据表明，聚酯和聚氯乙烯塑料地板材料的磨耗分别为 0.1mm 和 0.2mm，高于水泥地面，仅次于花岗石、瓷质地砖。因此是较为理想的耐磨地板材料。

② 回弹性。地板材料有一定的回弹性，可以减轻步行的疲劳感，而塑料地板可以通过生产时产生的发泡层达到该项要求。

③ 脚感舒适。脚感舒适与否，除与回弹性有关外，还与脚温与地面温度的差值有关，当地板温度比脚温低 1℃时，人的感受较为舒适。塑料地板可满足这一温度要求。

④ 装饰性优越。

⑤ 耐酸、碱、盐的腐蚀。

⑥ 耐水性好。

⑦ 塑料地板的缺点是遇高温会分解放出有毒气体，抗老化性差。

2）常用的塑料地板

塑料地板有聚氯乙烯塑料地板、聚丙烯树脂塑料地板、氯化聚乙烯树脂塑料地板。最常用的是聚氯乙烯塑料地板。以下仅介绍聚氯乙烯塑料地板：

聚氯乙烯塑料地板是以聚氯乙烯树脂为主要原料，加入石棉、碳酸钙粉或石英粉等填充剂，以及其他添加剂，采用压延法制成的。

工艺流程为：配料→捏和→密炼→压延→退火→切片成材→包装入库。

按地板的柔性分为硬质、半硬质和软质三种。按结构分为单层与多层两种。这类塑料地板砖具有耐磨耐蚀、防潮防滑、阻燃等性能。半硬质的塑料地板是印花发泡塑料地板，与硬质不同的是除表面层印花装饰处理外，中间层为加有 2% 的发泡剂 PVC 浆，在压延加热时形成 PVC 泡沫层，因而比硬质地板有较好的弹性、隔音隔热性；软质地面卷材，比上两种少用了填料，添加剂中增加了增塑剂。其特点是质地柔软，富有弹性，脚感好、耐热性稍差。

3）PVC 塑料地板的标准及技术性能

我国目前以生产半硬质塑料地板为主，并制定了《带基材的聚氯乙烯卷材地板》（GB 11982—1989）和《半硬质聚氯乙烯块状塑料地板》（GB 4085—1983）的国家标准及相关的试验方法。

① 产品代号

带基材的发泡聚氯乙烯卷材地板，代号为 FB；

带基材的致密聚氯乙烯卷材地板，代号为 CB；

② 规格

卷材：长度 20m 或 30m，宽度 1800mm 或 2000mm，厚度为 1.5mm 或 2mm。

块材：长度和宽度均为 300mm，厚度为 1.5mm，也可由供需双方商订块材尺寸。

③ 产品标记

产品的标志顺序为：产品名称、代号、总厚度、宽度和标准号。如 FB1.5 ×
2000GB11982.1，是表示该材质为带基材的发泡聚氯乙烯卷材地板，总厚度为
1.5mm，宽度为 2000mm。

④ 质量要求

聚氯乙烯卷材地板按外观质量、尺寸允许偏差、每卷段数、物理性能等，分
为优等品、一等品、合格品。各项要求均应达到 GB 11982—1989 规定，其中要
求总厚度尺寸允许偏差为 ±10%、长和宽应不小于规定尺寸；外观质量检验的缺
陷有裂纹、断裂、分层、折皱、气泡、漏印、缺膜、套印偏差、色差、污染和图
案变形等；物理性能要求主要有残余凹陷度、加热长度变化率、翘曲度、磨耗量
等，分别反映卷材地板对凹陷的恢复能力、尺寸在热作用下的稳定性、地板边缘
抗翘曲的能力和地板抗磨耗的能力，见表 4-28。

聚氯乙烯卷材地板的物理性能（GB 11982—1989）　　　　表 4-28

试验项目　　指标	优等品	一等品	合格品	试验项目　　指标	优等品	一等品	合格品
耐磨层厚度（mm）≥		0.15	0.10	翘曲度（mm）≤	12	15	18
PVC 层厚度（mm）≥		0.80	0.60	磨耗量（g/cm^2）≤	0.0025	0.0030	0.0040
残余凹陷度（mm）≤	0.40		0.60	褪色性（级）≥		3（灰卡）	2（灰卡）
加热长度变化率（%）≤	0.25	0.30	0.40	基材剥离力（N）≥		50	15

半硬质聚氯乙烯块状地板的质量应符合国家标准 GB 4085—1983 的规定。其
外观质量的缺陷有缺口、龟裂、分层、凹凸不平、纹痕、光泽不匀、污染、伤痕
和异物等；尺寸要求长宽极限偏差为 ±0.30mm、厚度极限偏差为 ±0.15mm；物
理性能要求主要有残余凹陷度、加热长度变化率、热膨胀、加热重量损失率、磨
耗量等，见表 4-29。

半硬质聚氯乙烯块状地板物理性能指标（GB 4085—1983）　　　　表 4-29

试验项目　　指标	单位	单层地板	同质复合地板	试验项目　　指标	单位	单层地板	同质复合地板
热膨胀系数	1/℃	$\leq 1.0 \times 10^{-4}$	$\leq 1.2 \times 10^{-4}$	23℃凹陷度	mm	≤0.30	≤0.30
加热重量损失率	%	≤0.50	≤0.50	45℃凹陷度	mm	≤0.60	≤1.00
加热长度变化率	%	≤0.20	≤0.25	残余凹陷度	mm	≤0.15	≤0.15
吸水长度变化率	%	≤0.15	≤0.17	磨耗量	g/cm^2	≤0.020	≤0.015

比较两种塑料地板的物理性能可知，卷材的耐热性不如半硬质块状地板，块
状地板的残余凹陷度为 0.15mm 以下，而卷材该项指标为 0.40mm，说明半硬质
块状地板的弹性好，因此，选择塑料地板时要了解所选地板的各项性能指标。

4）塑料地板的选用和施工

由于塑料地板种类花色繁多，因此选用时应遵循以下原则：

① 依据建筑物的等级选用。重要建筑物，应选耐久性好的硬质和半硬质多层复合地板。一般建筑物如民用住宅可选用半硬质或软质卷材。

② 根据建筑物的使用功能选用。如计算机室、仪表控制室、应选用抗静电塑料地板，纺织车间和要求空气净化的防尘仪表车间等应选用防尘地板。幼儿园的活动室则应选用有弹性的色彩为暖色调的半软质地板砖，医院则宜采用浅绿、淡蓝等色调，以使人感到安静和安全。

③ 施工时应注意所铺地面要干燥、平整、无灰尘；所用胶粘剂和塑料地板要与现场温度保持一致，由中心向四周排列铺贴，施工48h后涂蜡进行保养。

（2）装饰用塑料板材

塑料装饰板的花色品种较多，色调鲜艳，装饰性强、耐腐蚀性强，具有一定的韧性，可以弯曲成一定的弧度，便于曲面的装修，造价较低，适用范围很广。目前常用的塑料装饰板有塑料贴面装饰板、聚氯乙烯塑料装饰板、硬质PVC透明板及有机玻璃等装饰板材。

1）塑料贴面板

塑料贴面板是以酚醛树脂的纸质压层为胎基，表面用三聚氰胺树脂浸渍过的印花纸为面层，经热压制成并可覆盖于各种基材上的一种装饰贴面材料。按表面质感不同，有镜面（有光）、柔光、木纹、浮雕贴面板等品种；按表面花色不同有木纹、碎石纹、大理石纹、织物等图案。

塑料贴面板的物理、化学及力学性能较好：

① 密度一般为 $1.0 \sim 1.4 \text{g/cm}^3$，约是铝的 $1/2$，钢铁的 $1/5$，在装饰工程中可代替某些贵重金属板材，获得良好的装饰效果。

② 吸水率小，防水性能好。

③ 抗拉强度 $>90\text{MPa}$，并具有耐磨性、韧性好的力学特性。

④ 耐腐蚀性强，家庭常用的果汁、汽油、药水等溶液，滴在表面 $4 \sim 6\text{h}$，擦拭后不留痕迹。

塑料贴面板的花色品种还在日益翻新，给建筑室内贴面及家具表面装饰带来极大的方便。

2）PVC 塑料装饰板

PVC 塑料装饰板是以聚氯乙烯树脂为基材添加填充剂、色料等添加剂，经捏合、混炼、拉片、切粒、挤出或压延成型的。而 PVC 透明板则是不加颜料，添加增塑、抗老化剂，经挤压成型的一种透明板材。PVC 装饰板颜色为淡黄色，而当透明板厚度为 1mm 时，其全光线透过率为 84%，因此，PVC 装饰板为一般室内的装修材料，透明板可替代玻璃在室内作浴室隔墙、透明屋面等。

3）有机玻璃板

有机玻璃是以甲基丙烯酸甲酯为原料，在特定的硅玻璃或金属模内浇注、聚合而成。有机玻璃板是一种透光率极好的材料，可透过光线 99%，与普通平板玻璃相比，还可透过紫外线的 73.5%。其他物理力学性能较好，其缺点是质地较脆、易溶、硬度低等。

2．塑料管材

（1）塑料管的特点

与金属和非金属无机管材相比，塑料管具有：

1）重量轻，减少施工工作量；

2）连接、安装方便；

3）耐酸、碱、盐的腐蚀；

4）装饰效果好，可着色，外表光洁，不易沾污；

5）耐久性好，其管道设计寿命为 50 年；

6）不易结垢，输送流体流畅；

7）冷热变形大，工作温度窄；

8）力学性能较低。

（2）常用塑料管

1）分类

塑料管的种类较多，一般有以下分类方法：

① 按固化形式分为热塑性和热固性两大类；

② 按硬度分为硬质管和柔性管；

③ 按树脂种类分为聚氯乙烯（PVC）管，聚乙烯（PE）管，聚丙烯（PP）管、聚丁烯（PB）管、ABS 管、环氧树脂管。

④ 按结构形式分为实壁管、波纹管、螺旋管、芯层发泡管、纤维增强管和复合管等。

⑤ 按用途可分为供水管、排水管、化工用管、农业排灌用管、电线套管等。

2）常用塑料管性能比较

① 聚氯乙烯管除了具有塑料的一般特性外，还具有较好的耐候性和自熄性，是使用最广泛的塑料管。

② 聚乙烯管又分为高、中、低密度管，其中高密度管强度和刚度较高，中密度管除了有较高的抗压强度外，还具有较好的柔韧性和抗蠕变性，低密度管柔韧性、抗腐蚀性和绝缘性较好。另外，交联聚乙烯管是通过化学和物理方法将聚乙烯分子的平面链状结构改变为网状结构，获得了优异的机械物理性能，使其在低温地板采暖系统方面发展迅速。

③ 聚丙烯管具有密度小、强度高、耐磨、耐腐蚀、易成型、热变形温度高

等特点，是近年来发展很快的塑料管。

④ 其他管材如 ABS 管具有机械性能好、表面硬度高等特点；钢塑复合管具有机械强度高，耐冲击性能好、耐腐蚀、流体阻力小的特点。

塑料管的品种多，不同品种的特点不同，这为工程选用提供了方便。

3）塑料管的选用

① 给排水工程用管

给排水工程分为市政给排水和建筑给排水，市政给排水常用的塑料管有聚氯乙烯管、聚乙烯管、钢塑复合管及玻璃钢夹芯管；建筑给排水除常选用聚氯乙烯管、聚乙烯管外，还可选用聚丙烯、聚丁烯、ABS、铝塑复合管。

② 室外燃气管

室外燃气用管常选用聚乙烯、铝塑复合、钢塑复合管。

③ 热水采暖管

热水采暖常用的塑料管有聚乙烯交联管，还可采用聚丙烯、聚丁烯、ABS、铝塑复合管。

3. 泡沫塑料

泡沫塑料是在树脂中加入发泡剂及其他添加剂，经加热发泡、固化或冷却等工序而制成的多孔塑料制品。泡沫塑料的孔隙率高达 95% ~ 98%，且孔隙尺寸小于 1.0mm，因此具有优良的隔热保温性，泡沫塑料的种类很多，均以所用树脂命名，建筑上常用的有聚苯乙烯泡沫塑料、聚氯乙烯泡沫塑料、聚氨酯泡沫塑料等。

（1）聚苯乙烯泡沫塑料

聚苯乙烯泡沫塑料是建筑上应用最广的泡沫塑料，其体积密度为 10 ~ 20kg/m^3，导热系数为 0.031 ~ 0.045W/(m·K)，使用温度范围为 – 100 ~ 70℃，抗压强度为 0.14 ~ 0.36MPa，吸水率较小。

聚苯乙烯泡沫塑料可分为普通型可发性聚苯乙烯泡沫塑料，自熄型可发性聚苯乙烯泡沫塑料和乳液聚苯乙烯泡沫塑料（硬质 PB 型聚苯乙烯泡沫塑料）。

普通型可发性聚苯乙烯泡沫塑料的特点是质轻、保温、吸声、防震、吸水性小、耐低温、耐酸碱、有一定的弹性、易加工。自熄型可发性聚苯乙烯泡沫塑料除了具有普通型的特点外，还具有泡沫体自熄性好的特性。乳液聚苯乙烯泡沫塑料（硬质 PB 型聚苯乙烯泡沫塑料）除了具有普通型的特点外，还具有硬度大、耐热度高、机械强度大、泡沫体的尺寸稳定性好的特性。

三种聚苯泡沫塑料的用途大致相同，主要用作制冷设备、冷藏装备的隔热材料、墙体和屋面、地面、楼板等的保温、吸声、防震，也可与其他材料复合成夹层墙板，自熄型的比普通型的更适合防火要求高的场合，乳液型的更适合要求硬度大，耐热度大的工程。

（2）聚氨酯泡沫塑料

聚氨酯泡沫塑料是以聚醚或聚酯树脂为基料,加入甲苯二异氰酸酯、催化剂、发泡剂、交联剂等,经聚合、发泡而制成的一种泡沫塑料。其体积密度为 $60 \sim 200 kg/m^3$,导热系数为 $0.035 \sim 0.052 W/(m \cdot K)$,极限使用温度为 $-60 \sim 60 ℃$。

聚氨酯泡沫塑料按多羟基化合物成分不同,有聚醚型和聚酯型两类;按软硬的不同,有软质和硬质两类。由于聚醚来源充足,价格低廉,因此大多聚氨酯泡沫塑料是聚醚型的。

软质聚醚型泡沫塑料的表观密度小、强度低,硬质聚醚型聚氨酯泡沫塑料表观密度较大、强度较高,导热性低、保温性好。建筑物隔热用聚氨酯泡沫塑料分为Ⅰ型和Ⅱ型,导热系数为 $0.022 \sim 0.027 W/(m \cdot K)$,密度不小于 $30 kg/m^3$,压缩性能分别不小于 $100 kPa$、$150 kPa$,体积吸水率分别不大于 4%、3%。Ⅰ型硬质聚氨酯泡沫塑料适用于承受轻负载,如建筑物屋顶、地板下隔层等类似的部位;Ⅱ型适用于承受重负载,如衬填材料、冷冻室地板等。

(3)聚氯乙烯泡沫塑料

聚氯乙烯泡沫塑料是以聚氯乙烯为基料添加发泡剂、稳定剂、溶剂等,经捏合、球磨、模塑、发泡而制成的一种泡沫塑料。其体积密度为 $60 \sim 200 kg/m^3$,导热系数为 $0.035 \sim 0.052 W/(m \cdot K)$,极限使用温度 $-60 \sim 60 ℃$。由于泡沫孔可制成开孔和闭孔两种类型,具有自熄性、低温性能好,因此,该泡沫塑料可用做建筑吸声材料和安全性要求较高的设备保温材料及低温保冷材料。

(4)脲醛泡沫塑料

脲醛泡沫塑料是以脲醛树脂为基料经发泡制得的一种闭气孔的硬质泡沫塑料。其体积密度为 $10 \sim 20 kg/m^3$,导热系数为 $0.030 \sim 0.035 W/(m \cdot K)$,极限使用温度 $-200 \sim 100 ℃$,抗压强度为 $0.015 \sim 0.025 MPa$。可用做建筑工程夹层中的填充保温隔热、吸声材料。

4. 塑料门窗

目前使用的塑料门窗主要是以改性硬质聚氯乙烯为基料,加入适量添加剂,经混炼、挤出、冷却制成异型材后,再经焊接、拼装、修整成的门窗制品。

(1)塑料门窗的优势

1)PVC 塑料具有耐腐蚀和自熄性,因此其门窗具有耐水、耐蚀、阻燃特性。

2)PVC 的导热系数与木材接近,但由于 PVC 窗框是中空异型材拼接而成,加上可靠的嵌缝材料,因此其隔热性好。

3)塑料门窗在设计及安装时,采用了橡胶密封条镶嵌,不用腻子,因此抗风压性能、气密性、水密性好。如窗的抗风压性能不小于 $1000 Pa$,空气渗透性能平开窗不大于 $2.0 m^3/(h \cdot m)$,推拉窗不大于 $2.5 m^3/(h \cdot m)$,雨水渗透性能不小于 $100 Pa$。

4)隔声性好,且不用维修。

5）装饰效果好。塑料窗的颜色有白色、其他色和双色。

6）耐老化性好，耐久年限估计可达 50 年以上。

（2）塑料窗的产品型号

塑料窗的产品型号由产品的名称代号、特性代号、主参数代号组成，如图 4-13。

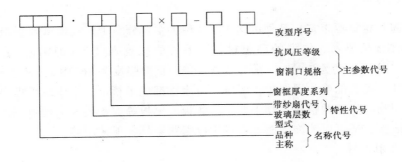

图 4-13　塑料窗产品型号构成图

塑料窗的名称有固定塑料窗、平开塑料窗、推拉塑料窗，代号分别为 CSG、CSP、CST；玻璃层数有一、二、三层，分别用 A、B、C 表示；中空玻璃用 K 表示；带窗纱用 S 表示；窗框厚度系列为：平开窗为 45、50、55、60mm，推拉窗为 60、75、80、85、90、95、100mm；窗洞口规格代表洞口宽与洞口高；抗风压等级为 1、2、3、4、5、6 级。如平开塑料窗：双层玻璃，带窗纱，窗框厚度 60 系列，洞口宽度 1500mm，洞口高度 1800mm，抗风压等级 2 级，产品型号为 CSP·BS60×1518-2。

（3）塑料门的形式

塑料门的形式有三种：固定塑料门、平开塑料门、推拉塑料门，代号分别为 MSG、MSP、MST；塑料门的产品型号除了代号不同外其余意义与塑料窗相近。

5．玻璃钢（GRP）

玻璃钢的全名为玻璃纤维增强塑料（GRP），因为其强度接近钢，因此得名玻璃钢。玻璃钢主要由玻璃纤维及树脂组成，在玻璃钢这种复合材料中，细小而众多纤维各自能够承受力的作用，而树脂可把应力传递给纤维，且可将纤维粘住，并起到控制裂纹的作用。玻璃钢材料的优点十分明显，如轻质高强，易成型性和强度与弹性性能的可设计性，这使人们在玻璃钢结构形状设计和材料性能设计上具有较大的自由度。

玻璃钢所用的树脂有聚酯树脂或酚醛树脂等，纤维有低碱、中碱和无碱的连续纤维、短纤维、有捻、无捻纤维等数种。常用的玻璃钢的成型方法有：手糊法、模压法、层压法、喷射法。

建筑上常用来做卫生洁具、盒子卫生间、屋面排水配件等。

第五节 竹、木 材 料

一、竹材

我国竹材资源丰富，品种可达 250 余种，主要分布于长江流域及华南、西南等地。竹材是节木、代木的理想材料。毛竹的抗拉强度为 203MPa，是杉木的 2.48 倍；抗压强度为 79MPa，是杉木的 2 倍；抗剪强度为 161MPa，是杉木的 2.2 倍。此外，毛竹的生长周期短，硬度、抗水性都优于杉木。在建筑工程中，竹材主要用于临时房屋的搭建、脚手架、竹跳板、模板等。在装饰工程中，竹材主要用作竹地板，还可以装饰墙面，也可用以编制家具、工艺品等。

1. 常用竹材

（1）毛竹

毛竹又名楠竹、茅竹、江南竹、孟宗竹。高 10～20m，胸径约 10～20cm，毛竹产量最大，用途也最广。以生长 4 年以上，条干顺直，根梢粗细均匀，竹皮上有霜状白粉，皮为鸭蛋青色，根部管壁厚在 10mm 以上，梢部在 0.5mm 以上，无枯麻、虫蛀、刀伤、破裂等缺陷的为好。

（2）刚竹

刚竹又名台竹、苦竹。高 10～13m，胸径约 10cm 左右，根部厚度一般 6～7mm。产量和用量仅次于毛竹。粗的刚竹叫台蓬，细的叫夹竹。新鲜刚竹皮呈白色，以生长 2 年以上，无枯裂麻脆等缺陷的为好。

（3）淡竹

淡竹又名白夹竹、钓鱼竹。长 6～13m，胸径 3～6cm，细长节疏，材质柔韧，易于劈篾，可制作工艺品。以生产 4 年以上，皮白内厚，竹节平细，无枯裂麻脆等缺陷的为好。

2. 常用竹材的性能

竹材的密度为 0.6～1.2g/cm³，比木材密度 0.4～1.0g/cm³ 大。

竹材含水率为 5%～8%，比木材（15%）小。

竹材的收缩率，长向收缩率为 0.0293%～0.0566%，宽向 0.352%～1.043%，厚向为 0.61%～2.08%，其中毛竹的平均收缩率最小。

竹材的抗拉强度较高，特别是刚竹的抗拉强度可达 278MPa，抗压强度平均值为 33.6～82.0MPa，毛竹抗压强度平均值为最高。竹材的抗弯强度为 49.5～90MPa。

竹材风干速度，整根约需 3 个月，劈竹约 14 天。

竹材的热工性能与木材接近，导热系数为 0.17W／（m·K），是较好的保温材料。

3. 竹材制品及应用

（1）竹材层压板

竹材层压板是将竹材断料、铣外节、开料、削内节、加 10％碳酸氢钠溶液蒸煮软化、电热展开、刨板、干燥、锯边和铣边处理后，3 层或 5 层板经上胶、组坯、预压、热压而成。板厚一般为 10～35mm。竹材层压板具有硬度大、强度高、弹性好、耐磨损、抗虫蛀等优点，可制作房屋楼地板、建筑模板、火车车厢底板、家具、包装材料等。

（2）竹材贴面板

竹材贴面板是将竹材锯切断料、加 10％碳酸氢钠溶液蒸煮软化、旋切、干燥拼花或拼接后与人造板基材贴合加工而成的竹材单板，其厚度为 0.1～0.2mm，竹材单板可拼接成整幅竹板，亦可采用拼花方式。竹材单板与基材的连接可采用脲醛树脂或白乳胶。竹材贴面板是一种高级装饰材料，可用作地板、护墙板及家具的贴面。如对竹材进行漂白、染色处理后，板材的饰面效果更佳。

（3）竹材碎料板

竹材碎料板是利用竹材和竹材加工过程中的废料，经刨片、再碎、施胶、热压、固结等工艺处理而成的人造板。这种板静曲强度较高，抗水性较好。可用于建筑内隔墙、地板、顶棚、建筑模板、门芯板及活动用房等。

竹地板既有密度、干缩湿胀系数和干燥度等物理性能的要求，又有强度、刚度、硬度、冲击韧性等力学性能要求，常用竹地板规格及性能要求见表 4-30。

常用竹地板规格及性能　　　　　　　　　　表 4-30

项　　目			性　能　指　标
规格 （mm）	条形	嵌板	610×91×15 单层，915×91×15 单层
		T 字板	610×91×15 双层，915×91×15 双层
		平拼板	610×91×15 三层，915×91×15 三层
	方形板		300×300×15，三层
	其他规格		根据用户需要制作
干缩系数			横向＜0.16，纵向＜0.13，体积干缩＜0.38
湿胀系数			横向＜3.60，纵向＜2.95，体积湿胀＜1.25
基本密度（g/cm³）			＜0.467
顺纹抗压强度（MPa）			＞37.00
抗弯强度（MPa）			＞80.00
抗弯弹性模量（MPa）			＞860.00
横向顺纹抗剪强度（MPa）			＞10.00
顺纹抗拉强度（MPa）			＞100.00

续表

项　　目	性　能　指　标
横向顺纹抗压强度（MPa）	＞7.00
抗弯刚度（MPa）	10.00
耐磨性	高于柚木和水曲柳木
干燥度	水分＜13％
防蛀防霉处理	药物全浸透，渗透率＞95％；防蛀防霉率100％

（4）竹材原材

如果用原材直接装饰墙面，应先将竹材做防腐防蛀处理，然后再将原材固定在基层上。竹材的粗、细程度，节间距离、颜色等都会影响到装饰效果。一般竹材的防腐防蛀常与表面涂刷油漆相结合，漆膜本身既是竹材的装饰层，又是防腐、防蛀处理层。

4．竹材的缺陷及防腐

竹材的缺陷有虫蛀、吸水、干裂、腐朽和易燃。由于这些缺陷的存在，使竹材在室内的装饰应用中受到一定限制。

竹材内部有糖分，所以易遭竹蠹虫、白蚁等虫蛀。竹材采伐后放置不当，通风不佳，干湿无常，常会招真菌寄生，造成竹材腐朽。防止的方法是用砷液、石碳酸液、醋酸铅液等浸渍，用氟化钠水溶液、食盐溶液浸渍或先用明矾水溶液浸渍后用水玻璃液涂刷等。

防止干裂最简单的方法是将竹材在未使用前，先浸入水中，经数日后再取出，这种方法还可减少虫蛀。

二、木材

木材是除水泥、钢材之外的主要建筑材料之一，在建筑工程中常用作桁架、梁、柱、门窗、地板、脚手架、混凝土模板及室内墙面装饰材料等。近年来，由于我国保护森林，砍伐木材受到了限制，由过去在土建工程中木材用作结构材料转为用作装饰材料，而且木材综合利用产品，如胶合板、纤维板、刨花板、木丝板等应用更为广泛，以节约木材。

1．木材的特点

（1）力学性质好，比强度高，松木顺纹抗拉比强度为0.200，与玻璃钢比强度（0.225）接近，是钢材比强度（0.054）的近四倍，因此木材是轻质高强材料。另外木材的弹性、韧性也好。

（2）热工性能好，导热系数小，$\lambda_{松木} = 0.175W/（m \cdot K）$，是优良的保温材料。木材的热容量大，对稳定室内温度有利。

（3）装饰性好，有自然的纹理，装饰效果极佳。

（4）可加工性好。木材可锯、刨、钉、铆等，加工工艺简便，安装方便。

（5）木材的缺点是：含水率变化时，体积变形大；天然疵病多；各向异性给使用带来不便。

2．木材的种类及构造

（1）木材的种类

树木一般分为针叶树和阔叶树两大类。针叶树具有通直高大、材质均匀、木质软，加工容易、强度较高、表观密度小、胀缩变形小、耐腐蚀的特点，主要用来制作承重构件，如松木、杉木、柏木等。阔叶树树干通直部分短、材质较硬、强度高、纹理显著、图案美观、胀缩变形较大、易翘曲开裂，主要用作家具、室内装修的材料，如水曲柳、榆木、柞木等。

土木工程中还常将木材分为原木、原条、普通锯材、特种用材和人造板材等品种。

（2）宏观构造

木材的宏观构造系指肉眼或借助放大镜所能见到的木材构造特征。

从木材的横向、径向、弦向三个切面进行剖析，可见树木是由树皮、木质部及髓心等部分组成，见图4-14。

树皮由外皮和内皮（韧皮部）组成，外皮主要作用是保护生长层和营养层。内皮能把转换了的树液从叶片输送到树的生长部分。树皮不能做木材，但可以用来做木材综合利用的原料。

髓心是树干的中心部分，结构松软，易腐朽、易开裂、强度低，故一般不用。由髓心向外的射线为"髓线"，髓线与周围连结较弱，木材干燥时易沿此开裂。

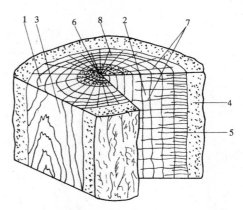

图4-14 木材的宏观构造
1—横切面；2—径切面；3—弦切面；4—树皮；
5—木质部；6—髓心；7—髓线；8—年轮

木质部是建筑材料使用的部分。靠近髓心颜色较深的为心材，靠近树皮的为边材。心材是由死细胞组织组成的，它的细胞完全被填充，其功能是树的力学支承，由于含水量较少，因此不易变形翘曲；边材有较大的水分，在新鲜状态下，不像木材那样结实坚固，但在风干后，心材和边材的含水量都降低到相同时，它们的密度和强度上的差别是很小的。边材颜色浅，含水量较多，易翘曲，因含有能吸引昆虫和为真菌提供营养的淀粉，因此易被腐蚀，耐久性较差。

在横断面可看到围绕髓心深浅相间的同心圆环——年轮，年轮的形成是树木在生长季节中受气候和土壤影响留下的烙印，春材是春季和初夏生长的，生长较快，有较大的空腔和薄壁的细胞组成，结构为多孔状，因此较为松软；夏材是在夏秋生长的，木材中细胞生成较慢，而且有较厚的壁和较小的空腔，结构较密实，因此较为坚固。相同的树种，夏材部分越多，木材的质量越好。

（3）木材的微观构造

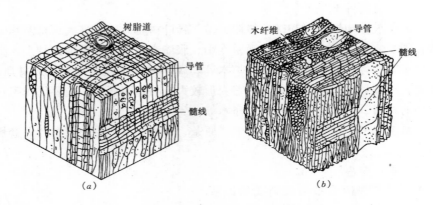

图 4-15　木材的微观构造

（a）针叶树马尾松的微观构造；（b）阔叶树柞木的微观构造

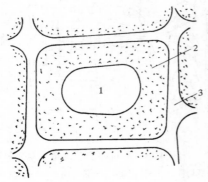

图 4-16　细胞结构示意图

1—细胞腔；2—细胞壁；3—细胞间隙

在显微镜下观察到木材是由无数管状细胞紧密结合而成。绝大部分顺纹排列，少数细胞横纹排列（髓线）如图 4-15。在软木中被称为管胞的细胞担负传导和力学支承的功能，在硬木中被叫做导管的细胞执行传导的功能。细胞分为细胞壁与细胞腔两部分，如图 4-16，细胞壁由细胞纤维组成，其连接纵向较横向牢固，因而造成细胞壁纵向强度高而横向强度低。细纤维间具有极小的空隙，能吸附和渗透水分。细胞壁越厚，腔越小，木材越密实，表观密度和强度也愈大，但干缩率也增大，如夏材。

（4）木材的化学组成

木材是由碳、氢、氧形成的复杂的有机物质，其一部分属于细胞壁，另一部分属于细胞内含物成分。细胞壁主要是由碳水化合物的纤维素以及具有芳香族化合物的木质素所组成。在细胞腔中则含着树脂、树胶、脂肪、蜡、染料、香清油、松香酸和生物碱等。纤维素是组成木材细胞壁的基本物质，它占木材总量的

50%，是由大而长的分子（分子量可达 30～50 万）所构成。半纤维素含量为 20%～26%，木质素含量为 18%～28%。

3．木材的物理性质

（1）木材的吸湿性与含水率

木材是亲水性材料，吸湿性很强，很容易从周围环境中吸收水分使木材含水。木材中所含的水分，根据其存在形式可分为三类：

1）自由水。存在于细胞腔和细胞间隙中的水。自由水与木材的密度、燃烧、干燥、渗透有关。

2）吸附水。细胞壁内纤维之间的水。吸附水是影响木材强度、体积胀缩的主要因素。

3）化合水。木材化学成分中结合的水。化合水含量极少，在常温下不变化，与木材物理力学性能无关。

当木材中仅细胞壁充满水，达到饱和状态，而细胞腔及细胞间隙中无自由水时，为木材含水量的临界点，称为纤维饱和点。木材纤维饱和点为 25%～30%。这一概念很重要，它是木材物理力学性质发生变化的转折点。

潮湿的木材能在干燥的空气中向周围释放水分，干燥的木材在潮湿的空气中从周围空气吸收水分，这就是吸湿性。当木材的含水率与周围空气的相对湿度达到平衡时，木材的含水率称为平衡含水率。

如果知道木材将处于某种温度和相对温度的使用环境，则可利用图 4-17 近似地求出木材平衡含水率，并依此作为木材干燥应达到的程度。例如：当温度为 30℃，相对湿度为 65% 时，木材的平衡含水率约为 11.5%。一般新伐木含水率常在 35% 以上，风干的常为 15%～25%，室内干燥为 8%～15%。

（2）湿胀干缩

木材纤维的细胞组织构造使木材具有显著的湿胀干缩变形性。当木材由潮湿状态干燥至纤维饱和点时，自由水蒸发，木材的重量减少但尺寸不变，继续干燥，含水率低于纤维饱和点时，吸附水减少，体积发生收缩。当木材含水率在纤维饱和点以下时，随吸附水增多，含水率增大，体积发生膨胀，含水率在纤维饱和点以上变化，不影响木材的体积变化。也就是说，自由水的增多与减少不会使木材发生变形，而吸附水的变化将导致木材的胀缩。

木材是各向异性的，各个方向的变形也不相同。同一木材中，弦向胀缩最大，

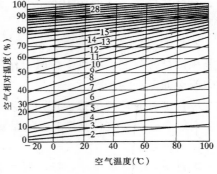

图 4-17　木材的平衡含水率图

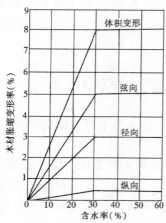

图 4-18　木材含水率
与胀缩变形的关系

径向次之，顺纤维纵向最小，如图 4-18 所示。造成此差别的主要原因是：绝大部分细胞壁中，细纤维方向与细胞方向基本一致，吸附水蒸发时，纵的方向收缩很小，而产生大量的横向收缩，所以顺纤维方向收缩最小。径向受髓线影响较弦向收缩小，弦向受夏材厚壁细胞多的影响，因此收缩最大。

（3）密度和表观密度

各种木材的分子结构基本相同，平均密度约为 $1.55 g/cm^3$。木材的表观密度为 $300 \sim 800 kg/m^3$，这说明木材的孔隙率很大，可达 $50\% \sim 80\%$ 之多。因而木材的导热系数低，保温性能好。

4．木材的力学性质

由于木材是非匀质各向异性材料，因而强度有顺纹和横纹之分。结构中木材常用的强度有：抗压、抗拉、抗弯和抗剪强度。

（1）抗压强度

1）顺纹抗压强度

顺纹抗压强度为作用力方向与木材纤维方向平行时的抗压强度。顺纹受压破坏是管状细胞受压失稳的结果，非纤维断裂。此强度较高，仅次于顺纹抗拉和抗弯强度，因此建筑工程中柱、桩、斜撑和桁架等各种构件皆利用之。

2）横纹抗压强度

横纹抗压强度为作用力与木纤维方向垂直时的抗压强度，木材横纹受压时，开始产生弹性变形，超过比例极限后，木材纤维的细胞失去稳定，细胞腔被压扁，随即产生较大的塑性变形直至破坏。

木材的横纹抗压强度比顺纹低得多，两者强度的比值随树种不同而有所不同，针叶树横纹为顺纹的 10%，阔叶树约为 $15\% \sim 20\%$。

（2）抗拉强度

木材的抗拉强度也有顺纹和横纹之分，由于横纹强度很小，工程中主要利用的是顺纹抗拉强度。顺纹受拉时，作用力的方向与纤维方向平行；受拉破坏是纤维间撕裂而后纤维拉断。

尽管木材的顺纹抗拉强度值是所有强度值中最大的，但由于木材中存在节点、斜纹等疵病对抗拉强度有显著的影响，因此工程上很难利用顺纹抗拉强度。

（3）抗弯强度

木材受弯曲时产生压、拉、剪等复杂的应力。木材受弯破坏时，上部受压区首先达到极限，产生大量变形，但构件仍能继续承载，而后受拉区也达到强度极限，纤维及纤维间联系断裂而导致最终破坏。

木材的抗弯强度很高，在土木工程中应用很广，如梁、脚手架、地板等。

（4）抗剪强度

木材的剪切有顺纹剪切、横纹剪切和横纹切断三种，顺纹剪切是切力方向与纤维方向平行。横纹剪切是剪切方向与纤维方向垂直，横纹切断为剪切力方向及剪切面均与木材纤维方向垂直。

木材在不同在剪切作用下，木纤维的破坏不同，因而表现为横纹切断强度最大，顺纹剪切次之，横纹剪切最小。

根据以上所述，木材各强度间数值大小关系如表4-31。

木材理论上各强度大小关系 表 4-31

抗 压		抗 拉		抗 弯	抗 剪	
顺纹	横纹	顺纹	横纹		顺纹	横纹切断
1	1/10 ~ 1/3	2 ~ 3	1/20 ~ 1/3	1.5 ~ 2.0	1/7 ~ 1/3	1/2 ~ 1

（5）影响木材强度的因素

1）木材的纤维组织

木材主要靠细胞壁承受外力，细胞壁均匀、密实，强度就高，如夏材比春材结构密实，当夏材含量高时，木材强度高。

2）含水率

木材的含水率在纤维饱和点以内变化时，即吸附水变化时，木材的强度也随之发生变化，含水率增加，强度下降。其原因是含水率增大时，不仅使纤维之间的距离增大，降低了内聚力，还会使亲水细胞壁软化，减少木材内细胞物质数量，从而导致木材强度下降；反之亦然。

木材含水率的变化对各种强度的影响规律不同，如图4-19，从图中可见，含水率变化时顺纹抗压和抗弯强度变化很大，而顺纹抗剪强度变化较小，顺纹抗拉几乎不变。国家标准规定，木材强度以含水率为12%时的强度为标准值，其他含水率时的强度，应按下式折算成标准含水率时的强度。

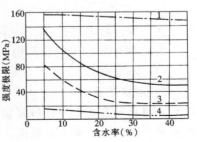

图 4-19 木材强度与含水率的关系
1—顺纹抗拉；2—弯曲；
3—顺纹抗压；4—顺纹抗剪

$$\sigma_{12} = \sigma_W[1 + \alpha(W - 12)]$$

式中 σ_{12}——含水率为12%时的木材强度；

σ_W——含水率为$W\%$时的木材强度；

W——试验时的木材含水率；

α——含水率校正系数，随木材种类及作用方式而异。

顺纹抗压：$\alpha = 0.05$

径向或弦向横纹局部抗压：$\alpha = 0.045$

顺纹抗拉：阔叶树 $\alpha = 0.015$

针叶树 $\alpha = 0$ 即 $\sigma_W = \sigma_{12}$

抗弯：$\alpha = 0.04$

弦面或径面顺纹抗剪：$\alpha = 0.03$；

木材含水率在 9% ~ 15% 范围内，上式有效。

例如：水曲柳含水率为 12% 时的顺纹抗拉强度为 138.1MPa，当含水率为 10%、14% 时，其顺纹抗拉强度分别为 142.4MPa 和 134.1MPa。

3）温度

在温度高于 120℃时，木材会被烤焦和变形，并发生部分挥发物分解，强度下降。温度超过 140℃时，木材的纤维素发生热裂解，变形明显并导致裂纹产生，强度急剧下降。因此，木材不宜长期处于高温环境。

4）加荷时间

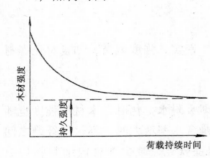

图 4-20 木材持久强度与
木材强度的关系

木材在长期承载情况下，会发生纤维等速蠕滑，累积后产生较大变形从而降低承载能力。实际上木材的持久强度仅为极限强度的 50% ~ 60%，因而木结构中木材允许应力值远低于木材强度，设计时一般以持久强度为依据。木材持久强度与木材强度的关系可见图 4-20。

5）疵病

木材疵病包括天然生长缺陷（如木节、斜纹、腐朽和病虫害等）和加工后产生的缺陷（如裂纹、翘曲等）。这些缺陷均会使木材的物理力学性质受影响。

5. 木材的防腐与综合利用

（1）木材的防腐

1）木材的腐朽

木材易受真菌、昆虫侵害腐朽变质，木材中的真菌包括霉菌、变色菌、腐朽菌三种。霉菌生长在木材表面，变色菌以木材细胞腔内含物为养料，不破坏细胞壁。所以霉菌和变色菌只使木材变色，影响外观，而不影响强度。造成木材腐朽的是腐朽菌。当木材的含水率在 35% ~ 50%，温度在 25 ~ 30℃，又有足够空气的条件下，腐朽菌通过分泌酶来分解木材细胞壁组织中的纤维素、半纤维素和木质素，作为养料吸取，供自身生长繁殖，使木材腐朽。

木材除受真菌侵蚀外，还会遭受昆虫的蛀蚀。如白蚁、天牛、蠹虫等。

2）木材的防腐

防腐措施有：

①将木材干燥至含水率20％以下，置于通风、干燥处。

②将木材浸没在水中或深埋于地下。

③在木材表面涂油漆。

④采用有毒化学药剂，经喷洒、浸泡或注入木材从而抑制或杀死菌类、虫类。

常用的防腐剂有氟化钠、氯化锌、硼酚合剂、煤焦油等。

（2）木材的应用

1）木材等级标准

工程中使用的木材常有三种型式，即原木、方木和板材。原木是除去皮、根、树梢后加工成规定直径和长度的木材；方木和板材统称为锯材，方木是截面宽度不足厚度3倍的木材；板材是截面宽度为厚度3倍以上的木材。

国家标准 GB/T 4812—1995、GB/T 153—1995 和 GB/T 4817—1995 分别对特级原木、针叶树和阔叶树锯材材质指标进行了规定，见表4-32、4-33。

根据指标规定，针叶树和阔叶树锯材分别分为特等和普通两大级，而普通锯材中又分为一等、二等和三等。

2）木材在建筑上的应用

木材在建筑上的应用分两类：一部分是在结构上应用，如梁、柱、望板、桁檩、椽、斗拱等；一部分是用于装饰工程，如门窗、天棚、扶手、栏杆、龙骨、隔断等。

特级原木材质指标（GB/T 4812—1995）　　　　　表 4-32

检查方法及允许限度 缺陷名称	阔 叶 树	针 叶 树
活节、死节	全材长范围内，节子尺寸不得超过检尺径15%	
	2个	4个
漏节	全材长范围内不许有	
边材腐朽	全材长范围内不许有	
心材腐朽	腐朽面积不得超过检尺径断面面积的：小头不许有	
	大头 1%	
虫眼	全材长范围内及断面不许有	
裂纹	纵裂长度不得超过检尺长的：杉木　　　15%	
	其他树种　　10%	
	贯通断面开裂不许有	
	弧裂拱高或环裂半径不得超过检尺径的：10%	

续表

检查方法及 允许限度 缺陷名称	阔 叶 树	针 叶 树
劈裂	已脱落的劈裂：劈裂宽度不得超过 10cm 劈裂长度不得超过 30cm	
弯曲	最大拱高不得超过该弯曲内曲水平长的：	
	1.5%	1%
扭转纹	小头 1m 长度范围内斜高不得超过检尺径的：10%	
偏心	小头断面中心与髓心之距离不得超过检尺径的：10%	
外伤	外伤深度不得超过检尺径的：10%	
抽心	大、小头断面均不许有	
偏枯、外夹皮	检尺长度范围内不许有	
树瘤、树包、风折木	全材长范围内不许有	
双心	小头断面不许有	

锯材材质指标（GB/T 153—1995、GB/T 4817—1995）　　　　表 4-33

缺陷名称	检量与计算方法	针叶树				阔叶树			
		允许限度				允许限度			
		特等 锯材	普通锯材			普通 锯材	普通锯材		
			一等	二等	三等		一等	二等	三等
活节及 死节	最大尺寸不得超过材宽的	15%	25%	40%	不限				
	任意材长 1m 范围内个数不得超过	4	6	10					
死节	最大尺寸不得超过材宽的					15%	25%	40%	不限
	任意材长 1m 范围内个数不得超过					3	5	6	
腐朽	面积不得超过所在材面面积的	不许有	2%	10%	30%	不许有	5%	10%	30%
裂纹夹皮	长度不得超过材长的	5%	10%	30%	不限	10%	15%	40%	不限
虫眼	任意材长 1m 范围内的个数不得超过	1	4	15	不限	1	2	8	不限
钝棱	最严重缺角尺寸不得超过材宽的	5%	20%	40%	60%	10%	20%	40%	60%
弯曲	横弯最大拱高不得超过水平长的	0.3%	0.5%	2%	3%	0.3%	1%	2%	4%
	顺弯最大拱高不得超过水平长的	1%	2%	3%	不限	1%	2%	3%	不限
斜纹	斜纹倾斜程度不得超过	5%	10%	20%	不限	5%	10%	20%	不限

　　特级原木多用于高级建筑的装修、文物装饰及各种特种用途。针叶树材一般有弹性，多用于门窗、楼梯、细木工等。阔叶树材颜色艳丽，花纹多变，特别适用于装修，如红木、柚木、花梨木、楠木、樟木适合高级家具、高档贴面等，而

水曲柳、白蜡木、紫椴除适合家具、贴面外，还可用做地板。

（3）木材的综合利用

我国木材资源十分缺乏，将加工剩余的小尺寸边角、废料充分利用，生产各种板材，可有效地提高木材的利用率，节约了木材。常见品种有以下几种：

1）薄木贴面装饰板

薄木贴面装饰板是将具有美丽木纹和天然色调的珍贵树种加工成非常薄的装饰面，以满足物美价廉的要求。

①薄木的分类

薄木贴面装饰板按厚度分，可分为：厚薄木（厚度为 0.7 ~ 0.8mm）；微薄木（厚度为 0.2 ~ 0.3mm）。

按制造方法分有旋切薄木、刨切薄木和半圆的薄木。

按薄木形态可分为天然薄木——由天然珍贵树种的木材制得的薄木；组合薄木——由一般树种的旋切单板按同一方向胶合成木方后制成的薄木；集成薄木——由珍贵树种的木材按薄木的图案先拼成木方，然后再刨切成整张拼花薄木；染色薄木——将一般树种的薄木仿照珍贵树种的色调染色而成的薄木；成卷薄木——由连续带状的旋切薄木与纸张复合在一起制成的可卷成卷的薄木。

②薄木贴面板的构成

薄木贴面板由薄木和基材板构成。常用的基材板有：胶合板、刨花板、纤维板。薄木贴面板用的基材板应达到表面平整、含水率低、平面抗拉强度应大于 0.29 ~ 0.39MPa、砂去基材表面、表面洁净等要求。

薄木贴面板的质量缺陷有拼缝不严、翘曲、粗糙不平，表面污染变色、脱胶等。对薄木贴面板进行质量检验的内容有胶合强度和耐候性检验。胶合强度是将薄木贴面板放在 60 ± 3℃ 热水中浸泡 2h，然后在 60℃ 温度下干燥 3h，观察胶合面是否有脱开，脱开长度不应大于 25cm。耐候性检验是将试件放入 80℃ 恒温箱中 2h，再放入 −20℃ 恒温 2h，重复一次后观察，要求不应有裂纹、变色、鼓泡、变形等缺陷。

③薄木贴面的应用

薄木贴面板花纹美丽，材色悦目，具有自然美的特点，可作高级建筑的室内墙、门、橱柜等饰面。

2）胶合板

胶合板是用旋切机将原木沿年轮切成大张薄片，再用胶粘和热压而成。木片层数应成奇数，一般 3 ~ 13 层，相邻木片（层）的纤维互相垂直，常用的有三合板和五合板。

①胶合板的等级

胶合板按质量和使用胶料不同分为Ⅰ、Ⅱ、Ⅲ、Ⅳ四类。Ⅰ类为耐气候、耐沸水胶合板，特点是耐久、耐煮沸、耐干热、抗菌；Ⅱ类为耐水胶合板，耐冷水浸泡和短时间热水浸泡，抗菌但不耐煮沸；Ⅲ类为耐潮胶合板，耐短时间冷水浸泡；Ⅳ类为不耐潮胶合板，有一定的胶合强度但不耐潮。

②胶合板的应用

Ⅰ、Ⅱ类可应用在室内外的工程中。四类胶合板均可用于室内隔墙板、顶棚板、门面板以及各种家具。

3）纤维板

纤维板是将树皮、刨花、树枝等废材经破碎浸泡、研磨成木浆、加入胶料，经热压成型、干燥处理而成的人造板材。纤维板将木材的利用率由60%提高到90%。纤维板按密度不同分为硬质纤维板（表观密度 > 800kg/m³）、中密度纤维板（表观密度 > 500kg/m³）、软质纤维板（表观密度 < 500kg/m³）。硬质纤维板表观密度大，强度高，是木材的优良代用材料。主要用作室内壁板、门板、地板、家具等，通常在板面施以仿木纹油漆处理，可达到以假乱真的效果。软质纤维板表观密度小，板材松软，易用作顶棚吸声材料。

4）刨花板、木丝板、木屑板

刨花板、木丝板、木屑板分别是以刨花、短小废料刨制的木丝、木屑等为原料，经干燥后拌入胶料，再经热压而制成的人造板材。所用胶料可为合成树脂，也可为水泥、菱苦土等无机胶结料。

刨花板按表观密度分为低密度刨花板（450kg/m³）、小密度刨花板（550kg/m³）、中密度刨花板（750kg/m³）和高密度刨花板（1000kg/m³）。表观密度低强度较低者，可用作隔热和吸声材料，也可作贴面板或胶合板的基材。表观密度较高者常用于吊顶、隔墙、家具等。

5）覆塑装饰板

覆塑装饰板一般采用脲醛树脂为胶粘剂，用热压法在胶合板、纤维板、刨花板、中密度纤维板上涂胶，贴塑料贴面板压制而成。覆塑装饰板以覆塑的基层板命名，如覆塑胶合板、覆塑中密度纤维板等。其特点是施工方便、耐磨耐烫、美观、大方，适用于高级建筑的室内装修及制作家具用材。

第六节 胶 粘 剂

一、胶粘剂的概念

1. 胶粘剂的发展

能够在两个物体表面形成薄膜，并能紧密地将它们粘结起来的物质，称为胶粘剂。早期的胶粘剂是以天然物（如骨胶、皮胶、大豆胶）为原料的，而且大多数是水溶性的。20 世纪以来，合成胶粘剂不断发展起来，如 1909 年出现了酚醛树脂，1941 年出现了酚醛—聚乙烯醇缩醛树脂混合型结构胶粘剂。20 世纪 50 年代出现的环氧树脂等使胶粘剂不仅从品种上而且从粘结功能上都有很大的发展。近年来，胶粘剂的发展正稳步趋于成熟，胶粘剂由一般胶粘特性向耐热、耐候、绝缘、高强、导电、导热等多功能方面发展。高效能、多功能胶粘剂如需氧胶粘剂、热熔型压敏胶、光固化及电子束固化胶粘剂、水基压敏胶等不断问世。在环保方面，水乳型大大多于溶剂型，如在美国，水乳型与溶剂型胶粘剂所占的比例为 63％与 11％，西欧国家比例为 46％与 10％，日本比例为 32％与 6％。由于胶粘剂可以替代机械连接，且比机械连接有更多的优势，因此，无论在装饰工程还是结构工程中都已成为重要的配套材料。

2. 胶粘剂的特性

（1）粘结范围广泛。与焊接、铆接、螺纹连接相比，粘结不受胶结物的形状、材质等因素的限制，如软的和硬的、脆的和韧性的、有机的和无机的材料连接，甚至使一些传统无法加固的构件得以修复加固，对某些重要军事工程和交通设施的应急修复和加固更具意义。

（2）连接工序简化。可大大缩短连接工期，在 1～2 天或更短的时间就可以使用，提高加工和施工效率。

（3）减轻结构重量。用胶粘剂粘结可得到质量轻、强度大、装配简单的结构。

（4）提高结构的耐疲劳性。粘结技术使应力分布均匀，克服了铆钉孔、螺钉孔和焊接点周围的应力集中所引起的疲劳龟裂，又因密封性能良好，可更好地保证构件的整体性和提高抗裂性。

（5）功能性良好。除了粘结性外，一些胶粘剂还具有耐水、耐腐蚀、耐老化等性能，能满足各种工程要求。

（6）胶粘剂也有一些缺点，如某些胶粘剂粘结过程复杂，有些易燃、有毒、无可靠的检验质量的方法等。

二、胶粘剂的组成

胶粘剂由基料（树脂和橡胶）、固化剂、增塑剂及填充剂，偶联剂、引发剂、络合剂、乳化剂等多种成分构成。

1. 基料

基料也称粘结料，主体是有机高分子材料，是胶粘剂中的主要成分，包括某些树脂和橡胶，其中有均聚物也有共聚物，有热固性的，也有热塑性的。其主要作用是粘结两被粘物体。粘结接头的性能主要受基料性能的影响，一般胶粘剂是以粘结料的名称来命名的。如酚醛树脂胶粘剂、脲醛树脂胶粘剂、环氧树脂胶粘剂等。

2. 固化剂

固化剂是一种可使单体或低聚物变为线型高聚物或网状体型高聚物的物质，固化剂又称硬化剂或熟化剂，固化剂的作用是加快胶粘剂固化产生胶结强度，有些场合称交联剂或硫化剂，固化剂分为物理固化和化学固化。物理固化主要是由于溶剂的挥发、乳液的凝聚、熔融体的凝固等。化学固化实质是低分子化合物与固化剂起化学反应变为大分子，或线型分子与固化剂反应变成网状大分子。

3. 增塑剂

增塑剂是一种能改善粘结层的韧性，以提高冲击强度的物质。增塑剂能"屏散"高分子化合物的活性基团，降低分子间的相互作用，降低内聚强度，弹性模量和耐热性，增加韧性、延伸率和耐寒性。加入适量，可提高剪切强度和不均匀扯离强度，加入过量，反而有害。常用的主要有邻苯二甲酸二丁酯和邻苯二甲酸二辛酯等。

4. 溶剂

由于胶粘剂是固态或黏稠的液体，不便施工，加入合适的溶剂主要对胶粘剂起稀释分散、降低黏度的作用。除此之外，溶剂还可增加胶粘剂的润湿能力和分子活动能力，并可避免胶层厚薄不匀。溶剂选择要注意溶剂的极性与基料极性相同或相近，常用的有机溶剂有丙酮、甲乙酮、乙酸乙酯、苯、甲苯、酒精等。

5. 填充剂

填充剂一般在胶粘剂中不与其他组分发生化学反应。其作用是增加胶粘剂稠度，降低膨胀系数，减少收缩，提高胶结层的抗冲击韧性和机械强度。同时也降低胶粘剂成本。填充剂的加入也有副作用，如增加了黏度，不利于涂布施工，丧失了透明度，容易造成气孔缺陷；增加了强度使后加工困难，减少了耐冲击性与抗拉强度（纤维状填充剂除外）。常用的填充剂有氧化铝粉、铝粉、锌粉、磁性铁粉、石英粉、滑石粉、石墨粉等无机矿物材料。

6. 偶联剂

偶联剂是能同时与极性物质和非极性物质产生一定结合力的化合物，其特点是分子中同时具有极性和非极性部分的物质。偶联剂的作用是增加主体树脂分子本身的分子间作用力，提高胶粘剂的内聚强度，增加主体树脂与被粘物之间的结合，起到一定的"架桥"作用。常用的偶联剂有硅烷、有机羧酸类、钛酸酯、多异氰酸酯。

7. 络合剂

某些络合能力强的络合剂，可以与被粘材料形成电荷转移配价键，从而增强胶粘剂的粘结强度，所选用的络合剂要比胶粘剂主体材料与固化剂的络合能力强，如 8—羟基喹啉、邻氨基酚等。

8. 乳化剂

能使两种以上互不相容的液体形成稳定的分散体系的物质，称为乳化剂，其作用是降低连续相与分散相之间的界面能阻止滴液之间的相互凝结，促进乳状液稳定化。常用的有十二烷基磺酸钠、十二烷基苯磺酸钠、季铵盐类、氨基酸类、聚醚等。

三、胶粘剂的分类

胶粘剂的品种繁多，分类方法各异，常用的有以下分类方法：

（1）按胶粘剂的热行为分类，可分为热塑性胶粘剂和热固型胶粘剂。热塑性的有聚醋酸乙烯酯、乙烯—醋酸乙烯酯等；热固性的有环氧、酚醛、脲醛、有机硅等。

（2）按用途分类，可分为结构型、非结构型、特种用途三类。结构型胶粘剂能承受较高负荷，有良好的耐热、耐油、耐水等性能，如环氧、酚醛、丁腈、酚醛—缩醛、环氧—丁腈、环氧尼龙等热固性树脂；非结构型的有一定粘结强度，耐热、耐水等性能较结构型差，如聚乙烯醇、乙酸乙烯、橡胶、有机硅、沥青、纤维素等；特殊用途的有导电胶、导热胶、光敏胶、医用胶、水下胶粘剂、耐高温胶等。

（3）按固化形成分类，可分为溶剂挥发型、化学反应型、热熔型。溶剂挥发型靠溶剂挥发成膜，以热塑性树脂为主，如聚乙烯醇、聚丙酸酯、纤维素等；化学反应型靠化学反应引起固化，以热固型树脂为主，如环氧、不饱和聚酯、氨基树脂等；热溶型的在加热时熔融，冷却后固化，如聚氨酯、沥青、硫磺、聚酯等。

（4）按固结温度分类，可分为低温硬化型、室温硬化型和高温硬化型三类。

四、胶粘机理及影响胶粘强度的因素

1. 胶粘机理

胶粘剂与被粘物牢固地粘接在一起，其粘接原理主要有四种，即机械连接理论、扩散理论、电子理论和吸附理论。

（1）机械连接理论

这种理论认为粘结力的产生，主要是由于胶粘剂在不平的被粘物表面形成机械啮合力。被粘物表面用放大镜看是十分粗糙且多孔的，胶粘剂能渗透到被粘物的孔隙中，固化之后就像许多小钩子似的把胶粘剂和被粘物啮合在一起，这种理论也称抛锚理论。但对于非孔的平滑表面，这种理论很难解释。

（2）扩散理论

高分子化合物在分子热运动的影响下，引起扩散，从而使胶结物与被粘物之

间形成相互"交织"的牢固接头。扩散理论认为胶粘剂分子一般都有扩散能力，如果胶粘剂以溶液的形式涂敷到被粘物表面，能使被粘物在此溶液中溶胀或溶解，则被粘分子将明显地扩散到胶粘剂溶液中去，两相界面消失，结果连接成牢固的胶接接头。

（3）吸附理论

认为胶结连接过程有两个阶段。第一阶段是由于分子做布朗运动，胶粘剂的高分子迁移到被粘物表面，高分子极性基团与被粘物极性部分靠近，在溶剂、湿度、压力作用下，胶粘剂的黏度降低。高分子链节也能与被粘物表面靠得很近。第二阶段是吸附作用。当胶粘剂与被粘物分子间的距离小于 5Å 时，分子之间发生作用，由于分子间的吸附作用，使物体粘接在一起。

（4）化学键理论

化学键理论认为某些胶粘剂与被粘物表面之间还能形成化学键，化学键结合力的强度不仅比物理吸附力高，而且对抵抗破坏性环境的侵蚀能力也很强，特别对于粘结界面抵抗老化的能力是有贡献的。高分子材料与金属材料之间形成化学键的一个典型例子是橡胶与镀黄铜的金属之间的胶接。

以上四种理论各自从不同的角度论述了粘结理论。事实上胶粘剂与被粘物之间的牢固粘接往往不是能用单一理论能解释的，常常是几种理论的综合，不过各种理论涉及的因素对粘接力贡献大小不尽相同而已。

2．影响胶结强度的因素

评定胶接强度，有剪切强度、剥离强度、疲劳强度、冲击强度等，一般采用拉伸剪切强度（单面搭接）作为胶接强度大小的主要评定指标。

影响胶粘剂胶接强度的因素很多，主要有胶粘剂的性质、被粘接材料的性质、浸润性等。

（1）胶粘剂性质

胶粘剂的性质包括黏度、分子量、极性、空间结构和体积收缩。

1）分子量

胶粘剂主体材料（树脂和橡胶）分子量大小及分布对粘结强度的影响是：分子量小，润湿能力强，但内聚强度低，最终粘结强度不高；分子量大，内聚强度高，润湿能力差，胶接性变差，因此，分子量分布较为均匀的树脂对胶结强度有利。

2）极性

胶粘剂的粘结力与主体材料基团极性大小和数量多少成正比。含有较多极性基团的聚合物，常被用作胶粘剂主体材料。

3）空间结构

胶粘剂主体材料的空间结构，即侧链的种类对胶接强度有很大的影响。由于侧链的空间位置增大，妨碍了分子链节运动，不利于浸润和粘附，对胶接剂的胶接力有不良影响。如果侧链足够长，它们能单独起分子链作用，比大分子的中间段更易于扩散到被粘物内部，有利于提高粘附性和胶结力。

4）体积收缩

胶结剂在固化过程中体积收缩会造成收缩应力，影响胶接质量。防止收缩的措施是加无机填料和增韧剂或减少厚度。

（2）被粘接材料的性质

被粘接材料的性质是指被粘接材料的组成、结构、线膨胀系数、表面等。

1）被粘物组成、结构

极性胶粘剂适用于粘结极性材料，非极性胶粘剂适用于粘接非极性材料。如果违反这一原则，粘接强度就会降低。这是因为胶粘剂与被粘物组成结构不同所致。

2）线膨胀系数

胶粘剂与被粘物线膨胀系数不同时，会出现因温度变化产生的内应力，使粘结强度下降。

3）表面状态

被粘物表面状况直接影响粘附力，对胶接强度影响极大，因此对被粘物表面的要求是清洁，适当粗糙度、适宜的表面温度。

（3）胶粘剂对被粘物表面的浸润

无论粘接界面上发生何种物理的、化学的或机械的作用，胶粘剂对被粘物表面的完全浸润是获得高的粘结强度的先决条件。如果浸润不完全，未曾浸润的地方就会形成许多空缺，在这些空缺处周围会产生应力集中，从而大大降低粘结强度。

（4）胶接工艺及环境条件的影响

胶接工艺指材料表面处理、搭接长度、胶液黏度、涂胶后的固化温度和压力、晾置时间、胶层厚度、固化温湿度及时间等。只有满足一定条件要求，才能保证胶接质量。

五、土木工程中常用胶粘剂

土木工程中常用的胶粘剂有两大类型，即建筑结构工程用胶和建筑装饰用胶。以下将分别介绍。

1．结构胶

在建筑施工中，对各类受力构件进行连接、加固或修补的胶粘剂称为建筑结构胶。这类胶粘剂主要有环氧型、聚氨酯型、丙烯酸酯型、厌氧型、有机硅型几大类。建筑结构胶的使用加快了设计标准化、施工机械化、构件预制化及建材轻质、高强和多功能化的进程，提高了施工速度，节省工时与能源、减少污染、美化了建筑。比起传统的连接，建筑结构胶在加固或修补上具有更多的优势，如瑞士的环氧型建筑结构胶粘剂，可将10t多重的预制构件粘结起来，并通过预应力钢筋来将它们压紧而粘结成为一个整体，悉尼歌剧院使用建筑结构胶完成了对屋盖的拼装粘结，成为建筑结构胶应用的典范。日本阪神大地震后，被损坏桥梁的钢筋混凝土柱及梁，均大量使用了环氧树脂建筑结构胶进行加固、修复。现在，结构胶的品种日益丰富，有粘结用胶、锚固用胶、灌注用胶和堵漏用胶等，使结构胶在胶粘剂发展中更具重要地位。

（1）环氧树脂胶粘剂

环氧树脂是指分子中平均含有一个以上环氧基而分子量不高的聚合物。广义地说，对含有一个以上环氧基并在固化剂作用下可形成三维网络结构的任何环氧化合物均包括在内。环氧树脂在固化过程中，无低分子产生或挥发，因而体积收缩率小，固化物耐老化，耐腐蚀并具有很高的胶粘强度，具有良好的加工性能与施工工艺性能。

1）环氧树脂的类型、型号

我国于1980年颁布了环氧树脂的分类、型号及命名标准，如表4-34所示。

环 氧 树 脂 的 类 型

表 4-34

代号	类 型	代号	类 型
E	二酚基丙烷环氧树脂	G	硅环氧树脂
ET	有机钛改性二酚基丙烷环氧树脂	N	酚酞环氧树脂
EG	有机硅改性二酚基丙烷环氧树脂	S	四酚基环氧树脂
EX	溴改性二酚基丙烷环氧树脂	J	间苯二酚环氧树脂
EL	氯改性二酚基丙烷环氧树脂	A	三聚氰胺环氧树脂
EI	二酚基丙烷侧链环氧树脂	R	二氧化乙烯基己烯环氧树脂
F	酚醛多环氧树脂	Y	二氧化双环，戊二烯环氧树脂
B	丙三醇环氧树脂	D	聚丁二烯环氧树脂
Z	脂肪族甘油酯环氧树脂	H	3，4—环氧基—6—甲基环己烷甲酸
I	脂肪族缩水甘油酯		3′，4′—环氧基—6—甲基环己基酯
L	有机磷环氧树脂	W	二氧化双环戊烯基醚树脂

环氧树脂以一个或两个汉语拼音字母与两位阿拉伯数字作为型号，以表示类别及品种：

型号的第一位字母为主要组成物质名称，第二位字母是组成中改性物质名称代号的第一个字母，若是无改性物质，则加标记"－"。第三位和第四位是标出该产品环氧值的算术平均值的阿拉伯数字（图4-21）。

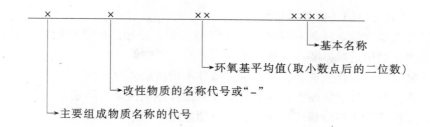

图 4-21 环氧树脂的表示

例如：某一牌号环氧树脂系二酚基丙烷为主要组成物质，其环氧值为 0.48 ~ 0.54mol/100g，其算术平均值为 0.51，该树脂的全称为 E-51 环氧树脂。

2）环氧树脂的改性

环氧树脂是热固性树脂，本身不能变成不溶的坚硬固体，必须有固化剂存在才能固化。另外为了提高环氧树脂的某些性能，扩大环氧树脂胶粘剂的使用范围，常在环氧树脂中加入一些高聚物，使之成为聚合物的复合体，如加入液体聚硫橡胶，可提高固化速度；加入丁腈橡胶可提高剪切强度；加入聚乙烯醇缩醛可起增韧作用，提高剥离强度、冲击强度和剪切强度；加入尼龙可使复合体强韧兼备；加入酚醛可使耐热性提高；加入有机硅可直接用作耐高温（300℃左右）胶粘剂。

3）结构胶用环氧树脂的种类与特点

环氧树脂品种很多，可根据用途选择。

①双酚 A 环氧树脂

这类环氧树脂应用最广泛，是由双酚 A（二酚基丙烷）与环氧氯丙烷在碱性介质中缩聚而成的缩水甘油醚高分子化合物。该类环氧树脂（E 型环氧树脂）来源广、价格低、加工容易、收缩率小、固化后的产物无毒、无味，是结构胶的主要原料。

②酚醛化环氧树脂

由于加入了酚醛，所以这类环氧树脂受热变形温度高，主要用于改进结构胶的耐温性。

③氨基环氧树脂

这类环氧树脂可以在较低的温度下固化，而且有较高的耐温性，主要用于耐温结构胶。

④低黏度、高活性的环氧树脂

此类环氧树脂有 711、712 及 TDE-85。其中 711 环氧树脂黏度小、耐低温性好，既可配制胶粘剂又可作环氧树脂的稀释剂；712 环氧树脂活性高，用于配制快速固化的环氧树脂胶种。

4）环氧树脂的主要技术指标

①环氧基含量 环氧树脂中所含环氧基多少，是标志环氧性能的重要指标，在计算固化剂用量时，要应用环氧值。

②黏度 表示环氧树脂在某一温度条件下的流动情况。

③软化点 分子量较大的环氧树脂在室温时不能流动，则确定一个在某温度下环氧树脂可软化的指标叫软化点，以方便应用。

④挥发分 指100g环氧树脂中，低分子挥发分的含量。挥发分越多，对强度及收缩性越不利。

5）环氧树脂胶粘剂的助剂

①固化剂 环氧树脂胶粘剂中所用固化剂有有机胺类、有机酸酐类、咪唑类、高聚物等。其中胺类在室温下可固化、流动性好，来源容易；咪唑类固化温度不高，固化产物耐热性好。

②增韧剂 作为加固用的环氧树脂胶粘剂，现在用得较多的增韧剂有液体聚硫橡胶、丁腈橡胶等，从而提高环氧树脂胶粘剂的耐久性。

6）环氧树脂结构胶的用途

①锚固粘结与加固

结构胶就是能承受较大动、静荷载，代替螺栓、铆钉或焊接等形式来粘结结构构件，加固和锚固构件、杆件等。在建筑上，环氧树脂结构胶广泛用于道桥、机械设备等的锚固以及预制构件的粘结和已建成结构的加固。

②低温施工

目前，粘结加固的应用范围不断扩大，但一些胶粘剂在低温下却无法使用。而低温固化型的环氧胶粘剂可在 $-20 \sim -10℃$ 使用。

③修补结构

这类胶粘剂在混凝土结构修补中占有很大的比重。既可用来修补裂缝，又可用来进行表面损伤及整个断面损伤的修补。如对各类老建筑、古建筑（木结构、混凝土结构、石结构及砖结构等）进行粘结修复。

④高潮湿环境下的粘结

环氧胶粘剂可在高潮湿面上粘贴，也可在水下涂敷施工。如有高粘结性的双酚A型634环氧树脂，在水中有较好的稳定性，即使在水中也可对金属表面有相当高的粘结力，同时不溶于水，而且排水、憎水。如修补输水管接口、水电站工程，甚至可用于带压水的蒸汽阀门管道破裂等的维修。

（2）聚氨酯建筑结构胶粘剂

聚氨酯系由硬、软段组成的嵌段高聚物组成。硬段分子提供剪切、剥离强度和耐热性，软段分子则有耐冲击、耐疲劳等特性。调节硬、软段高聚物的组成或者结构，可制得多种结构用聚氨酯胶粘剂。聚氨酯建筑结构胶粘剂具有优良的耐水、耐油、耐溶剂、耐臭氧的性能和特别优良的耐低温性能及较高的粘结强度，聚氨酯胶粘剂的缺点是耐热性差，有些含－NCO者具有毒性。常用的聚氨酯建筑结构胶粘剂有以下几类：

1）聚氨酯—聚脲胶粘剂是无溶剂型胶粘剂，具有工艺简单、贮存运输方便等特点，可室温固化或热固化，其胶层具有弹性和高剪切强度，可用于金属—碳纤维复合材料的粘结和部件的修复。

2）聚氨酯—环氧树脂—聚脲胶粘剂是环氧树脂与聚氨酯胶粘剂的复合体。具有两种胶粘剂的优点：既有一定柔软性，又有相当高的粘结强度的结构胶。

（3）其他结构胶粘剂

1）丙烯酸酯建筑结构胶粘剂

丙烯酸酯建筑结构胶粘剂是近年来发展较快的一类结构胶粘剂，其特点是：可在室温下快速固化，对被粘物体表面处理要求不严格，粘结强度和锚固强度较高，机械性能较好，粘结对象广泛，抗各种介质、抗冻融、抗老化性能优良，可在低温下施工。

2）有机硅结构胶粘剂

有机硅胶粘剂是以较低分子量的活性直链聚有机硅氯烷为基料，与其他组分相配合，能在常温下形成网状交联结构的高分子化合物。有机硅胶粘剂在玻璃幕墙中应用较多，它的作用是将玻璃及其他材料同结构金属框架牢固地粘接在一起，向建筑结构主体传递玻璃所受的荷载，并适应在使用条件下（如风力、温度、湿度等各种变化）玻璃及支撑材料之间所发生的形变和位移等。为了达到这一目的，除了设计上采用特殊的柔性结构外，有机硅类建筑胶粘剂的高粘结强度、高伸长率、中低弹性模量是必备的性能。

（4）结构胶的选用

结构胶的选用见表4-35。

结 构 胶 的 选 用　　　　　　　　　　表 4-35

工程类型	选用的结构胶
粘结加固	改性环氧树脂类；JGN-Ⅰ型；XING型；JGN-Ⅱ型；AC；WSJ型；DJR-PT型；YJS-1型；J-1型；DJR-DW型不饱和聚酯型；环氧树脂型；丙烯酸酯型；环氧树脂改性聚氨酯型；丙烯酸酯改性聚氨酯型
锚　固 灌注粘结	环氧树脂类灌注粘结型；乳化环氧树脂灌注粘结型 不饱和聚酯类；环氧树脂类；有机硅类
建筑物干挂、灌浆粘接	水玻璃类；木质素类；丙烯酰胺；热固性丙烯酸酯类；聚氨酯；脲醛树脂类；甲基丙烯酸酯类；改性环氧树脂类
修补	丙烯酸酯类；改性环氧树脂类
水下修补	丙烯酸酯类；改性环氧树脂类

2．装饰工程用胶粘剂

（1）装饰工程用胶粘剂的种类

装饰工程用胶粘剂按使用部位分为：

1）陶瓷墙地砖胶粘剂；

2）壁纸胶粘剂；

3）天花板胶粘剂；

4）半硬质聚氯乙烯塑料地板胶粘剂；

5）木地板胶粘剂。

（2）常用装饰工程用胶粘剂介绍

1）环氧树脂胶粘剂是目前应用最广的胶粘剂，除前述用于建筑结构外，还有很多的产品用于装饰工程，其品种及特点如下：

①AH-03 大理石粘结剂　这种粘结剂具有粘结强度高、耐水、耐候、使用方便等特点，适用于大理石、花岗石、马赛克、面砖、瓷砖等水泥基层的粘结。

②HN-605（731）胶粘剂　这种胶粘剂具有粘结强度高、耐酸碱、耐水等特点，适用于各种塑料、金属、橡胶、陶瓷等多种材料的粘结。

③XY-507 胶粘剂　这种粘结剂具有粘结强度高、韧性好、耐热、耐酸、耐水的特点，适用于塑料、陶瓷、玻璃等非金属的粘结。

④6202 建筑胶粘剂　这种胶粘剂的粘结力强、固化收缩小、不流淌、粘结面广，使用简便、安全，用于不适合打钉的水泥墙面。

⑤EE-3 建筑胶粘剂　该胶粘剂粘结性好、不滑动、耐潮湿、耐低温、耐水，用于各类建筑的厨房、浴室、洗脸间、厕所及地下室的墙面、地面顶棚的装修。

2）聚乙烯醇缩脲甲醛胶粘剂（商品名 801 胶）

这是一种经过改性的聚乙烯醇缩甲醛。聚乙烯醇缩甲醛为聚乙烯醇在酸性条件下与醛类反应而得，属水溶性建筑工程常用胶。但在其胶液中含有大量对人体有害的游离甲醛。801 建筑胶是通过在聚乙烯醇缩甲醛胶制备过程中加入尿素而制得，由于尿素与游离甲醛在缩合反应的过程中可以生成——羟基脲、二羟基脲及至甲基脲等缩合物，所以游离甲醛可以大幅度降低，而且胶液的粘结力也得以增强，这类胶无毒、无味、不燃、游离甲醛含量低，施工中无刺激气味、耐磨、剥离强度高。用于墙布、墙纸、地面、内外墙涂料的基料。

3）乙烯共聚胶粘剂（EVA）乙烯共聚是由乙烯和乙酸乙烯共聚而成，这是一种无臭、无味、无毒的低熔点聚合物，有较好的粘附性、耐寒性、柔韧性和流动性。适宜塑料、木材的粘结。

4）丙烯酸酯树脂胶粘剂

丙烯酸酯树脂胶粘剂是以丙烯酸酯树脂为基料配制而成，可分为热塑性和热固性两大类。

①热塑性丙烯酸酯树脂胶粘剂　这种胶粘剂具有配制方便，黏度低，工艺性好，大部分可室温固化的优点；缺点是胶结强度不高，胶层收缩率大，耐热性和耐化学介质性强。适用于木材、纸张、皮革、玻璃、金属与有机玻璃的粘结。

②热固性丙烯酸酯树脂胶粘剂　这种胶主要有第一代丙烯酸酯树脂胶、第二代丙烯酸酯树脂胶和 α-氰基丙烯酸酯胶、丙烯酸双酯胶等品种。第一代具有强度高、固化时间短、可低温固化、耐热的特点，主要用于胶接钢、黄铜、铝合金等多种金属材料及玻璃、陶瓷等非金属材料；第二代的特点是室温固化快、抗冲击性和抗剥离性优良，缺点是耐水性较差，并有臭味。能胶结多种金属和非金属，特别适合 ABS、有机玻璃、聚苯乙烯等与金属之间的胶接。α-氰基丙烯酸酯胶是瞬干胶，固化最快、脆性大，适宜密实材料的粘结。

5）聚醋酸乙烯酯类胶粘剂

聚酸酸乙烯酯胶粘剂是由醋酸乙烯单体经聚合反应而得到的一种热塑性胶，主要有 PAA 胶粘剂、水乳型地板胶粘剂、水性 10 号塑料地板胶，其性能特点及应用如下：

①PAA 胶粘剂　这种胶粘剂粘结强度高、施工简便、干燥快、价格低、耐热（60℃）、耐寒（-15℃），适用于水泥、菱苦土地面、木地面粘贴塑料地板。

②水乳型地板胶粘剂　这种胶粘剂粘结强度高、无毒、施工工艺简便、耐老化、价格便宜，适用于塑料地板、木制地板与水泥地面的粘结。

③水性 10 号塑料地板胶粘剂　这种胶粘剂具有粘结强度高、无毒、无味、快干、耐老化、耐油等特点，与水乳型用途相同。

(3)装饰工程用胶粘剂的应用

1）正确选用胶粘剂

选用胶粘剂既要根据被粘材料的种类、组成、结构、形状、胶结部位的受力情况选用，又要考虑使用过程中受周围环境影响的因素以及导电、导热、超高温、超低温等特殊要求等。

2）正确设计粘结接头

正确设计接头要考虑的因素包括：

①接头应尽量承受拉伸和剪切负载，保证胶结面应力分布均匀。

②尽量增加胶结面的宽度、防止层间剥离。

③胶结接头形式要美观，接头要平整，易于加工。

3）正确处理被胶接表面

表面处理包括：

①表面清洗，除去油垢和灰尘；

②机械处理，用机械方法在表面形成一定的粗糙度；

③化学处理，用酸腐蚀的方法除去金属表面的锈层；

④偶联处理，直接改变接头表面的胶结性能，使胶粘剂和无机玻璃、金属间形成偶联。

4）安全防护措施

大部分胶粘剂含有对人体有毒的物质，因此，应用胶粘剂时一定要注意安全防护：

①选用胶粘剂要考虑毒性大小和常用溶剂在空气中的最高允许浓度；

②使用胶粘剂要加强通风排风；

③要加强安全防护教育和管理。

思 考 题

4-1 高分子化合物是如何分类的？

4-2 聚合物的习惯命名法如何命名？

4-3 何谓聚合物的聚合度？何谓高分子化合物的多分散性？

4-4 何谓聚合物的结晶度、玻璃化温度 T_g？如何从玻璃化温度 T_g 来区分橡胶和塑料？

4-5 何谓聚合物的老化？老化分为哪两种类型？

4-6 何谓热塑性树脂和热固性树脂？

4-7 涂料的组成如何？各组成起什么作用？

4-8 建筑涂料生产的主要过程是怎样的？生产中为何要研磨和过滤？

4-9 溶剂型涂料、乳液型涂料和水溶性涂料各自的组成和性能特点是什么？

4-10 内、外墙涂料各应具备什么性能特点？各有哪些主要品种？

4-11 地面涂料应具备什么性能特点？有哪些主要品种？

4-12 防霉、防腐蚀和防火涂料的作用机理是什么？

4-13 石油沥青的主要组分有哪些？它们分别影响石油沥青的哪些性能？

4-14 石油沥青的主要技术性质是什么？

4-15 石油沥青的牌号如何划分？牌号数字的高低和技术性质之间有何关系？

4-16 简述改性沥青防水卷材的构成、品种、主要技术要求及用途。

4-17 合成高分子防水涂料应具备哪些技术性质？

4-18 高分子防水卷材的主要品种及其技术性质如何？

4-19 简述建筑密封材料的分类及技术要求？

4-20 塑料有哪些特性？

4-21 塑料由哪几部分组成？各组成的作用是什么？

4-22 塑料门窗有哪些优点？解释 CSP·BS60×1518-2 各字符的含义。

4-23 与木材相比竹材有哪些优点？

4-24 常用的竹材制品有几种？各有什么特点和用途？

4-25 何谓木材的平衡含水率？这一含水率有什么实际意义？

4-26 何谓木材的纤维饱和点？讨论木材体积变化和强度变化的规律。

4-27 影响胶粘剂胶结强度的因素是什么？

4-28 常用的结构胶有哪几种？环氧树脂结构胶有哪些应用？怎样选择结构胶粘剂？

第五章 建筑装饰材料

学 习 要 点

本章简要介绍装饰材料的定义、作用、分类和发展趋势；着重介绍建筑陶瓷、装饰玻璃、装饰石材和金属装饰材料的技术性质。通过学习应了解和掌握各种装饰材料基本性能的表示方法及质量指标的控制要点，能够在实际工程中合理选择装饰材料或对装饰材料进行质量验收。

第一节 建筑装饰材料的基本知识

一、建筑装饰材料的定义

建筑装饰材料属建筑材料范畴，是建筑材料的重要组成部分。一般来说，它是指土建工程完成之后，对建筑物的室内外空间和环境进行功能和美化处理而达到预期装饰设计效果所需用的材料。

建筑及其装饰材料在人类历史的发展长河中，一直是人类文明的一个象征，它与一个地区、一个城市或一个国家的历史文化、经济水平以及科学技术的发展有着密不可分的联系。北京的故宫、天坛和颐和园等古建筑，展示了中华民族悠久和辉煌的历史，上海浦东的东方明珠塔和金茂大厦，又体现了我国改革开放以后在经济和科学技术上所取得的伟大成就。

近代，建筑师们把设计新颖、造型美观、色彩适宜的建筑物称为"凝固的音乐"。这生动形象地告诉人们，建筑和艺术是不可分割的。建筑艺术不仅要求建筑物的功能良好，结构新颖，而且还要求立面丰富多彩，以满足人们不同的审美要求。建筑物的外观效果，主要取决于总的建筑形体、比例、虚实对比、线条的分割等平面和立面的设计手法，而建筑物的内外装饰效果则是通过各种装饰材料的色彩、光泽、质感和线条来体现。建筑艺术性的发挥，留给人们的观感，在很大程度上受到建筑装饰材料的制约。所以说，建筑装饰材料是建筑装饰工程的物质基础。

二、建筑装饰材料的作用

1. 外装饰材料的作用

（1）对建筑物起保护作用。外装饰的目的应兼顾建筑物的美观和建筑物的保护。建筑物的外部结构材料直接受到风吹、日晒、雨淋、冰冻等大气因素的影响，以及腐蚀性气体和微生物的作用，耐久性受到严重影响，如果选择性能适当的外墙装饰材料，能对建筑物主体结构起到较好的保护作用，从而大大地提高建筑物的耐久性。

（2）美化建筑物及其环境。建筑物的外观效果主要取决于建筑物的造型、比例、虚实、线条等平面、立面的设计手法。而外装饰的效果则是通过装饰材料的色彩、质感、光泽等体现出来。装饰合理的建筑物，不仅使建筑物本身得以美化，而且能使建筑物与周边环境显得和谐。

（3）节约能源。有些装饰材料不仅具有装饰、保护作用，还具有保温隔热功能，使建筑物的能耗大大降低。

2．内装饰材料的作用

室内装饰主要指内墙装饰和顶棚装饰。内装饰的目的是保护墙体，改善室内使用条件，使室内生活和工作环境舒适、美观和整洁。

3．地面装饰材料的作用

地面装饰的目的是为了保护基底材料，并达到装饰效果，满足使用要求。对所选择的地面装饰材料应具备足够的强度、耐磨性、耐碰撞和冲击性，同时还需有一定的保温、吸声和隔音的功能。

三、装饰材料的发展趋势

建筑装饰材料的种类繁多，更新周期短，发展潜力大。它的发展速度的快慢、品种的多少、质量的优劣、款式的新旧、配套水平的高低决定着建筑物的装饰质量和档次。

我国在20世纪80年代以前的基础较差，品种少、档次低、建筑装饰工程中使用的材料主要是一些天然材料及其简单的加工制品。当时，国内一个星级以上的装饰工程，所用装饰材料几乎是依靠进口。但是通过这二十年的发展，国内已能为五星级装饰标准的工程提供所有的装饰材料。

20世纪90年代中期，在国家可持续发展的重要战略方针指导下，提出了发展绿色建材，以改变我国长期以来存在的高投入、高能耗、高污染、低效益的生产方式。绿色建材发展方针是选择资源节约型、污染最低型、质量效益型、科技先导型的发展方式，把建材工业的发展和保护生态环境、污染治理有机地结合起来。

可以预计，在今后一定时期内，建筑装饰材料的发展趋势是：

1．从天然材料向人造材料的方向发展

随着人口的膨胀，自然资源日益减少，生态环境遭受了不同程度的破坏，天然材料的开采和使用受到了限制。同时，随着科学技术的不断创新和发展，大量的人造装饰材料如高分子材料、金属材料、陶瓷材料等已成功地用于装饰工程，而且各种人造装饰材料在质量、性能及装饰效果等方面甚至优于天然装饰材料，这在更大程度上满足了建筑师的设计要求，推动了建筑技术的发展。人造材料逐步替代天然材料已成为必然的发展趋势。

2. 装饰材料向多功能材料的方向发展

对建筑装饰材料来说，首要的功能是具有一定的装饰性，但现代建筑装饰材料除达到要求的装饰效果之外，还应具有其他一些功能，例如：内墙装饰材料兼具绝热功能，地面装饰材料兼具隔声效果，顶棚装饰材料兼具吸声效果，复合墙体材料兼具抗风化、保温隔热、隔声、防结露等性能。

3. 从现场制作向制品安装的方向发展

过去装饰工程大多为现场湿作业，例如墙面和顶棚的粉刷或油漆，地面的水磨石工程等都属现场湿作业，劳动强度大，施工时间长，很不经济。现在室内墙面可采用墙纸，室内地面常铺设各类地板或地毯，室内顶棚的装饰板也都为预制品，施工时只要把它们安装在龙骨上就可完成。

4. 装饰材料向中高档方向发展

随着国民经济的发展和人民生活水平的提高，在我国的消费领域中，建筑装饰已成为一大消费热点。无论是新建的楼堂馆所，还是百姓乔迁新居，都离不开一番精心的装饰，特别是住房制度改革以后，更加加大了人们对住宅装饰的投入。在建筑装饰工程中，装饰材料的费用所占比例可达 50%～70%。高档的饭店、宾馆、商住及写字楼所采用的装饰材料，日益崇尚高档和华贵，大量性能优异的中高档装饰材料已逐步进入普通家庭的装饰中。

5. 装饰材料向绿色建材发展

绿色建材与传统建材相比，具有 5 个基本特征：①大量使用工业废料；②采用低能耗生产工艺；③原材料不使用有害物质；④产品对环保有益；⑤产品可循环使用。21 世纪装饰材料将围绕绿色建材而发展，人们在选择材料时也越来越关注它对人的健康有无伤害及伤害的程度，对环境的污染等问题。

四、建筑装饰材料的分类

装饰材料的品种很多，其常见的分类方法有：

1. 按材料在建筑物中的装饰部位分：

外墙装饰材料：如石材、陶瓷、玻璃、涂料、装饰混凝土、铝合金等；

内墙装饰材料：如石材、陶瓷、涂料、木材、墙纸与墙布、玻璃等；

地面装饰材料：如石材、陶瓷、木地板、塑料地板、地毯、涂料、水磨石等；

顶棚装饰材料：如装饰石膏板、铝合金板、塑料扣板、矿棉吸声板、膨胀珍珠岩吸声板、涂料、墙纸与墙布等。

屋面装饰材料：如波形彩色涂层钢板、琉璃瓦等。

2. 按材料的燃烧性能分：

A 级：具有不燃性，如装饰石膏板、石材、陶瓷等；

B_1 级：具有难燃性，如装饰防火板，阻燃墙纸；

B_2 级：具有可燃性，如胶合板，织物类；

B_3 级：具有易燃性，如油漆等。

3. 按材料的材质分：见表 5-1。

建筑装饰材料的化学成分分类　　　　　　　　　　表 5-1

建筑装饰材料	无机装饰材料	金属装饰材料	黑色金属：钢、不锈钢、彩色涂层钢板等
			有色金属：铝及铝合金、铜及铜合金等
		非金属装饰材料	胶凝材料　气硬性胶凝材料：石膏、装饰石膏制品
			胶凝材料　水硬性胶凝材料：白水泥、彩色水泥等
			装饰混凝土及装饰砂浆、白色及彩色硅酸盐制品
			天然石材：花岗石、大理石等
			烧结与熔融制品：陶瓷、玻璃及制品、岩棉及制品等
	有机装饰材料	植物材料：木材、竹材等	
		合成高分子材料：各种建筑塑料及其制品、涂料、胶粘剂、密封材料等	
	复合装饰材料	无机材料基复合材料	装饰混凝土、装饰砂浆等
		有机材料基复合材料	树脂基人造装饰石材、玻璃钢等
			胶合板、竹胶板、纤维板、保丽板等
		其他复合材料	塑钢复合门窗、涂塑钢板、涂塑铝合金板等

第二节　建　筑　陶　瓷

我国是陶瓷制作的发源地，早在新石器时代的晚期，我国劳动人民就能制作陶瓷。到了魏晋南北朝时代，陶瓷制作技术已到了相当成熟的程度。

一、陶瓷制品生产简介

1. 陶瓷制品的原料与生产

陶瓷坯体的主要原料有可塑性原料、瘠性原料和熔剂原料三大类。可塑性原料即黏土，它是陶瓷坯体的主要部分，其作用是使坯体具有一定的可塑性，易于成型和制坯，常用的有高岭土、易熔黏土、难熔黏土和耐火黏土四种。瘠性原料的作用是减少坯体的收缩，防止煅烧时高温变形，常用的有石英砂、熟料（将黏土煅烧后磨细而成）和瓷粉（由碎瓷磨细而成）。熔剂原料的作用是降低烧成温度，常用的有长石、滑石以及钙、镁的碳酸盐等。

施釉的陶瓷制品还需要使用釉原料和着色剂。釉是指附着于陶瓷坯体表面的能改善产品装饰性能和物理力学性能的物质。着色剂可直接使坯体或釉着色，一般为各种金属的氧化物。

陶瓷制品的生产工艺主要有坯体成型、施釉和烧成等工序。施釉制品根据焙烧次数可分为一次烧成和二次烧成两种工艺。一次烧成是坯体干燥后即施釉，坯体与釉同时烧成；二次烧成是坯体干燥后，先素烧，然后再施釉入窑釉烧。无釉制品又有抛光砖和玻化砖（又称同质砖）之分，都为一次烧成。

2．陶瓷制品的分类

按陶瓷制品所用原材料即黏土的种类不同以及坯体的密实程度不同，陶瓷制品可分为陶器、炻器和瓷器三大类。

（1）陶器

陶器以可塑性较高的易熔或难熔黏土为原料。坯体烧结程度不高，呈多孔性，吸水率较大，一般在9%～22%之间。根据杂质含量的多少，又可分为粗陶和精陶两种。建筑陶瓷中的地砖，内墙砖和卫生洁具等多属于精陶。

（2）炻器

炻器以耐火黏土为主要原料，烧成温度在1200～1300℃。制品质地致密，吸水率较低，一般在3%～5%之间。建筑陶瓷中的外墙砖、锦砖大多属于此类。

（3）瓷器

瓷器以高岭土为原料，烧成温度在1250～1450℃之间。坯体致密度高，吸水率极低，一般小于1%，具有较好的耐酸、耐碱和耐热性能，且色洁白，并具有一定的半透明性。常用于制造高档墙地砖、日用瓷、艺术品等。

二、陶瓷制品的表面装饰

陶瓷制品除采用施釉方法进行表面处理达到艺术加工和改善性能的目的外，还可通过彩绘、彩饰和金属饰面等方法提高陶瓷制品的装饰性。

1．施釉

釉是指附着于陶瓷坯体表面的玻璃质薄层，具有一定的光泽和颜色，使制品获得良好的装饰性，同时使陶瓷制品的抗渗性、化学稳定性、强度等提高，吸水率降低。釉的种类很多，采用不同种类的釉可得到不同表面效果的陶瓷制品。常用的有：

（1）长石釉和石灰釉 由石英、长石、石灰石、高岭土、黏土及废瓷粉等配制而成。烧成温度在1250℃以上，属高温透明釉，常用于瓷器、炻器和精陶制品。

（2）透明釉和乳浊釉 透明釉是指涂于坯体表面后，经高温焙烧而成，玻璃质层为透明体。有时为了遮盖坯体本色，可在透明釉中加入一定量的乳浊剂，使原透明釉产生一定量的微细晶粒或微细气泡，便形成了乳浊釉。

（3）色釉 色釉是在釉料中加入各种着色剂，一般为金属氧化物，烧成后便呈现各种色彩。色釉在陶瓷制品中得到了广泛的应用，使陶瓷产品色彩丰富，满足了不同爱好者的需求。

（4）特种釉　在釉料中加入添加剂，或者改变釉烧时的工艺参数，可以得到具有特殊效果的釉或釉饰。如结晶釉、裂纹釉和流动釉等。

结晶釉是在 Al_2O_3 含量低的釉料中加入 ZnO、MnO、TiO_2 等结晶形成的，使其在烧成过程中形成粗大的结晶釉层，釉层中的晶形有星形、雪花形、冰花形、松针形等各种形式，具有较好的艺术装饰效果。

裂纹釉是利用釉的热膨胀系数大于坯体，烧成后快速冷却，使釉层产生裂纹。不同的裂纹形态有不同的装饰效果。

流动釉是在较高的温度下过烧，使釉沿坯体流动，从而形成自然条纹。为获得不同色彩的条纹，流动釉通常为色釉。

若改变釉烧时的工艺参数，也可形成不同的釉饰。如烧成后缓慢冷却，可获得不反光的釉面，称为亚光或无光釉。这种釉的表面有丝状或绒状的光泽。具有特殊的表面装饰效果。

2．彩绘

彩绘是指在陶瓷制品表面绘上彩色图案、花纹等，使陶瓷制品具有更好的装饰性。彩绘有釉下彩和釉上彩两种。

（1）釉下彩　是指在坯体上彩绘，后施透明釉，再釉烧而成。其优点是彩色图纹被釉层保护较好，不易磨损，缺点是色彩没有釉上彩丰富。

（2）釉上彩　是指在釉烧后的陶瓷表面上再用低温彩料进行彩绘，然后在 $600 \sim 900\,℃$ 条件下釉烧而成。

3．贵金属装饰

对于某些高级陶瓷制品，通常采用金、铂、银等贵金属在陶瓷釉面上进行装饰，其中最常见的是饰金，如金边、画面描金等。用金装饰陶瓷有亮金、磨光金及腐蚀金等方法，其中亮金在陶瓷装饰中最为普遍。

亮金为采用金水作为着色材料，彩烧后直接获得发光金属层的装饰，金膜薄，价格相对较低，但金膜易磨损；磨光金层中的含金量较亮金高得多，金膜较厚，经久耐用；腐蚀金可形成发亮金面和无光金面互相衬托的艺术效果。

三、陶瓷砖的技术性质（GB/T 3810—1999）

1．尺寸和表面质量

（1）尺寸允许偏差

陶瓷砖的长、宽、厚的尺寸允许偏差应在国家标准允许范围内。

（2）边直度、直角度及平整度

1）边直度：在砖的平面内，

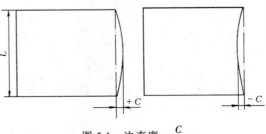

图 5-1　边直度 $= \dfrac{C}{L}$

边的中央偏离直线的偏差（图 5-1）。

边直度用百分数表示，用下式计算：

$$边直度 = \frac{C}{L} \times 100$$

式中 C——测量边的中央偏离直线的偏差（mm）；

L——测量边长度（mm）。

2）直角度：将砖的一个角紧靠着放在用标准板校正过的直角上，测量出它与标准直角的偏差（图 5-2）。

直角度用百分数表示，用下式计算：

$$直角度 = \frac{\delta}{L} \times 100$$

式中 δ——砖的测量边与标准板相应边在距转角 5mm 处测得的偏差值，mm；

L——砖相邻两边的长度，mm。

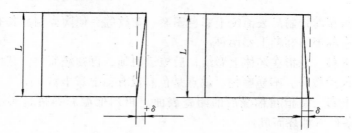

图 5-2 直角度 $= \dfrac{\delta}{L}$

3）平整度：由边弯曲度，中心弯曲度和翘曲度分别表示。

边弯曲度：砖一条边的中点偏离由该边两角为直线的距离（图 5-3）。

中心弯曲度：砖的中心点偏离由砖 4 个角中 3 个角所决定的平面的距离（图 5-4）。

翘曲度：砖的 3 个角决定一个平面，其第 4 个角偏离该平面的距离（图 5-5）。

（3）表面质量

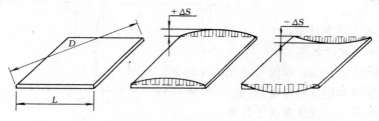

图 5-3 边弯曲度 $= \dfrac{\Delta S}{L}$

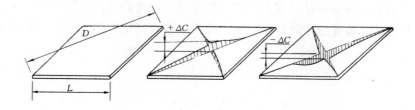

图 5-4　中心弯曲度 $= \dfrac{\Delta C}{D}$

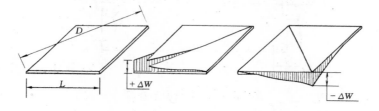

图 5-5　翘曲度 $= \dfrac{\Delta W}{D}$

陶瓷砖的表面质量包括各种缺陷。

1）裂纹：在砖的表面、背面或两面有可见裂缝；

2）釉裂：釉面上有不规则如头发丝的微细裂纹；

3）缺釉：施釉砖釉面局部无釉；

4）不平整：在砖或施釉砖的表面有非人为的凹陷；

5）针孔：在施釉砖表面的针状小孔；

6）桔釉：釉面有明显可见的非人为结晶，光泽较差；

7）斑点：砖的表面有明显可见的非人为异色点；

8）釉下缺陷：被釉覆盖的明显缺陷；

9）装饰缺陷：在装饰方面的明显缺陷；

10）磕碰：砖的边、角或表面崩裂掉细小的碎屑；

11）釉泡：表面的小气泡或烧结时释放气体后的破口泡；

12）边：砖的边缘有非人为的不平整；

13）釉缕：沿砖边有较明显的釉堆积成的隆起。

2. 吸水率

陶瓷砖的吸水率变化范围很大，其质量要求随吸水率的不同而有较大不同。GB/T 4100—1999 按吸水率不同将陶瓷砖分为五大类，即：瓷质砖（$E \leqslant 0.5\%$），炻瓷砖（$0.5\% < E \leqslant 3\%$），细炻砖（$3\% < E \leqslant 6\%$），炻质砖（$6\% < E \leqslant 10\%$）和陶质砖（$E > 10\%$）。

3. 断裂模数和破坏强度

破坏强度：抗折破坏荷载乘以两支撑棒之间的跨距除以试样宽度，单位 N；

断裂模数：破坏强度除以沿破坏断面最小厚度的平方的 1.5 倍，单位 N/mm² （MPa）。

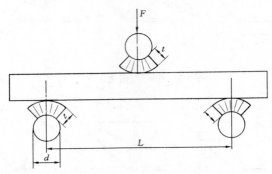

图 5-6 陶瓷砖抗折示意图

破坏强度 S，按下式计算：

$$S = \frac{FL}{b}$$

式中 S——破坏强度（N）；

F——破坏荷载（N）；

L——支撑棒之间的跨距（mm）；

b——试样的宽度（mm）；

断裂模数 R，按下式计算

$$R = \frac{3FL}{2bh^2} = \frac{3S}{2h^2}$$

式中 F、L、b 同上；

R——断裂模数（MPa）；

h——试验后沿断裂边测得的试样断裂面的最小厚度（mm）。

4. 抗冲击性

陶瓷砖的抗冲击性用恢复系数确定。恢复系数（e）是指一个规定的钢球自由下落碰撞试样后的相对速度除以碰撞前的相对速度。可用下式表示：

$$e = \frac{V}{u}$$

式中 $V = \sqrt{2gh_2}$；

$u = \sqrt{2gh_1}$。

故

$$e = \sqrt{\frac{h_2}{h_1}}$$

式中 V——离开（回跳）时的速度（cm/s）；

u——接触时的速度（cm/s）；

　　h_2——回跳的高度（cm）；

　　h_1——落球的起始高度（cm）；

　　g——重力加速度（$g = 981\text{cm/s}^2$）。

　　5．无釉砖耐磨性

　　无釉砖的耐磨性用磨坑弦长和磨坑体积表示（图 5-7）。

$$V = \left(\frac{\pi \cdot \alpha}{180} - \sin\alpha\right)\frac{h \cdot d^2}{8}$$

$$\sin\frac{\alpha}{z} = \frac{L}{d}$$

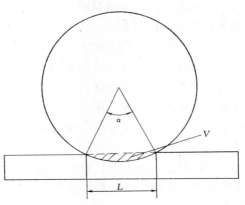

式中　V——磨坑的体积（mm^3）；

　　　L——磨坑弦长（mm）；

　　　α——弦对摩擦钢轮的中心角（度）；

　　　d——摩擦钢轮的直径（mm）；

　　　h——摩擦钢轮的厚度（mm）。

图 5-7　无釉砖耐磨性示意图

　　6．有釉砖耐磨性

　　有釉砖釉面耐磨性用规定的耐磨试验机旋转研磨，当出现可见磨损时所经历的转数即为其耐磨性。并将耐磨转数分为若干级：100 级、150 级、600 级、750 级、2100 级、6000 级、12000 级和 12000 以上级。

　　7．热膨胀性

　　热膨胀性表示陶瓷砖的热胀冷缩性能。用线性热膨胀系数表示。

$$\alpha = \frac{1}{L_0} \times \frac{\Delta L}{\Delta t}$$

式中　α——线性热膨胀系数（$10^{-6}/℃$）；

　　　L_0——室温下试样的长度（mm）；

　　　ΔL——试样在室温和 100℃ 之间长度的增长（mm）；

　　　Δt——温度的升值（℃）。

　　8．湿膨胀性

　　湿膨胀性表示陶瓷砖的干缩湿胀性能。可用湿膨胀系数或湿膨胀率表示。

$$湿膨胀系数 = \frac{\Delta L}{L} \times 1000$$

$$湿膨胀率 = \frac{\Delta L}{L} \times 100$$

式中　ΔL——沸水处理前后两次测量结果之差（mm）；

　　　L——试样初始长度（mm）。

　　陶瓷砖在不满足铺贴要求和潮湿情况下使用时，湿膨胀增强，特别是陶瓷砖直接铺贴在不合适的老化的混凝土底层上时，膨胀的不一致性较为明显，在GB/T 3810.10—1999中建议湿膨胀率的数值不大于0.06%。

9. 抗热震性

抗热震性即为陶瓷砖的耐急冷急热性能。它是将砖置于15℃和145℃两种温度条件下反复循环10次，如有可见缺陷即可判定抗热震性不合格。

10. 釉面砖的抗釉裂性

釉面砖的抗釉裂性是指釉层抵抗开裂或出现裂纹的性能。抗釉裂性较差的砖，使用后易出现不规则的釉层细微裂纹，影响美观。抗釉裂的检测是使砖在一定的加热加压条件下，使其最终达到5个大气压和160℃，再按规定的条件降至常压及室温，然后用染色液涂刷釉面，观察其釉裂情况。

11. 抗冻性

有些陶瓷砖在使用过程中将会受到冬季室外雨水和冰冻的影响，有可能产生冰冻而引起破坏，所以对陶瓷砖有抗冻性要求。抗冻性的测定是陶瓷砖在浸水饱和后，在5℃和-5℃之间进行100次冻融循环后，如无裂纹和剥离方为合格。

12. 耐化学腐蚀性

耐化学腐蚀性表示陶瓷砖抵抗酸、碱、盐作用而性能不显著下降的性能。如化学实验室，化工厂车间等场所如需使用陶瓷砖，就应考虑它的耐化学腐蚀性能。耐腐蚀级别划分如图5-8。

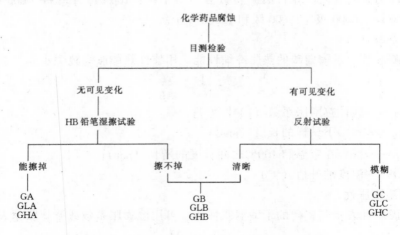

图5-8　有釉砖耐腐蚀级别划分表

13. 耐污染性

陶瓷砖使用过程中，可能接触各种物质。有些污染物或不同色彩的物质接触砖面后，可能会长时间留有痕迹而不易清洗，故对陶瓷砖提出了耐污染性的要求。

陶瓷砖耐污染性可分为5级。耐污染试验结果分类如图5-9所示。

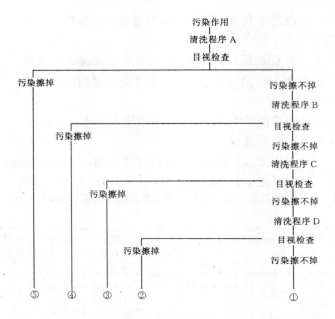

图 5-9 耐污染试验结果分类

图 5-9 中清洗程序 A、B、C、D 表示采用不同的清洗液和清洗方法。

14．色差

同一规格、型号的陶瓷砖，由于原料配比的微小差别，烧成温度的差异等因素，不可避免地会使陶瓷砖表面产生微小色差，但必须在产品包装上予以标明，以免陶瓷砖饰面产生明显色差而影响装饰效果。

四、瓷质砖（$E \leqslant 0.5\%$）技术要求（GB/T4100.1—1999）

1．尺寸偏差

（1）长度、宽度和厚度允许偏差应符合表 5-2 的规定。

瓷质砖、炻瓷砖长度、宽度和厚度允许偏差（GB/T 4100.1—1999） 表 5-2

允许偏差（%）		产品表面面积 S（cm²）	$S \leqslant 90$	$90 < S$ $\leqslant 190$	$190 < S$ $\leqslant 410$	$410 < S$ $\leqslant 1600$	$S > 1600$
长度和宽度	①	每块砖（2 或 4 条边）的平均尺寸相对于工作尺寸的允许偏差	± 1.2	± 1.0	± 0.75	± 0.6	± 0.5
	②	每块砖（2 或 4 条边）的平均尺寸相对于 10 块砖（20 或 40 条边）平均尺寸的允许偏差	± 0.75	± 0.5	± 0.5	± 0.4	± 0.3
厚度		每块砖厚度的平均值相对于工作尺寸厚度的最大允许偏差	± 10.0	± 10.0	± 5.0	± 5.0	± 5.0

注：抛光砖的平均尺寸相对于工作尺寸的允许偏差为 ± 1.0mm。

（2）边直度、直角度和表面平整度应符合表 5-3 的规定。

2．表面质量

优等品：至少有 95％的砖距 0.8m 远处垂直观察表面无缺陷；

合格品：至少有 95％的砖距 1m 远处垂直观察表面无缺陷。

3．物理性能

（1）吸水率：平均值不大于 0.5％，单个值不大于 0.6％。

（2）破坏强度和断裂模数

1）破坏强度：$\begin{cases} 厚度 \geqslant 7.5mm，破坏强度平均值不小于 1300N；\\ 厚度 < 7.5mm，破坏强度平均值不小于 700N。\end{cases}$

瓷质砖、炻瓷砖边直度、直角度和表面平整度允许偏差（GB/T 4100.1—1999）

表 5-3

产品表面面积 S（cm²） 允许偏差（％）	$S \leqslant 90$		$90 < S \leqslant 190$		$190 < S \leqslant 410$		$410 < S \leqslant 1600$		$S > 1600$	
	优等品	合格品	优等品	合格品	优等品	合格品	优等品	合格品	优等品	合格品
边直度①（正面） 相对于工作尺寸的最大允许偏差	± 0.50	± 0.75	± 0.4	± 0.5	± 0.4	± 0.5	± 0.4	± 0.5	± 0.3	± 0.5
直角度①（正面） 相对于工作尺寸的最大允许偏差	± 0.70	± 1.0	± 0.4	± 0.6	± 0.4	± 0.6	± 0.4	± 0.6	± 0.3	± 0.5
表面平整度 相对于工作尺寸的最大允许偏差	± 0.7	± 1.0	± 0.4	± 0.5	± 0.5	± 0.4	± 0.5	± 0.3	± 0.4	
a）对于由工作尺寸计算的对角线的中心弯曲度	± 0.7	± 1.0	± 0.4	± 0.5	± 0.5	± 0.4	± 0.5	± 0.3	± 0.4	
b）对于由工作尺寸计算的对角线的翘曲度	± 0.7	± 1.0	± 0.4	± 0.5	± 0.5	± 0.4	± 0.5	± 0.3	± 0.4	
c）对于由工作尺寸计算的边弯曲度	± 0.7	± 1.0	± 0.4	± 0.5	± 0.5	± 0.4	± 0.5	± 0.3	± 0.4	

注：1．①不适用于有弯曲形状的砖。

　　2．抛光砖的边直度、直角度和表面平整度允许偏差为 ± 0.2％，且最大偏差不超过 2.0mm。

2）断裂模数（不适用于破坏强度 ≥3000N 的砖）：平均值 ≥35MPa，单个值 ≥32MPa。

（3）抗热震性：经 10 次抗热震试验不出现炸裂或裂纹。

（4）抗釉裂性：有釉砖经抗釉裂性试验后，釉面应无裂纹或剥落。

（5）抗冻性：经抗冻性试验后应无裂纹或剥落。

（6）抛光砖光泽度：抛光砖的光泽度不低于 55。

（7）耐磨性：$\begin{cases} 无釉砖耐深度磨损体积不大于 175mm^3；\\ 釉面地砖表面耐磨性检验后报告磨损等级和转数。\end{cases}$

（8）抗冲击性：经抗冲击性试验后报告平均恢复系数。

（9）线性热膨胀系数：经检验后报告线性热膨胀系数。

（10）湿膨胀：经检验后报告湿膨胀平均值。

（11）小色差：经检验后报告色差值。

4．化学性能：包括耐化学腐蚀性和耐污染性，应符合相应规定。

五、炻瓷砖（0.5% < E ≤ 3%）技术要求（GB/T4100.2—1999）

1. 尺寸偏差：与瓷质砖相同，见表 5-2，表 5-3。

2. 表面质量：与瓷质砖相同。

3. 物理性能：

（1）吸水率：平均值为 $0.5\% < E \leq 3.0\%$，单个值不大于 3.3%。

（2）破坏强度和断裂模数：

1）破坏强度 $\begin{cases} 厚度 \geq 7.5mm，破坏强度平均值 \geq 1100N； \\ 厚度 < 7.5mm，破坏强度平均值 \geq 700N。 \end{cases}$

2）断裂模数(不适用于破坏强度 $\geq 3000N$ 的砖)：平均值 $\geq 30MPa$，单个值 $\geq 27MPa$。
其他性能的要求与瓷质砖相同。

六、细炻砖（3% < E ≤ 6%）技术要求（GB/T4100.3—1999）

1. 尺寸偏差

（1）长度、宽度和厚度允许偏差应符合表 5-4 的规定。

细瓷砖、炻质砖长度、宽度和厚度允许偏差（GB/T 4100.3—1999） **表 5-4**

允许偏差（%）		产品表面面积 S（cm²）	$S \leq 90$	$90 < S \leq 190$	$190 < S \leq 410$	$S > 410$
长度和宽度	①	每块砖（2或4条边）的平均尺寸相对于工作尺寸的允许偏差	± 1.2	± 1.0	± 0.75	± 0.6
	②	每块砖（2或4条边）的平均尺寸相对于 10 块砖（20 或 40 条边）平均尺寸的允许偏差	± 0.75	± 0.5	± 0.5	± 0.4
厚度		每块砖厚度的平均值相对于工作尺寸厚度的最大允许偏差	± 10.0	± 10.0	± 5.0	± 5.0

（2）边直度、直角度和表面平整度应符合表 5-5 的规定。

细瓷砖边直度、直角度和表面平整度允许偏差（GB/T 4100.3—1999） **表 5-5**

允许偏差（%） 产品表面面积 S（cm²）	$S \leq 90$		$90 < S \leq 190$		$190 < S \leq 410$		$S > 410$	
	优等品	合格品	优等品	合格品	优等品	合格品	优等品	合格品
边直度①（正面）相对于工作尺寸的最大允许偏差	± 0.50	± 0.75	± 0.4	± 0.5	± 0.4	± 0.5	± 0.4	± 0.5
直角度①（正面）相对于工作尺寸的最大允许偏差	± 0.70	± 1.0	± 0.4	± 0.6	± 0.4	± 0.6	± 0.4	± 0.6
表面平整度 相对于工作尺寸的最大允许偏差	± 0.7	± 1.0	± 0.4	± 0.5	± 0.4	± 0.5	± 0.4	± 0.5
a) 对于由工作尺寸计算的对角线的中心弯曲度	± 0.7	± 1.0	± 0.4	± 0.5	± 0.4	± 0.5	± 0.4	± 0.5
b) 对于由工作尺寸计算的对角线的翘曲度	± 0.7	± 1.0	± 0.4	± 0.5	± 0.4	± 0.5	± 0.4	± 0.5
c) 对于由工作尺寸计算的边弯曲度	± 0.7	± 1.0	± 0.3	± 0.5	± 0.3	± 0.5	± 0.3	± 0.5

注：①不适用于有弯曲形状的砖。

2. 表面质量：要求与瓷质砖相同。

3. 物理性能

（1）吸水率：平均值为 $3\% < E \leqslant 6\%$，单个值不大于 6.5%。

（2）破坏强度和断裂模数

1）破坏强度 $\begin{cases} \text{厚度} \geqslant 7.5\text{mm，破坏强度平均值} \geqslant 1000\text{N；} \\ \text{厚度} < 7.5\text{mm，破坏强度平均值} \geqslant 600\text{N。} \end{cases}$

2）断裂模数（不适用于破坏强度 $\geqslant 3000\text{N}$ 的砖）：平均值 $\geqslant 22\text{MPa}$，单个值 $\geqslant 20\text{MPa}$。

（3）耐磨性：无釉砖耐深度磨损体积不大于 345mm^3。

其他性能的要求与瓷质砖相同。

七、炻质砖（6% < E ≤ 10%）技术要求（GB/T4100.4—1999）

1. 尺寸偏差

（1）长度、宽度和厚度允许偏差见表 5-4。

（2）边直度、直角度和表面平整度应符合表 5-6 的规定。

炻质砖边直度、直角度和表面平整度允许偏差（GB/T 4100.4—1999）　**表 5-6**

产品表面面积 S（cm²） 允许偏差（%）	$S \leqslant 90$		$90 < S \leqslant 190$		$190 < S \leqslant 410$		$S > 410$	
	优等品	合格品	优等品	合格品	优等品	合格品	优等品	合格品
边直度① （正面） 相对于工作尺寸的最大允许偏差	± 0.50	± 0.75	± 0.4	± 0.5	± 0.4	± 0.5	± 0.4	± 0.5
直角度① （正面） 相对于工作尺寸的最大允许偏差	± 0.70	± 1.0	± 0.4	± 0.6	± 0.4	± 0.6	± 0.4	± 0.6
表面平整度 相对于工作尺寸的最大允许偏差 a）对于由工作尺寸计算的对角线的中心弯曲度	± 0.7	± 1.0	± 0.4	± 0.5	± 0.4	± 0.5	± 0.4	± 0.5
b）对于由工作尺寸计算的对角线的翘曲度	± 0.7	± 1.0	± 0.4	± 0.5	± 0.4	± 0.5	± 0.4	± 0.5
c）对于由工作尺寸计算的边弯曲度	± 0.7	± 1.0	± 0.4	± 0.5	± 0.4	± 0.5	± 0.4	± 0.5

注：①不适用于有弯曲形状的砖。

2. 表面质量：与瓷质砖相同。

3. 物理性能

（1）吸水率：平均值为 $6\% < E \leqslant 10\%$，单个值不大于 11%。

（2）破坏强度和断裂模数

1）破坏强度：$\begin{cases}厚度\geqslant 7.5mm，破坏强度平均值不小于 800N；\\ 厚度 < 7.5mm，破坏强度平均值不小于 500N。\end{cases}$

2）断裂模数（不适用于破坏强度 $\geqslant 3000N$ 的砖）：平均值不小于 $18MPa$，单个值不小于 $16MPa$。

（3）耐磨性：无釉砖耐深度磨损体积不大于 $540mm^3$。

其他性能的要求与瓷质砖相同。

八、陶质砖（$E > 10\%$）技术要求（GB/T 4100.5—1999）

1．尺寸偏差

（1）长度、宽度和厚度允许偏差应符合表 5-7 的规定。

陶质砖长度、宽度、厚度允许偏差（GB/T 4100.5—1999）　　表 5-7

尺寸允许偏差（%）类　别			无间隔凸缘	有间隔凸缘
长度和宽度	①	每块砖（2 或 4 条边）的平均尺寸相对于工作尺寸的允许偏差①	$L\leqslant 12cm$：±0.75 $L > 12cm$：±0.50	+0.60 −0.30
	②	每块砖（2 或 4 条边）的平均尺寸相对于 10 块试样（20 或 40 条边）平均尺寸的允许偏差①	$L\leqslant 12cm$：±0.50 $L > 12cm$：±0.30	±0.25
厚度		每块砖厚度的平均值相对于工作尺寸厚度的最大允许偏差	±10.0	±10.0

注：①砖可以有 1 条或几条上釉边。

（2）边直度、直角度和表面平整度应符合表 5-8 的规定。

陶质砖边直度、直角度和表面平整度允许偏差（GB/T 4100.5—1999）　表 5-8

允许偏差（%）类　别	无间隔凸缘		有间隔凸缘	
	优等品	合格品	优等品	合格品
边直度①（正面）相对于工作尺寸的最大允许偏差	±0.20	±0.30	±0.20	±0.30
直角度①（正面）相对于工作尺寸的最大允许偏差	±0.30	±0.50	±0.20	±0.30
表面平整度 相对于工作尺寸的最大允许偏差 a）对于由工作尺寸计算的对角线的中心弯曲度 b）对于由工作尺寸计算的边的弯曲度 c）对于由工作尺寸计算的对角线的翘曲度	+0.40 −0.20 ±0.30	+0.50 −0.30 ±0.50	+0.70mm −0.10mm $S\leqslant 250cm^2$ 0.30mm $S > 250cm^2$ 0.50mm	+0.80mm −0.20mm $S\leqslant 250cm^2$ 0.50mm $S > 250cm^2$ 0.75mm

注：①不适用于有弯曲形状的砖。

2．表面质量：与瓷质砖相同。

3．物理性能

（1）吸水率：平均值 $E > 10\%$，单个值不小于 9%。当平均值 $E > 20\%$ 时，生产厂家应说明。

（2）破坏强度和断裂模数。

1）破坏强度：$\begin{cases}\text{厚度} \geqslant 7.5\text{mm}，破坏强度平均值不小于 600N；}\\ \text{厚度} < 7.5\text{mm}，破坏强度平均值不小于 200N。\end{cases}$

2）断裂模数（不适用于破坏强度 $\geqslant 3000N$ 的砖）：平均值不小于 15MPa，单个值不小于 12MPa。

陶质砖抗冻性不作要求，其他性能与瓷质砖相同。

陶瓷砖按使用部位的不同可分为内墙砖、外墙砖和地面砖。

内墙面砖常用于厨房、卫生间、浴室等经常与水接触或较潮湿的室内墙面。常用内墙砖的规格（单位：mm）有 100×100、150×150、150×200、200×200、200×280、200×300、250×400 等，其厚度在 5~8mm；主要配套用砖有腰线和图案砖（包括组合图案砖），腰线规格主要为 200mm×50mm 和 200mm×60mm，图案砖规格与通用砖相同，在单块图案砖表面有装饰性极强的独特的艺术图案，组合图案砖通常为 4 片或 6 片组成一独特的艺术装饰画，其装饰效果更为突出。腰线和图案砖价格非常高。内墙砖在铺贴前，必须先放入清水中浸泡，直到不冒泡为止，且不少于 2h，然后取出晾干至表面阴干无明水，才可进行铺贴施工。没有经过浸泡的内墙砖吸水率较大，铺贴后会迅速吸收砂浆中的水分，影响粘结质量；而没有晾干的内墙砖，由于表面有一层水膜，铺贴时会产生面砖浮滑现象，不仅操作不便，且因水分散发会引起内墙砖与基体分离自坠，造成空鼓或脱落现象。阴干的时间随气温和环境湿度而定，一般为半天左右，以砖表面有潮湿感，但手按无水迹为准。目前施工时常在砂浆中渗入一定量的 108 胶，不仅可改善砂浆的和易性，延缓水泥凝结时间，以确保铺贴时有足够的时间对所贴面砖进行拨缝调整，也有利于提高铺贴质量。施工时不宜采用水泥净浆铺贴，水泥净浆硬化时收缩大，易使内墙砖被拉裂。

外墙砖通常用于建筑物的外墙饰面，如有需要也可用于内墙饰面或地面的装饰。常用外墙砖的规格（单位：mm）有：45×195、50×200、52×230、60×240、100×100、100×200、200×400 等，厚 6~8mm。外墙砖表面有施釉和无釉之分，施釉砖有亮光和亚光之分，表面有平滑和粗糙之分，颜色有各种色彩，背面一般有较明显的凹凸状沟槽，以使其与基体粘结牢固，施工时因其吸水率较低，铺贴时不必浸水处理。但因外墙砖尺寸一般较小，铺贴面积较大，故在铺贴时应在外墙基底面上弹线分格，以使砖缝横、竖通直整齐。外墙砖砖缝一般为 5mm 左右，贴完后须对砖缝用水泥砂浆勾缝。

地面砖通常用于室内外地面装饰，如有需要也可用于室内墙面的装饰。常用地面砖的规格（单位：mm）有：100×100、200×200、300×300、400×400、500×500、600×600、800×800、1000×1000，厚度根据用途不同为 7～20mm。地面砖可分为：釉面砖，同质砖，抛光砖，麻石广场砖。釉面地砖色彩丰富，装饰效果多样。同质砖尽管色彩变化较少，但有类似于花岗岩的装饰效果。抛光砖由同质砖经抛光加工而得到，它避免了天然石材色差较大的缺点，它的装饰性可与中高档花岗岩相媲美。故同质砖和抛光砖得到广泛的应用。麻石广场砖尺寸规格较小，厚度为 16～20mm，表面粗糙防滑，主要用于广场、人行道等地面的铺设，特别是通过不同颜色、规格的配合使用，可使广场地面拼贴成各种图案，增加了广场地坪的艺术性。

九、琉璃制品

琉璃制品是一种带釉陶瓷，是我国陶瓷宝库中的古老珍品。它以难熔黏土为原料，模塑成各种坯体后，经干燥、素烧、施釉，再釉烧而成。琉璃制品质地致密，表面光滑，不易剥釉，不易褪色，色彩绚丽，造型古朴，富有我国传统的民族特色。目前，屋面用琉璃瓦仍被作为高档装饰。

琉璃制品主要有琉璃瓦、琉璃兽以及琉璃花窗、栏杆等各种装饰件，还有陈设用的各种工艺品，如琉璃桌、绣墩、花盆、花瓶等。其中琉璃瓦是我国用于古建筑的一种高级屋面材料。琉璃瓦品种繁多，常见的有：筒瓦（盖瓦）；板瓦（底瓦）；滴水——铺在檐口处的一块板瓦，前端下边连着舌形板；勾头——铺在檐口处的一块筒瓦，有圆盖盖没；挡沟——有正挡和斜挡之分；脊——有正脊和翘脊之分；吻——有正吻和合角吻之分；其他还有用于琉璃瓦屋面起装饰作用的各种兽形琉璃饰件。琉璃瓦的色彩艳丽，常用的有金黄、翠绿、宝蓝等色。

建筑琉璃制品由于价格高，自重大，一般用于有民族特色的建筑和纪念性建筑中，另外在园林建筑中，常用于建造亭、台、楼、阁的屋面。

建筑琉璃制品的质量要求包括尺寸允许偏差，外观质量和物理性能。尺寸允许偏差和外观质量要求见 GB 9197—1988。物理性能要求见表 5-9。

建筑琉璃制品的物理性能要求　　　　　　　　　　表 5-9

项　目	优等品	一级品	合格品
吸水率（%）	≤12		
抗冻性	冻融循环 15 次		冻融循环 10 次
	无开裂、剥落、掉角、掉棱、起鼓现象。因特殊需要，冷冻最低温度，循环次数可由供需双方商定		
弯曲破坏荷重（N）	≥1177		
耐急冷急热性	3 次循环，无开裂、剥落、掉角、掉棱、起鼓现象		
光泽度（度）	平均值≥50，根据需要也可由供需双方商定		

十、卫生陶瓷

常用卫生陶瓷制品包括陶瓷洗面盆（挂式、台式、立式），坐便器（连体式、分体式），小便器（挂式、立式），净身盆，洗涤盆，手纸盒，皂盒，蹲便器和各类陶瓷高位水箱等。

卫生陶瓷产品的质量要求包括尺寸允许偏差，外观质量，变形，冲洗功能和物理性能。

1. 尺寸允许偏差

卫生陶瓷的尺寸允许偏差必须符合表 5-10 的规定。

2. 外观质量

卫生陶瓷一级品外观质量必须符合表 5-11 的规定。外观缺陷允许范围超过该表规定，但又不影响使用的为二级或三级品。一件（套）产品应无明显色差。

卫生陶瓷的尺寸允许偏差　　　　　　　　表 5-10

项　目	尺寸范围（mm）	允许偏差		备　注
外形尺寸	> 100	± 3	%	
	< 100	± 3	mm	
孔眼距产品中心线偏移	> 100	3	%	
	< 100	3	mm	
排出口距边	> 300	± 3	%	
	< 300	± 10	mm	
皂盒、手纸盒等小件制品		− 3		
孔眼尺寸	$\phi < 15$	+ 2	mm	
	$15 < \phi < 30$	± 2		
	$30 < \phi < 80$	± 3		
	$\phi > 80$	± 5		
孔眼圆度	$40 < \phi < 70$	1.5		二、三级品相应递增 0.5
	$70 < \phi < 100$	2.5		
	$\phi > 100$	4.0		二、三级品相应递增 1
孔眼安装面（孔眼半径加 10）平面度		2		

3. 变形

卫生陶瓷产品的允许最大变形数值应符合表 5-12 的规定。

4. 冲洗功能

便器一次排放全部污物，并不留墨水痕迹的用水量不超过 9L。

5. 物理性能

(1) 吸水率：煮沸法不大于 3％；真空法不大于 3.5％；

(2) 经抗裂试验应无裂纹。

卫生陶瓷的外观缺陷允许范围 表 5-11

缺陷名称	单位	洗面器		水 槽		便器类		水 箱
		洗净面	可见面	洗净面	可见面	洗净面	可见面	可见面
裂纹	mm	不允许	极少	不允许	极少	不允许	极少	不允许
棕眼、斑点	个	各20	各50	少许		少许		各25
桔釉、烟熏		不明显		不明显		不明显		不明显
落脏	mm²	不允许	4	20		14		低水箱10 高水箱14
缺釉		不允许	少量	少量		少量		少量
磕碰		不允许	50	不允许	50	不允许		不允许
坑包 $\phi < 4.0mm$	个	2	3	3	5	2	3	2

卫生陶瓷允许最大变形数值（mm） 表 5-12

产品名称	安装面			表 面			整 体			边 缘		
	一级	二级	三级	一级	二级	三级	一级	二级	三级	一级	二级	三级
坐便器 洗涤器	5	8	12	5	8	12	8	12	18	—	—	—
洗面器	4	7	9	5	8	11	6	10	13	5	8	11
水槽	6	10	18	6	10	13	10	15	25	6	10	18
水箱	5	—	—	7	10	13	7	12	18	5	7	10
蹲便器							7	10	15	6	10	12
小便器	3(10)	5(18)	8(24)							(6)	(10)	(15)
皂盒、手纸盒										2	4	6

注：括号内的数值适用于落地式小便器。

第三节 装 饰 玻 璃

随着玻璃生产技术水平的提高和建筑物对玻璃功能要求的提高，玻璃已从传统的采光功能发展为现在的多功能材料，如采光、隔声、绝热、节能和装饰等，在装饰工程中，玻璃已占有重要的地位。

一、玻璃的基本知识

1. 玻璃的生产

玻璃是以石英砂、纯碱、石灰石等为主要原料，再加入适量的辅助材料，在 1500～1660℃熔炉内高温熔融，成型后冷却而成的。玻璃是无定型的非结晶体的均质材料。玻璃的化学成分较复杂，以 SiO_2、Na_2O 和 CaO 等为主。制造彩色玻

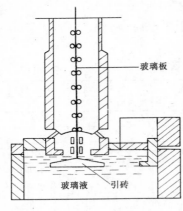

图 5-10 引上法生产平
板玻璃示意图

璃时，可在原料中加入各种色彩的原料。

普通玻璃的生产有引拉法、浮法和模注法等。平板玻璃的生产多用引拉法和浮法。引拉法有平拉法和引上法两种，引上法是将熔融的玻璃液用引砖从液槽中引出拉起，经过多对石棉辊的辊压和冷却形成固体，再按所需尺寸裁切成片。如图5-10所示。浮法工艺是目前使用较多的一种方法，它将原料高温熔化后，使高温液体经锡槽的浮抛，退火冷却后，经切割而成。浮法工艺如图5-11所示。引上法的工艺简单，玻璃厚度不易控制，浮法工艺生产的平板玻璃表面光滑平整、且厚薄均匀，质量优于引上法。

2. 玻璃的基本性质

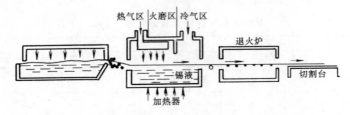

图 5-11 浮法玻璃的生产示意图

玻璃是高温熔融物经急冷处理而得到的一种无机材料，在常温下呈固体状态。在凝结过程中，由于黏度急剧增加，原子来不及按一定的晶格有序地排列，所以玻璃是无定型的非结晶体，是一种各向同性的材料。

（1）密度

玻璃内几乎无孔隙，属于致密材料。它的密度与化学组成有关，也随温度升高而减小。普通玻璃的密度为 $2.5 \sim 2.6 g/cm^3$。

（2）光学性质

光线投射到玻璃时，一部分发生反射，一部分被吸收，还有一部分会透过玻璃。反射光能、吸收光能和透过的光能与投射总光能之比，分别称为反射系数、吸收系数和透过系数，用以表示这三种作用的大小。玻璃反射、吸收和透过光线的能力与玻璃表面状态、折射率、入射光线的角度以及玻璃表面是否镀有膜层和膜层的成分、厚度有关。3mm 厚的普通窗玻璃在太阳光直射下，反射系数为7%，吸收系数为8%，透过系数为85%。

普通窗玻璃最明显的光学性质是对可见光的高透明性。常用玻璃对可见光的透过率为 85%～95%，紫外光透不过大多数玻璃。

光线在玻璃中通过，还要产生折射，折射率是玻璃光学性质的一个重要指标，它随玻璃的组成和结构而变化。玻璃中折射率的某些微小偏差会产生光的散射现象。

将透过 3mm 厚标准透明玻璃的太阳辐射能量作为 1.0，其他玻璃在同样条件下透过太阳辐射能的相对值称为遮光系数。遮光系数越小，说明透过玻璃进入室内的太阳辐射能越少，光线越柔和。

（3）热性质

玻璃的导热性较小，其导热系数小于 0.69W／（m·K）。玻璃的组成和颜色会影响其导热性，温度升高，导热性增大。

玻璃受热会变软。软化温度为 500～1100℃，在 15～100℃ 范围内，玻璃比热为 （0.33～1.05）×10³J／（kg·K）。

玻璃受热时体积膨胀。玻璃的热膨胀性取决于它的化学组成及纯度。纯度越高，热膨胀性越小。平板玻璃的热膨胀系数为 （9.0～10.0）×10⁻⁶／℃。

玻璃在受热或冷却时，内部会产生温度应力。温度应力可以使玻璃破碎。玻璃经受剧烈的温度变化而不破坏的性能称为玻璃的热稳定性，它是一系列物理性质的综合表现，如热膨胀系数、弹性模量、导热系数、比热、抗拉强度等。一般以玻璃能承受的温度来表示热稳定性。玻璃的热膨胀系数愈小，其热稳定性就愈好，所能承受的温度差愈大。玻璃的表面上出现擦痕或裂纹以及各种缺陷都能使热稳定性变差。玻璃表面经抛光或酸处理后能提高其热稳定性。淬火能使玻璃的热稳定性提高 1.5～2 倍。玻璃经受急热要比经受急冷好，热稳定性试验通常是在急冷的情况下进行的。

（4）力学性能

玻璃的力学性质与其化学组成、制品形状、表面性质和制造工艺有关。凡含有未熔杂物、结石、节瘤或具有微细裂纹的玻璃制品，都会造成应力集中，从而急剧降低其机械强度。

玻璃的抗压强度高，一般为 600～1200MPa，而抗拉强度很小，为 30～90MPa，故玻璃在冲击力作用下易破碎，是典型的脆性材料。玻璃在常温下具有弹性，普通玻璃的弹性模量一般为 45000～90000MPa，泊松比为 0.11～0.30。玻璃的莫氏硬度一般为 6～7。

（5）化学稳定性

玻璃具有较高的化学稳定性。一般情况下，对水、酸、碱以及化学试剂或气体等具有较强的抵抗能力，能抵抗除氢氟酸以外的各种酸类的侵蚀。但如果玻璃组成中含有较多易蚀物质，在长期受到侵蚀介质的作用时，化学稳定性将变差。

3．玻璃的种类

（1）按化学成分分

1）钠玻璃

钠玻璃又称钠钙玻璃，它的主要成分是氧化硅、氧化钠、氧化钙等。由于它的杂质含量较多，因而制品颜色常呈绿色。钠玻璃的力学性质、光学性能和化学稳定性较差。主要用于建筑窗用玻璃和日用玻璃器皿。

2）钾玻璃

钾玻璃又称硬玻璃，它是以 K_2O 代替钠玻璃中的部分 Na_2O，并提高 SiO_2 的含量而制成的。钾玻璃的硬度、光泽度和其他性能比钠玻璃好，可用来制造高级日用器皿和化学仪器。

3）铝镁玻璃

它是由氧化硅、氧化钙、氧化镁、氧化钠和氧化铝等组成的一类玻璃。该玻璃的软化点低，力学、光学性能和化学稳定性强于钠玻璃。可用来制造高级建筑玻璃。

4）铅玻璃

又名重玻璃或晶质玻璃。它的成分为氧化铅、氧化钾和少量的氧化硅。铅玻璃的光泽度、透明度、力学性能、耐热性、绝缘性和化学稳定性均较好。用于制造光学仪器、高级器皿等。

5）硼硅玻璃

硼硅玻璃又称耐热玻璃，其主要成分为氧化硅、氧化硼等。硼硅玻璃具有较好的光泽和透明度，力学性能、耐热性和化学稳定性较好。用于制造高级化学仪器和绝缘材料。

6）石英玻璃

石英玻璃的组成为氧化硅。具有优越的力学性能、光学和热学性能，它的化学稳定性好，能透过紫外线。可用来制造耐高温仪器及杀菌灯等设备。

（2）按玻璃的使用功能分

1）普通平板玻璃　主要用于建筑物的门窗，起采光作用。

2）装饰玻璃　主要用于建筑物，起各种装饰作用。如压花玻璃、彩色玻璃、镭射玻璃、蚀刻玻璃、喷花玻璃等。

3）安全玻璃

它具有保障人身安全的作用，能使人体受到玻璃碎片损伤的程度降到很低。这类玻璃本身具有较高的强度，即使损坏了其玻璃碎片也不易伤害人体。钢化玻璃、夹层玻璃、夹丝玻璃和贴膜玻璃均属此类。

4）特种玻璃

特种玻璃是指与普通玻璃和安全玻璃相比，某一方面的性能特别显著的一类玻璃。如热反射玻璃、吸热玻璃、光致或电致变色玻璃、中空玻璃、高性能中空玻璃和曲面玻璃等。

4.玻璃的表面加工

玻璃表面经加工后可改变玻璃的外观，改善其表面性质，使玻璃具有各种装饰效果。玻璃的加工有冷加工、热加工和表面处理三大类。

（1）冷加工

玻璃的冷加工是指在常温状态下，用机械的方法改变玻璃的外形和表面状态的操作过程。冷加工的常见方法有研磨抛光、喷砂、切割和钻孔。

1）研磨抛光　玻璃的研磨是指采用比玻璃硬度更大的研磨材料，如金刚石、刚玉、石英砂等，将玻璃表面粗糙不平或成型时余留部分的玻璃磨掉，使其满足所需的形状或尺寸，获得平整的表面。玻璃在研磨时首先用粗磨料进行粗磨，然后用细磨料进行细磨和精磨，最后用抛光材料，如氧化铁、氧化铈和氧化铬等进行抛光，从而使玻璃的表面光滑透明。

2）喷砂　喷砂是利用高压空气通过喷嘴时形成的高速气流，挟带石英砂或金刚砂等喷吹到玻璃表面，玻璃表面在高速小颗粒的冲击作用下，形成毛面。喷砂可用来制作毛玻璃或在玻璃表面制作图案。

3）切割　玻璃的切割是利用玻璃的脆性和残余应力，在切割点处加一道刻痕造成应力集中后，使之易于折断。对于厚度在 8mm 以下的玻璃可用玻璃刀具进行裁切。厚度较大的玻璃可用电热丝在所需切割的部位进行加热，再用水或冷空气使受热处急冷，使之产生很大的局部应力，从而形成裂口进行切割。厚度更大的玻璃用金刚石锯片和碳化硅锯片进行切割。

4）钻孔　玻璃表面钻孔的方法有研磨钻孔、钻床钻孔、冲击钻孔和超声波钻孔等。在装饰施工时，以研磨钻孔和钻床钻孔方法使用较多。研磨钻孔是用铜或黄铜棒压在玻璃上转动，通过碳化硅等磨料和水的研磨作用，使玻璃形成所需要的孔，孔径范围为 3～100mm。钻床钻孔的操作方法与研磨钻孔相似，它是用碳化钨或硬质合金钻头，钻孔速度较慢，可用水、松节油等进行冷却。

（2）热加工

玻璃的热加工是利用玻璃黏度随温度改变的特性以及玻璃的表面张力、导热系数等因素来进行的。玻璃的热加工方法有烧口、火焰切割或钻孔以及火抛光。

玻璃的烧口是用集中的高温火焰将其局部加热，依靠玻璃表面张力的作用使玻璃在软化时变得圆滑。

火焰切割与钻孔是用高速的火焰对制品进行局部集中加热，使受热处的玻璃达到熔化流动状态，此时用高速气流将制品切开。

火抛光是利用高温火焰将玻璃表面的波纹、细微裂纹等缺陷进行局部加热，并使该处熔融平滑，玻璃表面的这些细微缺陷即可消除。

（3）表面处理

玻璃的表面处理有化学蚀刻、表面着色和表面镀膜等。

1）化学蚀刻　玻璃的化学蚀刻是利用氢氟酸能腐蚀玻璃这一特性来进行处理的。经氢氟酸处理的玻璃能形成一定的粗糙面和腐蚀深度。在装饰工程中，可用氢氟酸腐蚀玻璃，使玻璃的表面形成一定的图案和文字。

2）表面着色　玻璃表面着色是在高温下用着色离子的金属、熔盐、盐类的糊膏涂覆在玻璃表面上，使着色离子与玻璃中的离子进行交换，扩散到玻璃表层中使玻璃表面着色。

3）表面镀膜　玻璃的表面镀膜是利用各种工艺使玻璃的表面覆盖一层性能特殊的金属薄膜。玻璃的镀膜工艺有化学法和物理法。化学法包括热喷镀法、电浮法、浸镀法和化学还原法。物理法有真空气相沉积法和真空磁控阴极溅射法。目前用得较多的是真空磁控阴极溅射法。

真空磁控阴极溅射法是在真空中（一般为 $10^{-3} \sim 10^{-1}$ Pa），阴极在荷能离子（如气体正离子）的轰击下，阴极表面的原子全部逸出，逸出的原子一部分受到气体分子的碰撞回到阴极，另一部分则沉积于阴极附近的玻璃表面产生镀膜。

二、装饰玻璃

1. 压花玻璃

压花玻璃又称为花玻璃或滚花玻璃，是用压延法生产的表面带有花纹图案的无色或彩色平板玻璃。将熔融的玻璃液在冷却过程中通过带图案花纹的辊轴辊压，可使玻璃单面或两面压出深浅不同的各种花纹图案。在压花玻璃有花纹的一面，用气溶胶法对其表面进行喷涂处理，玻璃可呈浅黄色、浅蓝色、橄榄色等。经过喷涂处理的压花玻璃，可提高强度 50% ~ 70%。

压花玻璃有普通压花玻璃，还有真空镀膜压花玻璃和彩色膜压花玻璃。

真空镀膜压花玻璃是经真空镀膜加工而成。这种玻璃给人一种素雅、美丽、清新的感觉，花纹的立体感较强，并且有一定的反光性能，是室内比较理想的高档装饰材料。

彩色膜压花玻璃是采用有机金属化合物和无机金属化合物进行热喷涂而成。这种玻璃具有较好的热反射能力，且花纹图案比一般压花玻璃和彩色玻璃更丰富，给人一种富丽堂皇和华贵的感觉。

压花玻璃具有透光不透视的特点，它的一个表面或二个表面因压花产生凹凸不平，当光线通过玻璃时产生漫射，所以从玻璃的一面看另一面物体时，物像显得模糊不清。不同品种的压花玻璃表面的图案花纹各异，花纹的大小、深浅亦不同，具有不同的遮断视线的效果。且可使室内光线柔和悦目，在灯光照射下，显得晶莹光洁，具有良好的装饰性。

压花玻璃厚度通常为 2 ~ 6mm，抗拉强度可达 60MPa，抗压强度达 200MPa，抗弯强度达 40MPa，透光率为 60% ~ 70%。

压花玻璃的特性是透光不透视，主要用于室内的间壁、门窗、会客室、浴室、洗脸间等需要透光装饰又需要遮断视线的场所，并可用作艺术装饰。

2．磨砂、喷砂玻璃

磨砂玻璃是采用普通平板玻璃，以硅砂、金刚砂、石英石粉等为研磨材料，加水研磨而成。喷砂玻璃是采用普通平板玻璃，以压缩空气将细砂喷至玻璃表面研磨加工而成。这种玻璃也叫毛玻璃。

毛玻璃具有透光不透视的特点。由于毛玻璃表面粗糙，使光线产生漫射，透光不透视，室内光线柔和不刺眼。

适用于需要透光不透视的门窗、卫生间及灯罩等。

3．磨花、喷花玻璃

与磨砂玻璃或喷砂玻璃的加工方法相同，是将普通平板玻璃表面用纸覆盖，在纸上将所需要的风景人物花鸟等花纹图案预先设计并描绘出来，除去需磨砂或喷砂的图案或背景纸，再对它进行磨砂或喷砂加工，加工完毕后，除去覆盖纸，即得到磨花、喷花玻璃。这类玻璃可分为两种：一是图案喷、磨砂，背景清晰；二是背景喷、磨砂，图案清晰。

磨花玻璃、喷花玻璃具有部分透光透视、部分透光不透视的特点，由于光线通过磨花玻璃或喷花玻璃后形成一定的漫射，使其具有图案清晰、美观的装饰效果。适于用作玻璃屏风、桌面、家具等。

4．冰花玻璃

是一种表面具有冰花图案的平板玻璃。是在磨砂玻璃的毛面上均匀涂布一薄层骨胶水溶液，经自然或人工干燥后，胶液因脱水收缩而龟裂，并从玻璃表面剥落而制成。剥落时由于骨胶与玻璃表面的粘结，可将部分薄层玻璃带下，从而在玻璃表面上形成许多不规则的冰花图案。胶液的浓度越高，冰花图案越大，反之则越小。

冰花玻璃的特点是具有闪烁的花纹，立体感强，有较好的艺术装饰效果。对光线有漫散射作用，如用作门窗玻璃，犹如蒙上一层纱帘，看不清室内的景物，却有良好的透光性能。

冰花玻璃适用于宾馆、饭店、住宅等建筑物的门窗、屏风、壁墙、吊顶板等处的装饰，还可作灯具、工艺品的装饰玻璃。

5．蚀刻玻璃

是以氢氟酸溶液将预先设计好的风景字画、花鸟虫鱼、人物建筑、花纹图案在平板玻璃上加以腐蚀加工而成。

这种玻璃表面粗糙，光线透过时产生漫射，具有透光不透视的特点，并具有良好的艺术装饰效果。适于作门窗玻璃、家具玻璃、屏风玻璃、灯具玻璃及其他装饰玻璃之用。

6．彩印玻璃

彩印玻璃，即胶板摄影印刷彩色平板玻璃。它采用电脑分色和高密（精）度强化、乳化程序制造而成。它能将水彩画、油画以及摄影自然彩色照片，在保持

92％以上色彩还原率（扩大或缩小）的条件下直接印刷在玻璃面上。

彩印玻璃具有图案色彩丰富、立体感强、附着力好、耐酸碱、耐高低温、透光不透视的特点。适用于建筑室内顶棚、屏风、墙幕和广告灯箱、灯饰等，是现代家居、宾馆、餐厅、商场等新型、高雅的装饰装修材料。

7. 镜面玻璃

镜面玻璃是采用高质量平板玻璃、彩色平板玻璃为基材，经清洗、镀银、涂面层保护漆等工序而制成。制造镜面玻璃的方法有手工涂饰和机械化涂饰两种。一般说来，机械化硝酸银镀膜镜与手工镀银镜相比，具有镜面尺寸大、成像清晰逼真、抗盐雾、抗湿热性能好、使用寿命长等特点。

镜面玻璃多用在有影像要求的部位，如卫生间、穿衣镜、梳妆台等。镜面玻璃也是装饰中常用的饰面材料，在厅堂的墙面、柱面、吊顶等部位，利用镜子的影像功能，使室内空间的纵深得到延伸，在视觉上使空间得到扩大，同时也使周围的景物映到镜子中，起到景物互相借用，丰富空间的艺术效果。

8. 镭射玻璃

镭射玻璃是经特殊处理后背面会出现全息或其他光栅,在光线的照射下能形成物理衍射现象,经金属反射后玻璃表面呈现艳丽的色彩和图案。镭射玻璃的表面色彩和装饰图形因光线的入射角的不同而发生变化,这样能使装饰面显得富丽堂皇,梦幻万千。

镭射玻璃的颜色有蓝色、灰色、紫色、绿色等。它的结构有单层和夹层两类。镭射玻璃适用于商场、宾馆、娱乐场所的招牌、门面、地面、隔断和台面的装饰。

9. 玻璃空心砖

玻璃空心砖是一种带有干燥空气层的空腔、周边密封的玻璃制品。它具有抗压、保温、隔热、不结霜、隔音、防水、耐磨、化学性能稳定、不燃烧和透光不透视的性能。

玻璃空心砖的生产工艺是：原料配置──→搅拌──→熔炉──→压制──→熔接──→退火──→喷涂──→烘干──→成型。

它的主要成分为 SiO_2 及少量 CaO、K_2O、Na_2O、Fe_2O_3。其中 Fe_2O_3 的含量不大于 0.04%。

玻璃空心砖的种类按表面情况分为光面和花纹面两种，它的规格有 115mm × 115mm × 80mm、190mm × 190mm × 80mm、240mm × 150mm × 80mm 和 240mm × 240mm × 80 mm 等，其中 190mm × l90mm × 80mm 为常用规格。

它的性能指标及外观质量要求见表 5-13 和表 5-14。

玻璃空心砖的性能指标 表 5-13

	项　　目	指　　标
材料性能	密度（g/cm³）	2.5
	热膨胀系数（10^{-7}/℃）	86 ~ 89
	硬度（莫氏）	6
	透光度（％）（厚 4mm）	80 ~ 85
	色稳定性	阳光照射 4000h 不变色

续表

项　目			指　标
可见光透过率（%）			28～33
隔音性（透过损失）			41～50dB
抗压强度（MPa）	单　体		7～9
	接　缝		正向 263.0 纵向 142.4
防火性	单　嵌　板		乙种防火
	双　嵌　板		非承力墙耐火 1h
	耐　热　性（℃）		＞45
绝热性	导热系数（W/（m·K））		2.94
	表面结露		—

玻璃空心砖的外观质量　　　　　表 5-14

缺陷名称	质　量　指　标
明显气泡	不允许有
隐蔽气泡	允许小于 0.8mm 气泡非密集的存在；0.8～3mm 气泡，允许有 2 个
耐火材料杂质	不允许有
砂粒	不允许有
透明结节	不允许有
划痕	正面大于 10mm 的划痕不得多于 2 条
裂纹	不允许有
缺口	一个侧面不允许超过深 2mm、长 5mm 的缺口存在
剪刀痕迹	从边缘起，超过 30mm 外不允许有剪刀痕

玻璃空心砖可用于商场、宾馆、舞厅、展厅及办公楼等处的外墙、内墙、隔断、天棚、地面及门面的装饰。

玻璃空心砖墙不能作为承重墙使用，不能切割。施工时可用固定间隔框或用 $\phi6$ 拉结筋结合固定框的方法进行加固。大面积施工时，玻璃砖墙与钢筋混凝土结构或钢结构的连接处应考虑设置温度变形缝。

三、安全玻璃

安全玻璃与普通玻璃相比，具有强度大，抗冲击能力好。安全玻璃被击碎时，其碎块尺寸小，不带锐利棱角，不会飞溅伤人，兼有防火的功能。

1. 钢化玻璃

钢化玻璃又称强化玻璃。它可用物理钢化法或化学钢化法进行生产。物理钢化又称淬火钢化，它是将普通平板玻璃在加热炉中均匀加热到接近软化温度（约

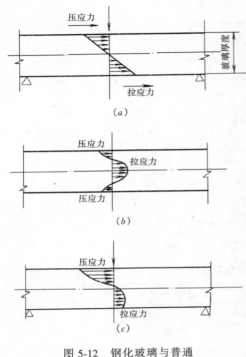

图 5-12　钢化玻璃与普通
玻璃的应力状态比较

（a）普通玻璃受弯作用时的截面应力分布；
（b）钢化玻璃截面上的应力分布；
（c）钢化玻璃受弯作用时的截面应力分布

650℃）时，通过自身的形变消除内部应力，然后将玻璃移出加热炉，再用多头喷嘴将高压冷空气吹向玻璃的两面，使其迅速且均匀地冷却至室温，即可制得钢化玻璃。玻璃在冷却过程中表面首先冷却，当外表完全冷却硬化时，玻璃内层还没有完全冷却，硬化了的表层势必阻止内层的体积收缩。这样，玻璃即处于内部受拉，外表受压的应力体系。

化学钢化法是将普通平板玻璃浸入熔融状态的锂盐中，玻璃表层的 Na^+ 或 K^+ 与 Li^+ 发生离子交换。由于 Li^+ 的膨胀系数小于 Na^+、K^+，因而在冷却过程中造成外层收缩小而内层收缩大。当玻璃冷却至常温后，玻璃即形成了外层受压而内层受拉的应力状态。

图 5-12（a）是普通玻璃在受弯时的截面应力分布，图 5-12（b）是普通玻璃经钢化后截面的应力分布情况。

钢化玻璃受外力作用时，原来抗拉强度较低的玻璃在受到拉应力作用之前，可由表面的压应力层首先抵消了一部分外拉应力的作用，而玻璃的抗压强度较高，这样就变相地提高了玻璃的整体抗拉强度。图 5-12（c）是钢化玻璃受荷载作用时的截面应力分布。

物理钢化法制造的钢化玻璃在破碎后形成的碎片是圆角，而化学钢化法制作的钢化玻璃虽然强度高，但在破碎后形成的碎片是尖角，因此不宜用作安全玻璃。

钢化玻璃的机械强度高，它的抗折强度是普通玻璃的 4～5 倍。它的弹性好，在受外力作用时能产生较大的变形而不破坏。钢化玻璃还具有很好的热稳定性能，可以承受 204℃ 的温差。

钢化玻璃按形状分有平面钢化玻璃和曲面钢化玻璃；按钢化程度分有普通钢化玻璃、半钢化玻璃和区域钢化玻璃。

钢化玻璃的规格按需要加工定制，国内生产的最大规格可达 3000mm × 2500mm，厚度在 20mm 以内。

钢化玻璃的性能要求见表 5-15，外观要求见表 5-16。

钢化玻璃的技术性能 表 5-15

项 目		性 能 指 标	
抗冲击性	钢球质量（g） 自由落下高度（m）	1040 1	
	冲击结果	不碎	
安全性	碎片形状	蜂窝状	蜂窝状
	碎片面积（mm²）	< 300	< 200
	碎片最大长度（mm）	< 80	< 50
抗弯强度（MPa）		125	
耐温急变性		将钢化玻璃，置于 − 40℃冷冻箱内，保持 2h，取出后以熔化的金属铅浇于其上，玻璃表面不碎不裂；将钢化玻璃置于 200℃炉内，取出投入 30℃水中，不碎不裂	

钢化玻璃的外观质量 表 5-16

缺陷名称	说 明	允许缺陷数	
		优等品	合格品
爆边	每片玻璃每米边长上允许有长度不超过 10mm，自玻璃边部向玻璃板表面延伸深度不超过 2mm，自板面向玻璃板厚度延伸深度不超过厚度 1/3 的爆边	不允许	1 个
划伤	宽度在 0.1mm 以下的轻微划伤，每平方米面积内允许存在条数	长 50mm 4	长 ≤ 100mm 4
	宽度大于 0.1mm 的划伤，每平方米面积内允许存在条数	宽 0.1～0.5mm 长 ≤ 50mm 1	宽 0.1～1mm 长 ≤ 100mm 4
夹钳印	夹钳印中心与玻璃边缘的距离	玻璃厚度 ≤ 9.5mm ≤ 13mm	
		玻璃厚度 > 9.5mm ≤ 19mm	
结石、裂纹、缺角	均不允许存在		
波筋、气泡	优等品不得低于 GB 11614 一等品的规定 合格品不得低于 GB 4871 一等品的规定		

钢化玻璃广泛运用于汽车工业、建筑行业及其他领域。在建筑中主要用于门

窗、幕墙、隔墙、栏杆、橱窗、玻璃门、透光屋面等处。钢化玻璃不能钻孔、切割、磨削，边角不能碰击扳压，使用时应按所需规格进行定制。

2. 夹丝玻璃

内部嵌有金属丝或金属网的平板玻璃称为夹丝玻璃。夹丝玻璃用连续压延法制造。当玻璃经过压延机的两辊中间时，从玻璃上面或下面连续送入经过预处理的金属丝或金属网，使其随着玻璃从辊中经过，从而嵌入玻璃中。金属丝网预先加工成六角形、菱形、正方形或帧线型，要求其热膨胀系数与玻璃相接近，不易起化学反应，有较高的机械强度，表面清洁无油垢。

夹丝玻璃具有防火性能。一般的玻璃在火灾作用下，温度发生剧变而产生破裂，不能起到防止火灾扩大的作用。夹丝玻璃则不然，受火灾作用产生开裂或破坏后并不散开，起到隔绝火势的作用。实际上，夹丝玻璃的发明是防火材料研究的结果，因此，夹丝玻璃又称为防火玻璃。

夹丝玻璃具有耐冲击作用，在大的冲击荷载作用下，即使开裂或破坏仍连在一起而不散开。夹丝玻璃还有一定的装饰性，其表面可以压花或磨光或着色。

夹丝玻璃为非匀质材料。由于在玻璃中嵌入了金属夹入物，破坏了玻璃的均一性，也降低了机械强度。以同样厚度玻璃的抗折强度为例，平板玻璃为86MPa，夹丝玻璃则为67MPa。因此，在使用时要注意尽量避免将其用于两面温差较大、局部受热或冷热交替的部位，由于金属丝与玻璃的热学性能差别较大，上述环境会导致其产生较大的内应力而破坏。

夹丝玻璃分为夹丝压花玻璃和夹丝磨光玻璃。夹丝压花玻璃在一面压有花纹，因而透光不透视。夹丝磨光玻璃是对其表面进行磨光的夹丝玻璃，可透光透视。

夹丝玻璃的种类除有平板夹丝玻璃外，还有波纹夹丝玻璃及有槽型夹丝玻璃，后两种称为异型夹丝玻璃，其强度通常较平板夹丝玻璃为高。

夹丝玻璃的厚度分为6、7、10mm。长度和宽度一般由生产厂家自定，通常产品的尺寸不小于600mm×400mm，不大于2000mm×1200mm。

夹丝玻璃的尺寸允许偏差和外观要求应满足 JC 433—1991 的规定，见表 5-17 和表 5-18。

对于防火门、窗等的夹丝玻璃，其防火性能应达到《高层民用建筑设计防火规范》（GBJ 50045—1993）的规定。

夹丝玻璃作为防火材料，通常用于防火门窗；作为非防火材料，可用于易受到冲击的地方或者玻璃飞溅可能导致危险的地方，如震动较大的厂房、顶棚、高层建筑、公共建筑的天窗、仓库门窗、地下采光窗等。夹丝玻璃可以切割，但切割后应将断口处裸露的金属丝作防锈处理，以防生锈。

3. 夹层玻璃

夹层玻璃是用透明的塑料薄片，将两层以上的平板或曲面玻璃热压粘合而成的。

夹丝玻璃尺寸允许偏差（JC 433—1991） 表 5-17

项　　目			允许偏差范围
厚度 （mm）	优等品	6	±0.5
		7	±0.6
		10	±0.9
	一等品，合格品	6	±0.6
		7	±0.7
		10	±1.0
弯曲度（%）	夹丝压花玻璃		1.0 以内
	夹丝磨光玻璃		0.5 以内
边部凸出、缺口的尺寸不超过（mm）			6
偏斜的尺寸不得超过（mm）			4
一片玻璃只允许有一个缺角，缺角的深度不得超过（mm）			6

夹丝玻璃的外观质量要求（JC 433—1991） 表 5-18

项　目	说　　明	优等品	一等品	合格品
气泡	直径 3～6mm 的圆泡，每平方米面积允许个数	5	数量不限，但不允许密集	
	长泡，每平方米面积内允许长度及个数	长 6～8mm 2	长 6～10mm 10	长 6～10mm 10 长 10～20mm 4
花纹变形	花纹变形程度	不许有明显的花纹变形		不规定
异物	破坏性的	不允许		
	直径 0.2～2mm 非破坏性的，每平方米面积内允许的个数	3	5	10
裂纹	—	目测不能识别		不影响使用
磨伤	—	轻微	不影响使用	
金属丝	金属丝夹入玻璃内状态	应完全夹入玻璃内，不得露出表面		
	脱焊	不允许	距边部 30mm 内不限	距边部 100mm 内不限
	断线	不允许		
	接头	不允许	目测看不见	

夹层玻璃中的塑料衬片与夹丝玻璃中的铁丝网的作用相似，也起着骨架的作用。当它破碎时，只产生一些辐射状的裂纹或同心圆裂纹，对人不会产生伤害。

夹层玻璃采用普通平板玻璃、钢化玻璃、彩色玻璃等不同性能的玻璃作为原片时，其性能有所不同。一般来讲，夹层玻璃有较高的抗冲击强度，耐久、耐热、耐湿、耐寒。表 5-19 是夹层玻璃的技术性能要求。

夹层玻璃的技术性能 表 5-19

项　目	性　能　指　标
透光度	不低于 80%
机械强度	800g 钢球在 1m 高度自由落下，玻璃只有辐射状裂纹及微量碎屑
耐湿性	受潮气作用时，其透光度和强度不变
耐热性	60 ± 2℃，透明度 $\geq 82\%$
弯曲度	$< 0.5\%$，抗弯强度 $> 127MPa$

夹层玻璃的常用规格有 $(2+2)$ mm、$(3+3)$ mm 和 $(5+5)$ mm 等，它的尺寸允许偏差要求和外观质量见表 5-20 和表 5-21。

夹层玻璃的尺寸允许偏差（mm） 表 5-20

原片玻璃的总厚度 δ	长度或宽度 L	
	$L \leqslant 1200$	$1200 < L \leqslant 2400$
$5 \leqslant \delta < 7$	$\begin{array}{c} +2 \\ -1 \end{array}$	—
$7 \leqslant \delta < 11$	$\begin{array}{c} +2 \\ -1 \end{array}$	$\begin{array}{c} +3 \\ -1 \end{array}$
$11 \leqslant \delta < 17$	$\begin{array}{c} +3 \\ -2 \end{array}$	$\begin{array}{c} +4 \\ -2 \end{array}$
$17 \leqslant \delta < 24$	$\begin{array}{c} +4 \\ -3 \end{array}$	$\begin{array}{c} +5 \\ -3 \end{array}$
弯曲度（%）	不可超过 0.3	

夹层玻璃的外观质量 表 5-21

缺陷名称	优 等 品	合 格 品
胶合层气泡	不允许存在	直径 300mm 圆内允许长度为 1～2mm 的胶合层气泡 2 个
胶合层杂质	直径 500mm 圆内允许长 2mm 以下的胶合层杂质 2 个	直径 500mm 圆内允许长 3mm 以下的胶合层杂质 4 个
裂　痕	不允许存在	
爆　边	每平方米玻璃允许有长度不超过 20mm 自玻璃边部向玻璃表面延伸深度不超过 4mm，自玻面向玻璃厚度延伸深度不超过厚度的一半	
	4 个	6 个
叠　差		
磨　伤	不得影响使用，可由供需双方商定	
脱　胶		

夹层玻璃的夹层中还可埋设电热丝或报警电线，能起到加热或报警的作用。

夹层玻璃可用于汽车或飞机的挡风玻璃、橱窗玻璃、建筑物天窗、防盗门窗等。

此外，安全玻璃中还有能防子弹冲击的玻璃和聚碳酸酯板（PC 板）。防弹玻璃实际上是嵌有三层塑料薄片的四层夹层玻璃。不仅具有防弹的性能，还有较高的透光度，优越的耐辐射、耐水性、耐热性、耐寒性，光学变形小等特性。当防弹玻璃在经受子弹冲击时，它能使子弹变形碎裂，同时还能吸收大量的冲击能量，使变形碎裂弹头改变前进的方向或失去继续前进的能量而滞留在被击破的玻璃中，整个玻璃不会被击穿。它可用于商店、银行、珠宝店等重要场所的门窗玻璃，也能用于军事设备上，如坦克的观察窗口。聚碳酸酯板是一种表面透明的塑料板，它无毒、无味、无臭，具有优良的冲击韧性，强度高，尺寸稳定性好，能在 -100～130℃ 的温度范围内使用，透光率高达 90%，可在原料中加入各种颜料，从而能制得各种颜色的彩色板。经表面钢化处理的 PC 板，可用于商业橱窗玻璃、车辆挡风玻璃、高层建筑的门窗玻璃和透光屋顶。

四、节能玻璃

1. 中空玻璃

（1）中空玻璃的定义和种类

中空玻璃是两片或多片平板玻璃，用边框隔开，四周边用胶接、焊接或熔接的方法密封，中间充入干燥空气或其他气体的玻璃制品。

中空玻璃的种类按颜色分有无色、绿色、黄色、金色、蓝色、灰色、茶色等；按玻璃层数分有双层和多层等；按玻璃原片的性能分有普通中空、吸热中空、钢化中空、夹层中空、热反射中空等。

（2）中空玻璃的特点

中空玻璃的隔热性能好。中空玻璃内密闭的干燥空气是良好的保温隔热材料。若玻璃原片再采用隔热性能好的一类玻璃，则能制得保温隔热性更加良好的中空玻璃。空气层厚度为 12mm 的普通中空玻璃的隔热性能与 240mm 厚的砖墙相当。据统计，采用中空玻璃的建筑物能耗可降低 20%～30%。

根据所选用的玻璃原片种类，中空玻璃可以具有各种不同的光学性能：可见光透过率为 10%～80%，光反射率为 25%～80%，总透过率为 25%～50%。

中空玻璃能有效降低噪声，其效果与噪声的种类、声源强度等因素有关，一般可以使噪声下降 30～40dB，即可将街道噪声降到学校教室的安静程度。

中空玻璃窗除保温隔热、减少噪声外，还可以避免冬季窗户结露。通常情况下，中空玻璃接触到室内高湿度空气的时候，内层玻璃表面温度较高，而外层玻璃虽然温度低，但接触到的空气的温度也低，所以不会结露，并能保持一定的室内湿度。中空玻璃内部空气的干燥度是中空玻璃最重要的质量指标。

（3）中空玻璃的规格和技术要求（GB 11944—2002）

中空玻璃的常用形状与最大尺寸见表5-22，其他形状和尺寸由供需双方协商确定。

中空玻璃的常用形状与最大尺寸（GB 11944—2002） 表5-22

玻璃厚度 （mm）	间隔厚度 （mm）	长边最大尺寸 （mm）	短边最大尺寸（mm） （正方形除外）	最大面积（m²）	正方形 边长最大尺寸（mm）
3	6	2110	1270	2.4	1270
	9～12	2110	1270	2.4	1270
4	6	2420	1300	2.86	1300
	9～10	2440	1300	3.17	1300
	12～20	2440	1300	3.17	1300
5	6	3000	1750	4.00	1750
	9～10	3000	1750	4.80	2100
	12～20	3000	1815	5.10	2100
6	6	4550	1980	5.88	2000
	9～10	4550	2280	8.54	2440
	12～20	4550	2440	9.00	2440
10	6	4270	2000	8.54	2440
	9～10	5000	3000	15.00	3000
	12～20	5000	3180	15.90	3250
12	12～20	5000	3180	15.90	3250

中空玻璃用原片玻璃应满足相应技术标准要求，且普通平板玻璃应为优等品，浮法玻璃应为优等品或一等品。

中空玻璃的技术要求主要有尺寸允许偏差和性能规定，列于表5-23和表5-24。

中空玻璃尺寸允许偏差（GB 11944—2002）（mm） 表5-23

边　长	允许偏差	厚　度	公称厚度	允许偏差	对角线长	允许偏差
小于1000	±2.0	≤6	17以下	±1.0	对角线之差	≤0.2%
1000～2000	−3.0～2.0		17～22	±1.5		
2000～2500	±3.0	>6	22以上	±2.0		

中空玻璃的性能要求（GB 11944—2002） 表5-24

项　目	试　验　条　件	性　能　要　求
密　封	在试验压力低于环境气压10±0.5kPa，厚度增长必须≥0.8mm。在该气压下保持2.5h后，厚度增长偏差<15%为不渗漏	全部试样不允许有渗漏现象
露　点	将露点仪温度降到≤−40℃，使露点仪与试样表面接触3min	全部试样内表面无结雾或结霜
紫外线照射	紫外线照射168h	试样内表面上不得有结雾或污染的结霜
气候循环及高温、高湿	气候试验经320次循环，高温、高湿试验经224次循环，试验后进行露点测试	总计12块试样，至少11块无结露或结霜

（4）中空玻璃的选择

在选用中空玻璃时须注意这样几方面因素：场所的使用要求、造价、露点和风荷载等。场所的使用要求是指场所对玻璃的性能规定，如光学要求、隔音隔热要求等。中空玻璃的价格较高，使用时应考虑一次性投资与长期使用回报率（如空调费的节约量）的关系。露点的确定可根据有关规定进行计算确定。中空玻璃所能承受的风荷载可根据图 5-13 进行计算。

【例】　已知中空玻璃的面积为 1200mm × 2500mm，玻璃原片厚度为（6 + 6）mm，试求其能承受的风压大小。

【解】　中空玻璃面积为 3m²，根据图 5-13，在纵坐标上找出 3m² 的点，然后将该点向右引一水平线，与（6 + 6）mm 的斜线交于一点，再将此点向下引一垂线与横坐标汇交于另一点，该点的横坐标上的数值为 3100N/m²。

从图 5-13 中可以依上述方法，只需知道风压、玻璃面积和厚度三因素中的两者，即可求出另一因素的数值。

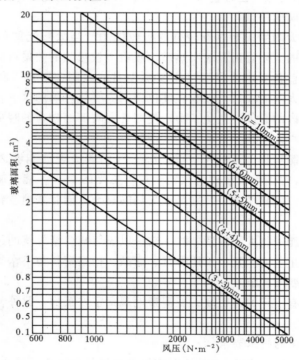

图 5-13　中空玻璃的耐风压图

（5）中空玻璃的应用

中空玻璃主要用于需要采暖、空调、防止噪声或结露以及需要无直射阳光的建筑物的门窗、幕墙等，它可明显降低冬季和夏季的采暖和制冷费用。由于中空玻璃的价格相对较高，目前主要用于饭店、宾馆、办公楼、学校、医院、商店等需要室内空调的场合，并已逐步在住宅建筑中使用。

中空玻璃不能切割，应按厂家的规格进行选用，或按规定尺寸进行定制。

2. 吸热玻璃

（1）吸热玻璃的定义与生产

吸热玻璃是能吸收大量红外线辐射能量而又保持良好可见光透过率的平板玻璃。吸热玻璃的生产方法有本体着色法和表面喷涂法（镀膜法）。前者是采用改变玻璃化学组成办法，在普通钠-钙硅酸盐玻璃中引入起着色作用的氧化物，如氧化铁、氧化镍、氧化钴等，使玻璃着色而具有较高的吸热性能；后者是在玻璃表面喷涂氧化锡、氧化锑、氧化铁、氧化钴等着色氧化物薄膜而制成。

利用玻璃液通过锡槽的过程，在玻璃表面放置金属，通以直流电作为正极，锡液本身接负极，进行电解而使离子进入玻璃表层。如用银—铋合金作正极，能得到黄色吸热玻璃，如用镍—铋合金作正极，即得到红色玻璃，此法称为电浮法。

（2）吸热玻璃的特点

吸热玻璃对太阳的辐射热有较强的吸收能力。当太阳光照射在吸热玻璃上时，相当一部分的太阳辐射能被吸热玻璃吸收，被吸收的热量可向室内、室外散发。因此，6mm 蓝色吸热玻璃能挡住 50% 左右的太阳辐射热。吸热玻璃的颜色和厚度不同，对太阳的辐射热吸收程度也不同。吸热玻璃的这一特点，使得它可明显降低夏季室内的温度，避免了由于使用普通玻璃而带来的暖房效应（由于太阳能过多进入室内而引起的室温上升的现象）。

吸热玻璃也能吸收太阳的可见光。6mm 厚的普通玻璃能够透过太阳可见光的 78%，而 6mm 古铜色镀膜玻璃仅能透过可见光的 26%，能使刺目的阳光变得柔和，起到良好的防眩作用。特别是在炎热的夏天，能有效地改善室内温度，使人感到舒适凉爽。

吸热玻璃还能吸收太阳的紫外线。它可以显著减少紫外线的透射对人与物体的损害，可以防止室内家具、日用器具、商品、档案资料与书籍等因紫外线照射而造成的褪色和变质现象。

吸热玻璃具有一定的透明度，能清晰地观察室外景物。此外，吸热玻璃的色泽不易发生变化。

（3）吸热玻璃的技术要求

《吸热玻璃》（JC/T 536—1994）对本体着色吸热玻璃作了技术规定。

1）外观缺陷和尺寸允许偏差　吸热普通平板玻璃和吸热浮法玻璃的尺寸允许偏差规定与相应的普通平板玻璃和浮法玻璃的规定一致。吸热玻璃按外观质量分为优等品、一等品和合格品。

2）规格　吸热玻璃的厚度分为 2、3、4、5、6、8、10、12mm，其长度和宽度与普通平板玻璃和浮法玻璃的规定相同。

3）光学性质 吸热玻璃的光学性能，用可见光透射比和太阳光直接透射比来表示，两者的数字换算成为 5mm 标准厚度的值后，应满足表 5-25 的规定。

吸热玻璃的光学性质 表 5-25

颜　色	可见光透射比（%），≥	太阳光直接透射比（%），≤
茶　色	42	60
灰　色	30	60
蓝　色	45	70

（4）吸热玻璃的用途

吸热玻璃在建筑工程中应用广泛，凡既需采光又需隔热之处均可采用。尤其是用作炎热地区需设置空调、避免眩光的建筑物门窗或外墙体以及火车、汽车、轮船挡风玻璃等，起隔热、防眩作用。采用各种不同颜色的吸热玻璃，不但能合理利用太阳光，调节室内与车船内的温度，节约能源费用，而且能创造舒适优美的环境。

吸热玻璃还可以按不同用途进行加工，制成磨光、钢化、夹层、镜面及中空玻璃。在外部围护结构中用它配置彩色玻璃窗，在室内装饰中，用它镶嵌玻璃隔断、装饰家具、增加美感。

3．热反射玻璃

热反射玻璃又称镀膜玻璃或镜面玻璃，它是在普通平板玻璃的表面用一定的工艺将金、银、铝、铜等金属氧化物喷涂上去形成薄膜，或用电浮法、等离子交换法向玻璃表面渗入金属离子替换原有的离子而形成热反射膜。玻璃表面的这层薄膜能有效地反射太阳光线，反射率可达 30% 以上，具有较好的隔热性能。光线透过热反射玻璃时变得较为柔和，能有效地避免眩光，从而改善室内环境。

镀金属膜的热反射玻璃，具有单向透像的特性。镀膜热反射玻璃的表面金属层极薄，使它的迎光面具有镜子的特性，而在背面则又如窗玻璃那样透明。即在白天能在室内看到室外景物，而在室外却看不到室内的景象，对建筑物内部起到遮蔽及帷幕的作用。而在晚上的情形则相反，室内的人看不到外面，而室外却可清楚地看到室内。这对商店等的装饰很有意义。用热反射玻璃做幕墙和门窗，可使整个建筑变成一座闪闪发光的玻璃宫殿。由于热反射玻璃具有这两种功能，所以它为建筑设计的创新和立面的处理、构图提供了良好的条件。

热反射玻璃有良好的隔热性能，它的遮光系数小（遮光系数是指把阳光通过 3mm 厚透明玻璃射入室内的量作为 1 时，在相同的条件下阳光通过各种玻璃射入室内的相对量），热透过率低。透过热反射玻璃的光线柔和，使人感到清凉舒适。它的色彩丰富，有较好的装饰性，有过滤紫外线反射红外线的特征。

热反射玻璃有灰色、青铜色、茶色、金色、浅蓝色和古铜色等。它的常用厚度为 6mm，尺寸有 1600mm × 2100mm、1800mm × 2000mm、2100mm × 3600mm 等。它的性能见表 5-26。

热反射玻璃的技术性能

表 5-26

项　　目	指　　标
反射率	200～2500nm 的光谱反射率高于 30%，最大达 60%
化学稳定性	在 5% 的 HCl 和 NaOH 溶液中浸泡 24h 后，表面涂层性能无明显改变
耐擦洗性	用软纤维或动物毛刷任意刷洗，涂层无明显改变
耐急热急冷性	在 -40～50℃ 温度范围内急冷急热涂层无明显改变

热反射玻璃主要用于避免由于太阳辐射而增热及设置空调的建筑物。适用于建筑物的门窗、汽车和轮船的玻璃窗，常用作玻璃幕墙及各种艺术装饰。热反射玻璃还常用作生产中空玻璃或夹层玻璃的原片，以改善这些玻璃的绝热性能。

由于吸收和放出热量时产生温度应力，某些型材产生的温度应力相当高，甚至于超过风荷载产生的应力值。因此，在安装热反射玻璃时应留有余量，允许型材在垂直和水平方向自由膨胀和收缩，或是采取措施使其温差控制在较小范围内。

4. 变色玻璃

变色玻璃是一种能随外界光线条件的变化而改变自身颜色的玻璃。根据条件不同，变色玻璃有光致变色玻璃和电致变色玻璃。

光致变色玻璃是在玻璃中加入卤化银，或在玻璃与有机夹层中加入钼和钨的感光化合物而制得的。当它受外界光线的照射时，玻璃体内分离出卤化银的微小晶体，并产生色素，随着光线的照射强度增大，颜色加深。当光线停止照射时，卤化银又发生还原，玻璃又恢复原来的颜色。

电致变色玻璃是指在电场或电流的作用下，玻璃对光的透射率和反射率能够产生可逆变化的一种玻璃。电致变色机理的"双注理论"认为，变色是材料中离子和电子注入或抽出而产生的。它是由普通玻璃及沉积于玻璃表面的数层薄膜材料组成。其中有的薄膜作为对电极膜，用以提供或储存变色所需的离子；有的薄膜作为离子导体层，用作传导变色过程中的离子。在外电场的作用下，由于电致变色层中离子的注入或抽出而使玻璃发生漂白和着色变化。

变色玻璃能自动控制进入室内的太阳辐射能，从而降低能耗，同时可改善室内自然采光的条件，具有防窥、防眩光等作用。

第四节　装　饰　石　材

石材是人类建筑史上应用最早的建筑材料，它不仅用于建筑基石，而且通过研磨、抛光等加工，以它特有的色泽和纹理被广泛用于建筑装饰工程之中。石材种类繁多，按矿物组成的不同可分为大理石和花岗岩两大类。

一、大理石

1. 大理石的定义

大理石有广义和狭义两种含义。广义上大理石是指变质或沉积的以碳酸盐为主要矿物组成的岩石，因而品种繁多，分布于世界各地。狭义上讲，大理石专指云南大理出产的石材。由于在历史上，大理产的石材花色、品种、质量久负盛名，故以大理城命名为"大理石"。

2. 大理石的特性

（1）装饰性

大理石最显著的特点在于，它经过加工后，表面有圆圈状和枝条状的多彩花纹，这些花纹通常映衬在单色背景上面，具有很高的装饰性。这一特点构成了大理石和花岗石的较明显的区别。

大理石色彩丰富，从白到黑都有，具有无数种的纹理与颜色组合。大理石经抛光后，表面呈现出美丽的光泽，这是由于射入大理石的光线，被位于较深处的晶体反射的结果。

（2）耐久性

大理石在干燥空气中或不接触雨水时是很耐久的。但如果暴露在恶劣气候或工业烟尘中，其表面会剥落粉碎。这是因为大理石的主要组成为 $CaCO_3$，在大气中受 CO_2、硫化物（如 SO_2）及水汽作用转化为石膏，从而变得疏松多孔，易于溶蚀。如果是板材，则表面会变得晦暗无光。因此，一般说来，除少数几种质地较纯、杂质较少的汉白玉、艾叶青等用在室外比较稳定外，其他品种均不适宜用于室外。

各种颜色的大理石中，暗红色、红色最不稳定，绿色次之。白色的成分单一，比较稳定，不易变色和风化。

（3）力学性能

大理石的硬度较低，通常不宜用于人流量较大的过厅等处的地面装饰。表5-27 和表 5-28 为部分大理石的结构特征、物理性能和化学成分。

3. 天然大理石建筑板材的分类、等级和命名标记

（1）分类

天然大理石板材根据外形分为三大类：普通板、圆弧板和异型板。正方形或长方形的板材称为普型板材，代号 PX；圆弧板代号 HM，异型板代号 YX。

（2）等级

按板材的规格尺寸允许偏差、平面度公差、角度公差及外观质量将板材分为优等品（A）、一等品（B）、合格品（C）三个等级。

（3）命名与标记

　　板材命名顺序：荒料产地地名、花纹色调特征描述、大理石（M）。编号采用 GB/T 17670 的规定，板材标记顺序：编号、类别、规格尺寸、等级、标准号。如用北京房山汉白玉大理石荒料加工的普型板材规格为 600mm × 600mm × 20mm 的优等品，其命名为：房山汉白玉大理石。标记为：M1101P × 600 × 600 × 20A JC/T 79—2001。

大理石的结构特征　　　　　　　　　　　　　　　表 5-27

品种	代号	颜色	岩石名称	主要矿物成分	结构特征	体重（t/m³）	抗压强度（MPa）
雪浪	022	白色、灰白色	大理岩	方解石	颗粒状变晶、镶嵌结构	2.72	92.8
秋景	023	灰色	大理岩	方解石、白水云母	微晶结构	2.71	94.8
晶白	028	雪白、白色	大理岩	方解石	中、细粒结构	2.74	104.9
虎皮	042	灰黑色	大理岩	方解石	粒状变晶结构	2.69	76.7
杭灰	056	灰色、白花纹	灰岩	方解石	隐晶质结构	2.73	130.6
红奶油	058	浅粉红色	大理岩	方解石	微粒隐晶结构	2.63	67.0
汉白玉	101	乳白色	白云岩	方解石、白云石	花岗结构	—	156.4
丹东绿	217	浅绿色	蛇纹石化硅片岩	蛇纹石、方解石、橄榄岩	纤维状网格变晶结构	—	89.2
雪花白	311	乳白色	白云岩	方解石、白云石	中、细粒变晶结构	2.77	81.7
苍白玉	704	乳白色	白云岩	白云石	花岗结构	—	136.1

大理石物理性能、化学成分　　　　　　　　　　　表 5-28

品种	代号	抗折强度（MPa）	硬度（HS）	磨耗量（cm³）	吸水率（%）	主要化学成分（%）					产　地
						CaO	MgO	SiO₂	Al₂O₃	Fe₂O₃	
雪浪	022	19.7	38.5	17.5	1.07	54.52	1.75	0.60	0.05	0.03	湖北黄石
秋景	023	14.3	49.8	21.9	1.2	48.34	3.11	7.22	1.66	0.79	湖北黄石
晶白	028	19.8			1.31	53.53	2.37	0.73	0.10	0.07	湖北黄石
虎皮	042	16.6	55	16.3	1.11	53.28	1.57	2.40	0.45	0.33	湖北黄石
杭灰	056	12.3	63	14.94	0.16	54.33	0.47	1.1	0.48	0.67	浙江杭州
红奶油	058	16.0	59.6	—	0.15	54.92	0.93		0.14	0.08	江苏宜兴
汉白玉	101	19.1	42	22.50	—	30.80	21.73	0.17	0.13	0.19	北京房山
丹东绿	217	6.7	47.9	24.5	0.14	0.84	47.54	31.72	0.34	2.20	丹东东沟
雪花白	311	17.3	45	24.38	—	33.35	18.53	3.36	—	0.09	山东掖县
苍白玉	704	12.2	50.9	24.96	—	32.15	20.13	0.19	0.15	0.04	云南大理

　　4. 天然大理石建筑板材的质量要求

（1）规格尺寸允许偏差

普型板材规格尺寸允许偏差应符合表 5-29 的规定；异型板材规格尺寸允许偏差由供需双方商定。

天然大理石普型板材尺寸允许偏差（JC/T 79—2001）（mm）

表 5-29

项　目		优等品	一等品	合格品
长度、宽度		0 − 1.0	0 − 1.0	0 − 1.5
厚度	≤ 12	± 0.5	± 0.8	± 1.0
	> 12	± 1.0	± 1.5	± 2.0

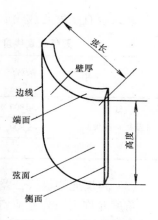

图 5-14　圆弧板部位名称

圆弧板壁厚最小值应小于 18mm，规格尺寸允许偏差见表 5-30。圆弧板各部位名称如图 5-15 所示。

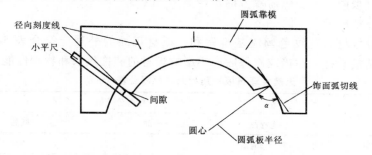

图 5-15　侧面角测量

天然大理石圆弧板材尺寸允许偏差（JC/T 79—2001）（mm）　　表 5-30

项　目	等　级		
	优等品	一等品	合格品
弦长	0 − 1.0		0 − 1.5
高度	0 − 1.0		0 − 1.5

（2）平面度允许公差

平面度允许极限公差应符合表 5-31 的规定。

天然大理石板材平面度允许极限公差（mm）　　表 5-31

板材长度范围	允许极限公差值		
	优等品	一等品	合格品
≤ 400	0.20	0.30	0.50
> 400 ~ ≤ 800	0.50	0.60	0.80
> 800	0.70	0.80	1.00

圆弧板直线度与线轮廓度允许公差见表 5-32。

圆弧板直线度与轮廓度允许公差值（JC/T 79—2001）（mm）   表 5-32

项　　目		分类与等级		
		优等品	一等品	合格品
直线度	≤800	0.60	0.80	1.00
（按板材高度）	>800	0.80	1.00	1.20
线轮廓度		0.80	1.00	1.20

（3）角度允许极限公差

角度允许极限公差应符合表 5-33 的规定。对于拼缝板材，正面与侧面的夹角不得大于 90°。圆弧板端面角度允许公差：优等品为 0.40mm，一等品为 0.60mm，合格品为 0.80mm。圆弧板侧面角 α（图 5-16）应不小于 90°。异型板材的角度允许极限公差由供需双方商定。

（4）外观质量

同一批板材的花纹色调应基本调和；板材正面的外观应符合表 5-34 规定；板材允许粘接修补。粘接或修补后应不影响板材的装饰效果和物理性能。

天然大理石板材角度允许极限公差（mm）   表 5-33

板材长度范围	允许极限公差值		
	优等品	一等品	合格品
≤400	0.30	0.40	0.50
>400	0.40	0.50	0.70

天然大理石板材的外观要求（JC/T 79—2001）   表 5-34

名称	规 定 内 容	优等品	一等品	合格品
裂纹	长度超过 10mm 的不允许条数（条）		0	
缺棱	长度不超过 8mm，宽度不超过 1.5mm（长度 ≤4mm，宽度 ≤1mm 不计），每米长允许个数（个）	0	1	2
缺角	沿板材边长顺延方向，长度 ≤3mm，宽度 ≤3mm（长度 ≤2mm，宽度 ≤2mm 不计），每块板允许个数（个）			
色斑	面积不超过 6cm² （面积小于 2cm² 不计），每块板允许个数（个）			
砂眼	直径在 2mm 以下		不明显	有，不影响装饰效果

（5）物理性能

板材的抛光面应具有镜面光泽，能清晰地反映出景物。镜面光泽度是表示镜面光泽的物理量，它是指在规定的几何条件下，试样镜面反射光通量与相同条件下标准黑玻璃镜面反射光通量之比乘以100。生产厂家按板材化学成分控制板材镜面光泽度，其数值不应低于表5-35规定。

天然大理石板材镜面光泽度的要求 表 5-35

主要化学成分含量（%）				镜面光泽度，光泽单位		
氧化钙	氧化镁	二氧化硅	灼烧减量	优等品	一等品	合格品
40～56	0～5	0～15	30～45	90	80	70
25～35	15～25	0～15	35～45			
25～35	15～25	10～25	25～35	80	70	60
34～37	15～18	0～1	42～45			
1～5	44～50	32～38	10～20	60	50	40

天然大理石建筑板材除了镜面光泽度要求之外，还有其他的物理性能要求：表观密度 $\geqslant 2.60 g/cm^3$，吸水率 $\leqslant 0.75\%$，干燥抗压强度 $\geqslant 20.0MPa$，弯曲强度 $\geqslant 7.0MPa$。

5. 天然大理石建筑板材的应用

天然大理石板材为高级饰面材料，主要用于建筑装饰等级要求高的建筑物。大理石适用于纪念性建筑、大型公共建筑，如宾馆、展览馆、影剧院、商场、图书馆、机场、车站等建筑物的室内墙面、柱面、地面、楼梯踏步等的饰面材料，也可用作楼梯栏杆、服务台、墙裙、窗台板、踢脚板等。用大理石边角料可做成"碎拼大理石"墙面或地面，具有特殊的装饰效果，且造价低廉。

二、花岗石（岩）

1. 花岗石的定义

花岗岩是指以氧化硅为主要矿物组成的岩浆岩。经过加工后的岩石制品称花岗石。

2. 花岗石（岩）的特性

（1）装饰性

常呈整体的均粒状结构，其颜色主要视正长石的颜色和少量云母及深色矿物的分布情况而定，通常为肉红色、灰色或灰和红相间的颜色，在加工磨光后，便形成色泽深浅不同的美丽的斑点状花纹，花纹的特征是分布有小而均匀的黑点和闪闪发光的石英细晶体，而没有像大理石表面具有的圆圈形和枝条形花纹。这是花岗岩（石）和大理石在外观上的重要区别。

花岗岩孔隙率小，打磨抛光后可以得到非常光滑的表面，使其极富装饰性。

（2）力学性能

花岗岩在地壳的深处形成，由于冷却速度慢且均匀，冷却时还受到地壳极大的压力，因而有利于岩石内部的结晶形成，故花岗岩（石）的抗压强度高，硬度大，吸水率小，表观密度和导热性大。花岗岩按结晶颗粒大小不同，可分为细粒、中粒、粗粒和斑状等不同种类。结晶颗粒细而均匀的花岗岩比粗粒、斑状的花岗岩强度高，其强度可达 120～150MPa，花岗石有良好的耐磨性，外观稳重大方，是高级装修材料之一，且适用于地面以及室外装饰。

（3）耐久性

花岗石的耐久性很强。花岗石由长石、石英、云母等矿物组成，其中长石含量为 40%～60%，石英占 20%～40%。整个花岗石中二氧化硅含量占 67%～76%，属于酸性岩石，极耐酸性腐蚀，对碱类侵蚀也有较强抵抗力，抗冻性强，可经受 100～200 次冻融循环。"石烂千年"，指的即是花岗石。表 5-36 和表 5-37 为部分花岗石的结构特征、物理性能和化学成分。

花岗石结构特征、物理性能 表 5-36

品种	代号	岩石名称	颜色	结构特征	物理力学性能				
					体重 （t/m³）	抗压强度 （MPa）	抗折强度 （MPa）	肖氏硬度	磨损量 （cm³）
白虎涧	151	黑云母花岗岩	粉红色	花岗结构	2.58	137.3	9.2	86.5	2.62
花岗石	304	花岗岩	浅灰条纹状	花岗结构	2.67	202.1	15.7	90.0	8.02
花岗石	306	花岗岩	红灰色	花岗结构	2.61	212.4	18.4	99.7	2.36
花岗石	359	花岗石	灰白色	花岗结构	2.67	140.2	14.4	94.6	7.41
花岗石	431	花岗岩	粉红色	花岗结构	2.58	119.2	8.9	89.5	6.38
笔山石	601	花岗岩	浅灰色	花岗结构	2.73	180.4	21.6	97.3	12.18
日中石	602	花岗岩	灰白色	花岗结构	2.62	171.3	17.1	97.8	4.80
峰白石	603	黑云母花岗岩	灰色	花岗结构	2.62	195.6	23.3	103.0	7.89

花岗石化学成分 表 5-37

品种	代号	主要化学成分					产地
		SiO_2	Al_2O_3	CaO	MgO	Fe_2O_3	
白虎涧	151	72.44	13.99	0.43	1.14	0.52	北京昌平
花岗石	304	70.54	14.34	1.55	1.14	0.88	山东日照
花岗石	306	71.88	13.46	0.58	0.87	1.57	山东崂山
花岗石	359	66.42	17.24	2.73	1.16	0.19	山东牟平
花岗石	431	75.62	12.92	0.50	0.53	0.30	广东汕头
笔山石	601	73.12	13.69	0.95	1.01	0.62	福建惠安
日中石	602	72.62	14.05	0.20	1.20	0.37	福建惠安
峰白石	603	70.25	15.01	1.63	1.63	0.89	福建惠安
厦门白石	605	74.60	12.75	—	1.49	0.34	福建厦门
奢石	606	76.22	12.43	0.10	0.90	0.06	福建南安
石山红	607	73.68	13.23	1.05	0.58	1.34	福建惠安
大黑白点	614	67.86	15.96	0.93	3.15	0.90	福建同安

（4）微量放射性元素

微量放射性元素存在于花岗石（石材）之中，主要为铀、钍和氡等。其含量通常在安全范围之内，但当含量较高时将对人体有害，选用时须考虑该项指标是否在国标规定范围之内。必要时可进行现场检测。

（5）其他性质

花岗石的表观密度大，使用在墙地面上会增加建筑物自重；此外，硬度大给开采与加工带来困难，因此成本也较高；它的耐火性较差，温度在800℃以上时会爆裂。

3. 花岗石建筑板材的分类、等级、命名标记与规格

花岗石建筑板材为花岗岩经锯、磨、切等方式加工而成的建筑板材。

（1）分类

花岗石建筑板材按形状分为普型板材（N）和异型板材（S）；按表面加工程度分为细面板材、镜面板材和粗面板材。表面平整、光滑的为细面板材（RB）；表面平整、具有镜面光泽的为镜面板材（PL）；表面平整、粗糙，具有较规则加工条纹的机刨板、剁斧板、锤击板、烧毛板等为粗面板材（RU）。

（2）等级

按板材规格尺寸允许偏差、平面度允许极限公差、角度允许极限公差和外观质量分为优等品（A）、一等品（B）、合格品（C）三个等级。

（3）命名与标记

花岗石板材的命名顺序：荒料产地地名、花纹色调特征名称、花岗石（G）；板材标记顺序：地名、分类、规格尺寸、等级、标准号。如用山东济南黑色花岗石荒料生产的400mm×400mm×20mm、普型、镜面、优等品板材，其命名为：济南青花岗石。标记为：济南青（G）N PL 400mm×400mm×20mm A JC 205。

4. 花岗石建筑板材的技术质量要求（GB/T 18601—2001）

GB/T 18601—2001对花岗石建筑板材的技术质量要求如下：

（1）规格尺寸允许偏差应符合表5-38的规定。异型板材规格尺寸允许偏差由供需双方决定。当板材厚度小于或等于15mm，同一块板材上的厚度允许极差为1.5mm；当板材的厚度大于15mm，同一块板材上的厚度允许极差为3.0mm。

天然花岗石板材的规格尺寸允许偏差（GB/T 18601—2001）（mm）　　**表 5-38**

分　类		亚光和镜面板			粗面板材		
等级		优等品	一等品	合格品	优等品	一等品	合格品
长、宽度		0～-1.0		0～-1.5	0～-1.0		0～-1.5
厚度	≤12	±0.5	±1.0	1.0～-1.5			
	>12	±1.0	±1.5	2.0～-2.0	1.0～-2.0	2.0～-2.0	2.0～-3.0

（2）平面度允许极限公差

平面度允许极限公差应符合表 5-39 的规定。

天然花岗石板材的平面度允许极限公差（mm）　　　表 5-39

板材长度范围	细面和镜面板材			粗面板材		
	优等品	一等品	合格品	优等品	一等品	合格品
≤400	0.20	0.35	0.50	0.60	0.80	1.00
>400～≤800	0.50	0.65	0.80	1.20	1.50	1.80
>800	0.70	0.70	1.00	1.50	1.80	2.00

（3）角度允许极限公差

普型板材的角度允许极限公差应符合表 5-40 的规定，异型板材的角度允许公差由供需双方商定。对于拼缝板材，其正面与侧面的夹角不得大于 90°。

天然花岗石板材的角度允许极限公差（mm）　　　表 5-40

板材长度范围	优等品	一等品	合格品
≤400	0.30	0.50	0.80
>400	0.40	0.60	1.00

（4）外观质量

同一批板材的色调花纹应基本调和；板材正面的外观缺陷应符合表 5-41 的规定。

天然花岗石板材的外观质量要求（mm）　　　表 5-41

名称	规　定　内　容	优等品	一等品	合格品
缺棱	长度≤10，宽度≤1.2（长度<5，宽度<1.0 不计），周边每米长允许个数（个）	不允许	1	2
缺角	沿板材边长，长度≤3，宽度≤3（长度≤2，宽度≤2 不计），每块板允许个数（个）			
裂纹	长度不超过两端顺延至板边总长度的 1/10（长度<20 的不计），每块板允许条数（条）			
色斑	面积不超过 15×30（面积<10×10 的不计），每块板允许个数（个）		2	3
色线	长度不超过两端顺延至板边总长度的 1/10（长度<40 的不计），每块板允许条数（条）			

注：干挂板材不允许有裂纹存在。

（5）物理性能

镜面板材的正面应具有镜面光泽，能清晰地反映出景物，其镜面光泽度应不低于 75 光泽单位，或按供需双方协议执行；板材的表观密度不小于 $2.5g/cm^3$；吸水率不大于 1.0%；干燥抗压强度不小于 60.0MPa；弯曲强度不小于 8.0MPa。

5. 天然花岗石板材的应用

天然花岗石板材是高级装饰材料，由于其生产成本高，一般只能用于公共建筑和装饰装修等级要求较高的工程之中，在一般建筑物中，只宜局部点缀使用。花岗石剁斧板材多用于室外地面、台阶、基座等处；机刨板材一般用于地面、台阶、基座、踏步、檐口等处；粗磨板材常用于墙面、柱面、台阶、基座、纪念碑等处；磨光板材多用于室内外墙面、地面、柱面的装饰。

三、其他装饰石材

1. 太湖石

天然太湖石，主要产于四周环水的苏州洞庭西山一带。该地区在三亿年前是一个宽阔的海湾。海水中生长着群体珊瑚、苔藓虫、复足类等生物。由于气候环境的变化，使这些浮游生物逐渐死亡，沉入海底，随着时间的推移并在海水作用下，逐渐胶结形成的天然灰白色的石灰岩。石灰岩在海水作用下，历经沧桑变化，形成大小不等，连体或不连体的空洞，最终雕琢成为天然曲折、圆润、玲珑嵌空的太湖石。

太湖石，可以独立装饰，也可以联族装饰，还可以用太湖石兴建人造假山或石碑，成为中国园林中独具特色的装饰品，起到衬托与分割空间的艺术效果。

2. 观赏石

观赏石又称"欣赏石"，还称为"奇石"、"怪石"、"雅石"等，名称繁多。从本质而谈，观赏石是天然艺术品，可直接用来观赏。

观赏石是自然界外形奇特，色泽艳丽，纹饰美观，质地坚韧，化学稳定性强，不经加工即具有观赏、玩味、收藏价值的岩石。其特点为：

（1）外形奇特：由于大自然的鬼斧神工，以致绝大多数观赏石都具有千姿百态的外形。

（2）色泽艳丽：具有美丽的颜色，或良好的光泽和透明度。

（3）纹饰美丽：由于大自然的"雕塑"，使得许多观赏石具有大小或粗细各异、曲折回旋，如彩云缭绕，如水波荡漾，如龙飞凤舞，如寒梅吐艳等等的纹饰图案。

（4）质地坚韧：在一定条件下，遭受来自不同方向外力的打击时而不破损。

（5）化学稳定性强：在一定条件下，遭受大气、雨水和化学腐蚀性物质侵蚀而不改变其丽质。

（6）艺自天成：观赏石之美是天然形成的，属于"天生丽质"，而不需要任何人工的造型、修饰和美化。

（7）具有的价值：艺术价值——百看不厌、赏心悦目。意味价值——见物思意，其味无穷。收藏价值——有永久的收藏价值。

3.石工艺品

一类为利用现代生产、加工技术和工艺，将大理石制作成既有艺术观赏价值又有一定实用价值的工艺品，如石雕、石凳、石桌、花瓶、灯具等；另一类为将不同颜色的大理石通过一定的设计构思，切割镶嵌成画，或者由于个别大理石的颜色、纹理、图案特殊，形意如天成画作，有的被用于古式家具、屏风的制作，而有的则直接被爱好者收藏。

第五节 金属装饰材料

在现代建筑装饰工程中，金属装饰材料的使用越来越多。如不锈钢包柱，铝合金门窗，铝塑板幕墙，穿孔铝合金装饰板吊顶等。由于金属装饰材料强度高，耐久性好，色彩鲜艳，光泽度高，且施工安装方便，因此在装饰要求较高的装饰工程中，金属类装饰材料得到了广泛的应用。

一、铝合金

在生产实践中，人们发现向熔融的铝中加入适量的某些合金元素制成铝合金，再经冷加工或热处理，可以大幅度地提高其强度，甚至极限抗拉强度可高达400～500MPa，相近于低合金钢的强度。

铝中最常加入的合金元素有铜（Cu）、镁（Mg）、硅（Si）、锰（Mn）、锌（Zn）等，这些元素有时单独加入，有时配合加入，从而制得各种各样的铝合金。铝合金克服了纯铝强度硬度过低的不足，又能保持铝的轻质、耐腐蚀、易加工等优良性能，故在建筑工程尤其在装饰领域中应用越来越广泛。

表5-42为铝合金与碳素钢性能比较。由表可知，铝合金的弹性模量约为钢的1/3，而铝合金的比强度却为钢的2倍以上。由于弹性模量较低，铝合金的刚度和承受弯曲的能力较小。铝合金的线膨胀系数约为钢的2倍，但因其弹性模量小，由温度变化引起的内应力并不大。

铝合金与碳素钢性能比较 表 5-42

项 目	铝 合 金	碳 素 钢
密 度 ρ（g/cm³）	2.7～2.9	7.8
弹性模量 E（MPa）	63000～80000	210000～220000
屈服点 σ_s（MPa）	210～500	210～600
抗拉强度 σ_b（MPa）	380～550	320～800
比强度 σ_s/ρ（MPa）	73～190	27～77
比强度 σ_b/ρ（MPa）	140～220	41～98

1.铝合金的分类及牌号

（1）铝合金的分类

根据铝合金的成分及生产工艺特点，通常将其分为变形铝合金和铸造铝合金两类。

变形铝合金是指这类铝合金可以进行热态或冷态的压力加工，即经过轧制、挤压等工序，可制成板材、管材、棒材及各种异型材使用。这类铝合金要求其具有相当高的塑性。铸造铝合金则是将液态铝合金直接浇筑在砂型或金属模型内，铸成各种形状复杂的制件。对这类铝合金则要求其具有良好的铸造性，即有良好的流动性、小的收缩性及高的抗热裂性等。

变形铝合金又可分为不能热处理强化和可热处理强化两种。前者不能用淬火的方法提高强度，如 Al-Mn、Al-Mg 合金；后者可以通过热处理的方法来提高其强度，如 Al-Cu-Mg（硬铝）、Al-Zn-Mg（超硬铝）、Al-Si-Mg（锻铝）合金等。不能热处理强化的铝合金一般是通过冷加工（辗压、拉拔等）过程而达到强化的，它们具有适中的强度和优良的塑性，易于焊接，并有很好的抗蚀性，我国统称之为防锈铝合金。可热处理强化的铝合金其机械性能主要靠热处理来提高，而不是靠冷加工强化来提高。热处理能大幅度提高强度而不降低塑性。用冷加工强化虽然能提高强度，但使塑性迅速降低。

（2）铝合金的牌号

1）铸造铝合金的牌号

目前应用的铸造铝合金有铝硅（Al-Si）、铝铜（Al-Cu）、铝镁（Al-Mg）及铝锌（Al-Zn）四个组系。

铸造铝合金的牌号用汉语拼音字母"ZL"（铸铝）和三位数字组成。如 ZL101、ZL201 等。三位数字中的第一位数（1~4）表示合金组别。其中 1 代表铝硅合金、2 代表铝铜合金、3 代表铝镁合金、4 代表铝锌合金。后面两位数表示该合金顺序号。

2）变形铝合金的牌号

变形铝合金可分为防锈铝合金、硬铝合金、超硬铝合金、锻铝合金和特殊铝合金等几种，通常它们以汉语拼音字母作为代号，相应表示为：LF、LY、LC、LD 和 LT。变型铝合金的牌号用其代号加顺序号表示，如 LF1、LD31 等。目前建筑工程中应用的变形铝合金型材，主要是由锻铝合金（LD）和特殊铝合金（LT）制成。

2. 铝合金的表面处理

由于铝材表面的自然氧化膜很薄而耐腐蚀性有限，为了提高铝材的抗蚀性，可用人工方法增加其氧化膜厚度，常用的方法是阳极氧化处理。在氧化处理的同时，还可进行表面着色处理，以增加铝合金制品的外观美。现分述如下：

（1）阳极氧化处理

阳极氧化处理是通过控制氧化条件及工艺参数，在经过预处理的铝材表面形成比自然氧化膜（小于 $0.1\mu m$ 厚）厚得多的氧化膜层（$5 \sim 20\mu m$ 厚）。

阳极氧化的原理实质上就是水的电解。它是以铝合金制品为阳极，以化学稳定性高的材料（如铅、不锈钢）为阴极，置于电解质溶液（如硫酸等）中，当电流通过时，在阴极上放出氢气，在阳极上生成氧，氧与三价铝离子结合，形成氧化铝膜层。即：

阴极 $2H^+ + 2e^- \longrightarrow H_2 \uparrow$

阳极 $2Al^{3+} + 3O^{2-} \longrightarrow Al_2O_3 + 热量$

（2）表面着色处理

经阳极氧化后的铝型材，可以进行表面着色处理。着色方法有自然着色法、电解着色法和化学着色法等。常用的主要是自然着色法和电解着色法。

铝材在特定的电解液和电解条件下进行阳极氧化的同时而产生着色的方法叫自然着色法。自然着色法按着色原理又可分为合金着色法和溶液着色法两种。合金着色法也叫自然发色法，它是通过控制合金成分、热加工和热处理条件而使表面氧化膜着色的。不同的铝合金由于合金成分及含量不同，在常规硫酸及其他有机酸溶液中，阳极被氧化所生成的氧化膜颜色也不同。溶液着色法也叫电解发色法，它是靠控制电解质溶液成分及阳极氧化条件而使氧化膜着色的。目前实际应用的自然着色法是合金着色与溶液着色法的综合，即既要控制合金成分及含量，又要控制电解液的成分和阳极氧化条件。

对在常规硫酸液中生成的氧化膜进一步进行电解，使电解液中所含金属盐的金属阳离子沉积到氧化膜孔底而着色的方法叫电解着色法。电解着色法的本质就是电镀。

铝合金型材经阳极氧化、着色后的膜层为多孔状，具有很强的吸附能力，很容易吸附有害物质而被污染或早期腐蚀，从而影响外观和使用性能。因此，在表面处理后应采取一定的方法，将膜层的孔加以封闭，使之丧失吸附能力，从而提高氧化膜的抗污染和耐蚀性，这种处理过程称为封孔处理。建筑铝材的常用封孔方法有水合封孔、无机盐溶液封孔和透明有机涂层封孔等。

3. 常用铝合金制品

（1）铝合金门窗

铝合金门窗是将按特定要求成型并经表面处理的铝合金型材，经下料、打孔、铣槽、攻丝等加工，制得门窗框料构件，再加连接件、密封件、开闭五金件等一起组合装配而成。

铝合金门窗按其结构与开启方式可分为：推拉窗（门）、平开窗（门）、悬挂窗、回转窗（门）、百叶窗、纱窗等。

1）铝合金门窗的性能要求

铝合金门窗产品通常要进行以下主要性能的检验：

①强度。测定铝合金门窗的强度是在压力箱内进行的，通常用窗扇中央最大位移量小于窗框内沿高度的 1/70 时所能承受的风压等级表示。如 A 类（高性能窗）平开铝合金窗的抗风压强度值为 3000～3500Pa。

②气密性。气密性是指在一定压力差的条件下，铝合金门窗空气渗透性的大小。通常是放在专用压力试验箱中，使窗的前后形成 10Pa 以上的压力差，测定每平方米面积的窗在每小时内的通气量。如 A 类平开铝合金窗的气密性为 0.5～1.0m³／（m²·h），而 B 类（中等性能窗）为 1.0～1.5m³／（m²·h）。

③水密性。水密性是指铝合金门窗在不渗漏雨水的条件下所能承受的脉冲平均风压值。通常在专用压力试验箱内，对窗的外侧施加周期为 2s 的正弦脉冲风压，同时向窗以每分钟每 m² 喷射 4L 的人工降雨，经连续进行 10min 的风雨交加试验，在室内一侧不应有可见的渗漏水现象。例如 A 类平开铝合金窗的水密性为 450～500Pa，而 C 类（低性能窗）为 250～350Pa。

④隔热性。铝合金门窗的隔热性能常按传热阻值（m²·K/W）分为三级，即Ⅰ级≥0.50，Ⅱ级≥0.33，Ⅲ级≥0.25。

⑤隔声性。铝合金门窗的隔声性能常用隔声量（dB）表示。它是在音响试验室内对其进行音响透过损失试验。隔声铝合金窗的隔声量在 25～40dB 以上。

⑥开闭力。铝合金窗装好玻璃后，窗户打开或关闭所需的外力应在 49N 以下，以保证开闭灵活方便。

2）铝合金门窗的技术标准

随着我国铝合金门窗生产和应用的迅速发展，现已颁布了一系列有关铝合金门窗的国家标准，其中主要有：《平开铝合金门》、《平开铝合金窗》、《推拉铝合金门》、《推拉铝合金窗》和《铝合金地弹簧门》等。

①产品代号。根据有关标准规定，铝合金门窗的产品代号见表 5-43 所示。

铝合金门窗产品代号　　　　　　　　　　表 5-43

产品名称	平开铝合金窗		平开铝合金门		推拉铝合金窗		推拉铝合金门	
	不带纱扇	带纱扇	不带纱扇	带纱扇	不带纱扇	带纱扇	不带纱扇	带纱扇
代号	PLC	APLC	PLM	SPLM	TLC	ATLC	TLM	STLM
产品名称	滑轴平开窗	固定窗		上悬窗	中悬窗		下悬窗	主转窗
代号	HPLC	GLC		SLC	CLC		XLC	LLC

②品种规格。平开铝合金门窗和推拉铝合金门窗的品种规格见表 5-44 所列。

安装铝合金门窗采用预留洞口然后安装的方法，预留洞口尺寸应符合《建筑门窗洞口尺寸系列》的规定。因此，设计选用铝合金门窗时，应注明门窗的规格型号。铝合金门窗的规格型号是以门窗的洞口尺寸表示的，例如洞口宽和高分别为 1800mm 和 2100mm 的门，规格型号为"1821"；若洞口宽、高均为 900mm 的窗，其规格型号则为"0909"。

铝合金门窗品种规格   表 5-44

名　称	洞口尺寸（mm）		厚度基本尺寸系列（mm）
	高	宽	
平开铝合金窗	600，900，1200，1500，1800，2100	600，900，1200，1500，1800，2100	40，45，50，55，60，65，70
平开铝合金门	2100，2400，2700	800，900，1000，1200，1500，1800	40，45，50，55，60，70，80
推拉铝合金窗	600，900，1200，1500，1800，2100	1200，1500，1800，2100，2400，2700，3000	40，50，60，70，80，90
推拉铝合金门	2100，2400，2700，3000	1500，1800，2100，2400，3000	70，80，90

③产品分类及等级。铝合金门窗按其抗风压强度、气密性和水密性三项性能指标，将产品分为 A、B、C 三类，每类又分为优等品、一等品和合格品三个等级。另外，按空气隔声性能，凡空气计权隔声量≥25dB 时为隔声门窗；按绝热性能，凡传热阻值≥0.25m² · K/W 时为绝热门窗。

④技术要求。对铝合金门窗的技术要求包括材料、表面处理、装配要求和表面质量等几个方面。特别强调的是，选用的附件材料除不锈钢外，应经防腐蚀处理，不允许与铝合金型材发生接触腐蚀。

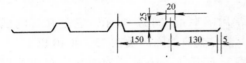

图 5-16   铝合金压型板的板型

（2）铝合金压型板

铝合金压型板是目前应用十分广泛的一种新型铝合金装饰材料。它具有重量轻、外形美观、耐久性好、安装方便等优点，通过表面处理可获得各种色彩。主要用于屋面和墙面等。铝合金压型板的板型如图 5-16 示例，性能指标应符合表5-45 的规定。

铝合金压型板的性能指标   表 5-45

材料	抗拉强度 σ_b（MPa）	伸长率 δ_{10}（%）	弹性模量 E（MPa）	剪切模量 G（MPa）	线膨胀系数（10^{-6}/℃）		对白色光的反射率（%）	密度（g/m³）
					$-60 \sim 20$℃	$20 \sim 100$℃		
纯铝	100～190	3～4	7.2×10^4	2.7×10^4	22	24	90	2.7
LF21	150～220	2～6						2.73

（3）铝合金花纹板

铝合金花纹板是采用防锈铝合金等坯料，用特制的花纹轧辊轧制而成。花纹美观大方，筋高适中、不易磨损、防滑性能好、防腐蚀性能强、便于冲洗。通过表面处理可得到各种颜色。广泛用于公共建筑的墙面装饰、楼梯踏板等处。《铝及铝合金花纹板》对花纹板的代号、合金牌号、状态及规格均有明确规定。

（4）铝及铝合金冲孔平板

铝及铝合金冲孔平板是用各种合金平板经机械冲孔而成，孔径一般为 6mm，孔距为 10～14mm，在工程使用中降噪效果为 4～8dB。铝及铝合金冲孔板的特点是具有良好的防腐蚀性能，光洁度高，有一定强度，易于机械加工成各种规格，有良好的防震、防水、防火性能和吸声效果。经过表面处理后，可得到各种色彩。表 5-46 是铝合金冲孔板的材质、状态及性能指标。

铝合金冲孔板的材质、状态及性能　　　　表 5-46

合　金	状　态	板厚（mm）	σ_b（MPa）	δ_{10}（%）
L2-L5	Y	1.0～1.2	≥140	≥3
LF2	Y	1.0～1.2	≥270	≥3
LF3	Y2	1.0～1.2	≥230	≥3
LF21	Y	1.0～1.2	≥190	≥3

铝及铝合金冲孔板主要用于具有吸声要求的各类建筑中。如棉纺厂、各种控制室、计算机房的顶棚及墙壁，也可用于噪声大的厂房车间，更是影剧院理想的吸声和装饰材料。

（5）塑铝装饰板

塑铝装饰板是一种复合材料，是采用高强度铝材及优质聚乙烯复合而成，是融合现代高科技成果的新型装饰材料。

塑铝装饰板由上下两层铝板及一层热塑性芯板组成。铝板表面涂装耐候性极佳的聚偏二氟烯（PVDF）或聚酯（Polyester）涂层。塑铝装饰板具有质轻、比强度高、耐气候性和耐腐蚀性优良、施工方便、易于清洁保养等特点。由于芯板采用优质聚乙烯塑料制成，故同时具备良好的隔热、防震功能。塑铝装饰板外形平整美观，可用作建筑物的幕墙饰面材料，可用于立柱、电梯、内墙等处，亦可用作顶棚、拱肩板、挑口板和广告牌等处的装饰。

（6）铝蜂窝复合材料

铝蜂窝复合材料是以铝箔材料为蜂窝芯板，面板、底板均为铝的复合板材，在高温高压下，将铝板与铝蜂窝芯以航空用结构胶粘剂进行严密胶合而成，面板防护层采用氟碳（KYNAR500－PVDF）喷涂装饰。铝蜂窝复合板和单板的规格见表 5-47。

铝蜂窝复合材料具有重量轻、质坚、表面平整、耐候性佳、防水性能好、保温隔热、安装方便等优点，是适用于建筑物幕墙、室内外墙面装修、屋面、隔断等，亦用作室内装潢，展示框架、广告牌、指示牌、防静电板、隧道壁板及车船外壳、机器外壳和工作台面等的轻型高强度材料。

铝蜂窝复合板和单板的规格（mm） 表 5-47

类　　型	铝蜂窝复合板	铝合金单板
平板（标准）	1000 × 2000 （12, 15, 21） 1220 × 2440 （12, 15, 21）	1000 × 2000 （2.0, 2.5, 3.0） 1220 × 2440 （2.0, 2.5, 3.0）
平板（最大）	1500 × 4000 （5～60）依客户要求	1500 × 4000 × 30 依客户要求

注：1. 有几十种颜色供客户选择；
　　2. 可按客户要求涂装；
　　3. 可加工成弧形板或三维方向板。

二、不锈钢

1. 普通不锈钢装饰制品

不锈钢是以铬（Cr）为主加元素的合金钢，铬含量越高，钢的抗腐蚀性越好。除铬外，不锈钢中还含有镍（Ni）、锰（Mn）、钛（Ti）、硅（Si）等元素，这些元素将影响不锈钢的强度、塑性、韧性和耐蚀性等技术性能。

不锈钢之所以具有较高的抗锈蚀能力，是由于铬的性质比铁活泼，在不锈钢中，铬首先与环境中的氧化合，生成一层与钢基体牢固结合的致密的氧化膜层，称作钝化膜，它能很好地保护合金钢，使之不致锈蚀。

不锈钢按其化学成分可分为铬不锈钢、铬镍不锈钢和高锰低铬不锈钢等几类。按不同耐腐蚀特点，又可分为普通不锈钢（简称不锈钢）和耐酸钢两类。常用的不锈钢有 40 多个品种，其中建筑装饰用不锈钢主要有 $0Cr_{13}$ 和 $1Cr_{17}Ti$ 铁素体不锈钢及 $0Cr_{18}Ni_9$ 和 $1Cr_{18}Ni_9Ti$ 奥氏体不锈钢等几种。

建筑装饰用不锈钢制品主要是薄钢板，其中厚度小于 1mm 的薄钢板用得最多，常用冷轧钢板厚度为 0.2～2.0mm，宽度为 500～1000mm，长度为 100～200m，成品卷装供应。不锈钢薄钢板主要用作包柱装饰。目前，不锈钢包柱被广泛用于商场、宾馆、餐馆等公共建筑入口、门厅、中厅等处。

不锈钢除制成薄钢板外，还可加工成型材、管材及各种异型材，在建筑上可用做屋面、幕墙、隔墙、门、窗、内外墙饰面、栏杆、扶手等。

不锈钢的主要特征是耐腐蚀，而光泽度是其另一重要装饰特性。其独特的金属光泽，经不同的表面加工可形成不同的光泽度，并按此划分成不同等级。高级别的抛光不锈钢，具有镜面玻璃般的反射能力。建筑装饰工程可根据建筑功能要求和具体环境条件进行选用。

2. 彩色不锈钢板

彩色不锈钢板是由普通不锈钢板经过艺术加工后，使其成为各种色彩绚丽的不锈钢装饰板，其颜色有蓝、灰、紫、红、青、绿、橙、金黄及茶色等多种。采用不锈钢板装饰墙面，坚固耐用、美观新颖，具有强烈的时代感。

彩色不锈钢板抗腐蚀性强，耐盐雾腐蚀性能超过一般的不锈钢；机械性能好，其耐磨和耐刻划性能相当于镀金箔层的性能。彩色不锈钢板的彩色面层能耐200℃高温,其色泽随光照角度的不同而产生变幻的效果。即使弯曲90°,彩色面层也不会损坏,面层色彩经久不褪色。彩色不锈钢板可作电梯厢板、车厢板、墙板、顶棚板、建筑装潢、招牌等装饰之用,也可用作高级建筑的其他局部装饰。

三、彩色涂层钢板

彩色涂层钢板又称有机涂层钢板。它是以冷轧钢板或镀锌钢板的卷板为基板,经过刷磨、少油、磷化、钝化等表面处理后,在基板的表面形成一层极薄的磷化钝化膜。该膜层对增强基材耐腐蚀性和提高漆膜对基材的附着力具有重要作用。经过表面处理的基板通过辊涂或层压,基板的两面被覆以一定厚度的涂层,再通过烘烤炉加热使涂层固化。一般经涂覆并烘干两次,即获得彩色涂层钢板。其涂层色彩和表面纹理丰富多彩。涂层除必须具有良好的防腐蚀能力,以及与基板良好的粘结力外,还必须具有较好的防水蒸汽渗透性,避免产生腐蚀斑点。常用的涂层材料有聚氯乙烯(PVC)、环氧树脂、聚酯树脂、聚丙烯酸酯、酚醛树脂等。常见产品有以下几种:

1.PVC涂层钢板

聚氯乙烯(PVC)涂层钢板是在经过表面处理的基板上先涂以粘结剂,再涂覆PVC增塑溶胶而制成。与之相类似的聚氯乙烯复层钢板是将软质或半软质的聚氯乙烯薄膜层粘压到钢板上而制成。这种PVC涂层或复层钢板,兼有钢板与塑料二者之长,具有良好的加工成型性、耐腐蚀性和装饰性。可用作建筑外墙板、屋面板、护壁板等,还可加工成各种管道(排气、通风等)、电气设备罩等。

彩色涂层钢板的断面结构如图5-17所示。

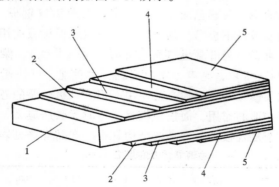

图5-17　彩色涂层钢板的断面结构示意图
1—冷轧板；2—镀锌层；3—化学转化层；4—初涂层；5—精涂层

2.彩色涂层压型钢板

彩色涂层压型钢板是将彩色涂层钢板辊压加工成V形、梯形、水波纹等形状的轻型围护结构材料，可用作工业与民用建筑的屋盖、墙板及墙壁贴面等。

上海宝钢生产的压型钢板规格见表5-48。

压型钢板的规格　　　　　　　　　表 5-48

压型钢板	板　宽 （mm）	板　厚 （mm）	波　高 （mm）	波　距 （mm）
W550	550	0.8	130	275
V115N	677	0.5～0.6	35	115
KP-1	650	1.2	25	90

用彩色涂层压型钢板与 H 型钢、冷弯型材等各种断面型材配合建造的钢结构房屋，已发展成为一种完整而成熟的建筑体系，它使结构的重量大大减轻。某些以彩色涂层压型钢板为围护结构的全钢结构的用钢量，已接近或低于钢筋混凝土结构的用钢量。

3. 彩板组角门窗

利用彩色涂层钢板生产组角门窗，完全摒弃了能耗高、技术复杂的焊接工艺，全部采用插接件组角自攻螺钉连接。将切成45°或90°断面的型材，在冲床上利用多工位复合模具进行冲孔、冲口等多工位加工，接着组装零附件，然后在自动组装成框机上连同玻璃一起组装成框，再在成品组装工作台上组装成成品。

彩板组角门窗密封性能好，耐腐蚀性强，并具有良好装饰性。适于在中、高级宾馆、展览馆等建筑中。

4. 彩钢复合板

彩钢复合板是以彩色压型钢板为面板，轻质保温材料为芯材，经施胶、热压、固化复合而成的轻质板材。

彩钢复合板的面板可用彩色涂层压型钢板、彩色镀锌钢板、彩色镀铝钢板、彩色镀铝合金钢板或不锈钢板等。其中以彩色涂层压型钢板应用最为广泛。

彩钢复合板重量轻（为混凝土屋面重量的1/30～1/20）、保温隔热［其导热系数值≤0.035W/（m·K）］、隔声、立面美观、耐腐蚀，可快速装配化施工（无湿作业，不需二次装修）并可增加有效使用面积。该板较厚的芯材对金属面板起着稳定和防止受压变形的作用，面板在板材受弯时承受压应力，可提高复合板的弯曲刚度，所以彩钢复合板为一种高效结构材料。产品规格见表5-49。

彩钢复合板的规格（mm）　　　　　　　　表 5-49

厚度 （mm）	50	75	100	125	150	175	200	225	250
重量 （kg/m²）	11.72	12.12	12.53	12.93	13.33	13.75	14.13	14.53	14.93
宽度 （mm）	1200								
长度 （mm）	按需加工								

注：重量以面板为0.6mm彩色钢板，芯材为聚苯乙烯计。

彩钢复合板是一种集承重、保温、防水、装修于一体的新型围护结构材料。适用于工业厂房的大跨度结构屋面、公共建筑的屋面、墙面和建筑装修以及组合式冷库、移动式房屋等。使用寿命在 20～30 年，不脱漆。结构造型别致，色泽艳丽，无需装饰。

思 考 题

5-1 装饰材料定义是什么？

5-2 装饰材料的作用是什么？

5-3 装饰材料将如何发展？

5-4 陶瓷砖有哪些技术要求？

5-5 什么是陶瓷砖的断裂模数和破坏强度？

5-6 什么是陶瓷砖的边直度、直角度和平整度？

5-7 安全玻璃有哪几类？各有何特性？

5-8 节能玻璃有哪几类？各有何特性？

5-9 装饰玻璃有哪几类？

5-10 大理石一般不适用于室外，为什么？

5-11 大理石和花岗岩在性能上的主要区别是什么？

5-12 金属装饰材料有哪几类？分别叙述它们的防锈原理。

参 考 文 献

1. 吴中伟，廉慧珍著 . 高性能混凝土 . 北京：中国铁道出版社，1999
2. 王福川主编 . 土木工程材料 . 北京：中国建材工业出版社，2001
3. 符芳主编 . 建筑材料 . 南京：东南大学出版社，1995
4. 韩静云主编 . 建筑装饰材料及其应用 . 北京：中国建筑工业出版社，2000
5. 何平编 . 室内外装修材料 . 南京：东南大学出版社，1997
6. 长安大学主编 . 工程材料 . 北京：中国建筑工业出版社，2001
7. 陈雅福编著 . 新型建筑材料 . 北京：中国建材工业出版社，1994
8. 李秀，纪学信主编 . 高级建筑装饰工程质量检验评定手册 . 北京：中国建筑工业出版社，
   1998